사범대생을 위한

정수론

정상조 지음

교우사

머리글

정수론이란 정수의 성질을 다루는 학문이다. 독일 수학자 카를 프리드리히 가우스(독일: C. F. Gauss 1777~1855)는 '수학은 과학의 여왕이고, 정수는 수학의 여왕이다'라고 했고, 독일의 정수론 연구자 레오폴트 크로네커(독일: L. Kronecker, 1823~1891)는 '정수는 신이 만들었고 그 외의 수는 인간이 만들었다'고 할만큼 정수는 자연과학을 연구하는데 있어 아주 중요한 역할을 하고 있다.

정수론은 12세기 무렵에 체계적으로 다루어지기 시작하였으며, 17세기에는 정수론의 아버지라 불리는 페르마에 의하여 본격적으로 꽃을 피우기 시작하였다. 정수론은 문제가 단순하지만 그 다양한 특성을 파헤치는 것이 대단히 어려운 수학 분야로 알려져 있다. 이러한 어려움을 이용하여 해독하기 까다로운 암호와 공인인증서 등을 만드는데 적용하고 있다.

오늘날 정수론은 20세기 정보화 시대를 맞이하여 실생활과 국방분야, 암호학, 부호이론 등 많은 분야에서 활용되고 있다. 특히 은행 거래, 전자 통신, 전자 상거래, 인터넷 보안, 군사 암호문 등은 정수론을 기반으로 하고 있다.

이처럼 다양한 분야에서 활용되고 있는 정수와 정수에 대한 기본 이론, 특히 중고등학교에서 필요한 정수에 관련된 영역에 대한 기초 이론을 이 책에서 취급하였다.

감사의 글

이 책은 Latex을 이용하여 작성하였으며, 타자를 많이 도와준 고민지, 김소현학생과 자료제공(강의노트) 및 연습문제 풀이에 도움을 준 고연미, 백승연, 고현아, 권혜주, 김설아, 유지은, 이도겸 학생에게 감사를 드린다. 이 책을 만드는 동안 헌신적인 내조를 해준 아내 오순임 교감 선생님과 격려와 조언을 해주신 오옥환님에게도 특히 감사를 드린다. 또한 세심하게 본문의 내용을 교정해준 박중수 교수님에게도 감사를 드린다.

※ 추신 : 이 교재의 내용에 대한 조언이나 첨가 또는 수정할 사항이 있으면, 저자의 메일(math888@naver.com)로 알려주시면 감사하겠다. 그리고 이 책의 연습문제 풀이와 교재 수정에 대한 자료는 저자의 홈페이지(http://math88.com.ne.kr) 또는 출판사(교우사) 홈페이지(http://www.kyowoo.co.kr)에서 참조하기 바란다.

2016년 2월

정 상 조

표 1: 2008학년도 정수론 임용시험 평가기준(한국교육평가원)

이수 과목	평가영역	평가 내용 요소	중등학교교육 과정 관련성
정수론	수체계 및 소인수 분해	수의 체계, 페아노의 공리, 정수의 대수적 성질, 약수와 배수, 최대공약수와 최소공배수, 부정방정식, 소수와 소인수분해 전반, 정수의 여러 가지 표현	▷7학년- 수와연산 ▷10학년- 문자와식
	합동식 과 원시근	합동과 합동식, 동치관계와 합동관계, 1차 합동식과 다항합동식, 잉여계, 페르마정리와 오일러 정리, 위수와 원시근, 이산로그 및 지수, 실수의 소수표현	▷7, 8학년- 수와 연산 ▷10학년- 문자와 식, 지수와 로그 ▷11학년- 지수함수, 로그함수
	이차 잉여 와 부정 방정식	이차 잉여 및 상호 법칙, 르장드르 기호 및 야코비기호, 이차합동식, 간단한 연분수 전개, 부정방정식	▷10학년- 문자와식 ▷11학년-방정식

⟨그리스 문자 읽기⟩

문자	읽기	문자	읽기	문자	읽기
α	alpha	ι	iota	ρ, ρ	rho
β	beta	κ	kappa	σ, Σ	sigma
γ, Γ	gamma	λ, Λ	lambda	τ	tau
δ, Δ	delta	μ	mu	υ, Υ	upsilon
ε	epsilon	ν	nu	ϕ, φ, Φ	phi
ζ	zeta	ξ, Ξ	xi	χ	chi
η	eta	o	omicron	ψ, Ψ	psi
θ, ϑ, Θ	theta	π, Π	pi	ω, Ω	omega

차례

제 1 장

정수

정수(integer, 整數)체계는 자연수와 음수, 0, 그리고 연산으로 이루어진 수 체계이며, 수론의 주요 연구 대상이다. 음이 아닌 정수를 범자연수라 하기도 하며, 정수가 발견되기 전에는 모든 수의 근원이었다.

자연수체계에 대한 근본적인 연구는 이탈리아 수학자 페아노(G. Peano, 1858~1932)에 의한 '페아노의 공리계'에서 시작되었다고 볼 수 있다.

오늘날 우리가 사용하고 있는 십진법의 아라비아 숫자, 1, 2, 3, 4, 5, 6, 7, 8, 9와 0이란 기호는 정확히 알 수는 없지만 5-6세기경 인도에서 발명되었다. 이 인도의 기수법은 11세기경 아라비아 인들에 의하여 스페인에 전해졌고, 15세기 말쯤에야 비로소 현재와 같은 형태를 갖추게 되었다.

0(영)에 대한 기호는 기원전 2세기경에는 불교에서 쓰는 말인 공(空)을 써서 사용하였다가, 3~4세기경에는 점을 찍어서 나타냈으며, 7세기에 들어서 비로소 지금의 0이 등장하였다.

0에 대한 연구를 처음 문서로 남긴 인도 수학자 브라마굽타(AD. 598~668)는 628년에 저술한 ⟨⟨우주의 창조⟩⟩에서 "0은 같은 두 수를 빼면 얻어지는 수"라고 정의하였다.

음수는 중국 전한시대(前漢時代, BC 206~AD8)에 편찬된 것으로 추정되는 ⟨⟨구장산술(九章算術)⟩⟩에 음수가 등장하지만, 유럽에서는 중세에 음수를 조금씩 받아 들이다가 해석 기하학의 창시자인 프랑스 수학자 데카르트(R. Descartes, 1596~1650) 가 음수를 직선 위에 표시한 것이 계기가 되어 본격적으로 도입되었다. 음수가 자연수와 함께 수의 체계를 이룬 것은 '0' 때문이었다고 알 수 있다. 음수가 서양에서 수로서 인식되기 시작한 이후부터 수학은 급격히 발전되기 시작했고, 허수 역시 음수를 수라고 인식하였기에 정의될 수 있었던 수이다.

1.1 수체계

우리가 사용하고 있는 수체계 중 가장 기본이 되는 자연수(또는 양의 정수, natural number, 自然數)체계에 대하여 알아보자. 지금까지 알고 있는 자연수에 대한 성질을 모두 무시하고, 이탈리아 수학자 페아노(Peano, 1858-1932)가 자연수 체계를 묘사한 페아노 공리계에 의한 자연수에 대한 성질을 살펴보자.

공리 1.1.1 (Peano 공리계)

집합 $\mathbb{N}$을 **자연수** *전체의 집합이라 하자. 그러면 $\mathbb{N}$은 다음을 만족한다.*

(P_1) $1 \in \mathbb{N}$

(P_2) $\exists$함수 $^+ : \mathbb{N} \to \mathbb{N}$. 즉, $\forall x,\ y \in \mathbb{N},\ x = y \Longrightarrow {}^+(x) = {}^+(y)$

※ 앞으로 $^+(x) = x^+$라 쓴다.

(P_3) $\forall x,\ y \in \mathbb{N},\quad x^+ = y^+ \Longrightarrow x = y$. 즉, 함수 $^+$는 단사이다.

(P_4) $\forall x \in \mathbb{N},\quad x^+ \neq 1$. 즉, 함수 $^+$는 전사가 아니다.

(P_5) (수학적 귀납법 공리)

$$\varnothing \neq S \subset \mathbb{N},\quad \begin{cases} \text{①}\ 1 \in S \\ \text{②}\ n \in S \Longrightarrow n^+ \in S \end{cases} \text{가 성립하면,}\quad S = \mathbb{N}$$

※ 함수 $^+$를 **후자사상**(successor function, 後者寫像)이라 하고, x^+를 x의 **후자**(immediate successor)라 한다.

페아노 공리계에 의하여 자연수($\mathbb{N}$)는 다음과 같은 원소를 갖는다. 후자사상 $^+$는 페아노 공리 $(P_2) \sim (P_4)$에 의하여 전사가 아닌 단사함수이므로, 모든 원소가 1을 제외한 원소(후자)로 대응한다. 후자를 순서대로 다음과 같이 이름을 정하자.

$$1^+ = 2,\quad 2^+ = 3,\quad 3^+ = 4,\quad 4^+ = 5,\quad 5^+ = 6,\quad \cdots$$

그러면 자연수 전체의 집합(정리 1.1.2 참조)은 $\mathbb{N} = \{1,\ 2,\ 3,\ 4,\ 5,\ \cdots\}$이다.

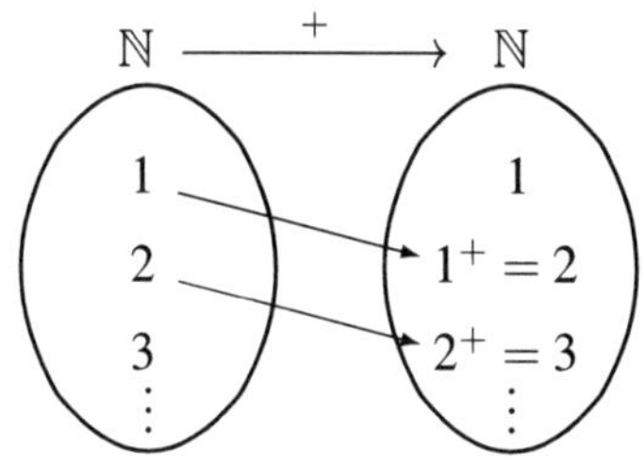

정리 1.1.2 *임의의 원소 $x \in \mathbb{N}$에 대하여 다음 중에서 단 하나만 성립한다.*

(1) $x = 1$
(2) 적당한 원소 $y \in \mathbb{N}$에 대하여 $x = y^+$이다.

(증명) $S = \{x \in \mathbb{N} \mid ①x = 1$ 또는 $②\exists y \in \mathbb{N},\ x = y^+$ 중에서 하나만 만족$\}$라 하고 (P_5) (수학적 귀납법 공리)를 이용하여 증명하자. 공리 (P_1)과 (P_4)에 의하여 1은 조건① 하나만 만족시키므로 $1 \in S$이다.

한편, $x \in S$라 하자. 먼저 $x = 1$이면, 공리 (P_4)에 의하여 $x^+ \neq 1$이고, $x^+ = 1^+$, $1 \in \mathbb{N}$이므로 x^+는 조건② 하나만 만족시키므로 $x^+ \in S$이다.

다음에 $x \neq 1$이면, 가정$(x \in S)$에 의하여 $\exists y \in \mathbb{N},\ x = y^+$이다. 그러면 공리 (P_2)에 의하여 $x^+ = (y^+)^+$이고 $y^+ \in \mathbb{N}$이지만, 공리 (P_4)에 의하여 $x^+ \neq 1$이다. 따라서 x^+는 조건② 하나만 만족시키므로 $x^+ \in S$이다.

그러므로 공리 (P_5) (수학적 귀납법 공리)에 의하여 $S = \mathbb{N}$이다.

따라서 모든 원소 $x \in \mathbb{N}$에 대하여 정리가 성립한다. ■

정의 1.1.3 [덧셈(addition)의 정의]
임의의 자연수 x, y에 대하여 덧셈 $x+y$를 다음과 같이 귀납적으로 정의한다.

(A_1) $x + 1 = x^+$
(A_2) $x + y^+ = (x+y)^+$

정리 1.1.4 *임의의 자연수 x, y, z에 대하여 다음이 성립한다.*

(1) $(x+y)+z = x+(y+z)$ (+에 대한 결합법칙)
(2) $x+1 = 1+x$
(3) $x+y = y+x$ (+에 대한 교환법칙)

(증명) (1) 자연수 $\mathbb{N}$의 원소 x, y를 임의로 선택하자.
$S = \{z \in \mathbb{N} \mid (x+y)+z = x+(y+z)\} \subset \mathbb{N}$이라 하고, 수학적 귀납법 공리 (P_5) 를 이용하자.
먼저 $z = 1$인 경우에는 정의 1.1.3 에 의하여

$$(x+y)+1 = (x+y)^+ = x+y^+ = x+(y+1)$$

이므로 $1 \in S$이다.

$z \in S$라 하자. 즉, $(x+y)+z = x+(y+z)$이라 하자. 그러면 정의 1.1.3 (A_2)에 의하여 다음 결과를 얻는다.

$$\begin{aligned}(x+y)+z^+ &= \{(x+y)+z\}^+ \\ &= \{x+(y+z)\}^+ \\ &= x+(y+z)^+ = x+(y+z^+)\end{aligned}$$

그러므로 $z^+ \in S$이고, 수학적 귀납법 공리(P_5)에 의하여 $S = \mathbb{N}$ 이다. 즉, 임의의 자연수 $x, y, z \in \mathbb{N}$에 대하여 $(x+y)+z = x+(y+z)$가 성립한다.

(2) $S = \{x \in \mathbb{N} \mid x+1 = 1+x\} \subset \mathbb{N}$이라 하자.

먼저 $x = 1$인 경우에는

$$1+1 = 1+1$$

이므로 $1 \in S$이다.

다음에 $x \in S$라 하자. 즉, $x+1 = 1+x$이라 하자. 그러면 정의 1.1.3 과 (1) 에 의하여

$$x^+ + 1 = (x+1)+1 = (1+x)+1 = 1+(x+1) = 1+x^+$$

이므로, $x^+ \in S$이고, 수학적 귀납법 공리(P_5)에 의하여 $S = \mathbb{N}$이다. 즉, 임의의 자연수 $x \in \mathbb{N}$에 대하여 $x+1 = 1+x$가 성립한다.

(3) 자연수 $\mathbb{N}$의 원소 x를 임의로 선택하자.

$S = \{y \in \mathbb{N} \mid x+y = y+x\} \subset \mathbb{N}$라 하자.

먼저 $y = 1$인 경우에는 (2)에 의하여

$$x+1 = 1+x$$

이므로, $1 \in S$이다.

다음에 $y \in S$라 하자. 즉, $x+y = y+x$이라 하자. 그러면 그러면 정의 1.1.3 과 (1), (2)에 의하여

$$x+y^+ = (x+y)^+ = (y+x)^+ = y+x^+ = y+(x+1) = y+(1+x) = (y+1)+x = y^+ + x$$

이므로, $y^+ \in S$이고, 수학적 귀납법 공리(P_5)에 의하여 $S = \mathbb{N}$이다. 즉, 임의의 자연수 $x, y \in \mathbb{N}$에 대하여 $x+y = y+x$가 성립한다. ■

예 1.1.5 페아노 공리계에 의한 정의와 정리를 이용하여 $2+3 = 5$임을 증명하라.

(증명) 정의 1.1.3과 정리 1.1.4 에 의하여

$$2+3 = 3+2 = 3+1^+ = (3+1)^+ = (3^+)^+ = 4^+ = 5$$

정의 1.1.6 [곱셈(multiple)의 정의]
임의의 자연수 x, y에 대하여 곱셈 $x \cdot y$를 다음과 같이 귀납적으로 정의한다.

(M_1) $x \cdot 1 = x$ (곱셈 항등원)
(M_2) $x \cdot y^+ = x \cdot y + x$ (분배법칙)

정리 1.1.7 *임의의 자연수 x, y, z에 대하여 다음이 성립한다.*

(1) $x \cdot (y+z) = x \cdot y + x \cdot z$, $(x+y) \cdot z = x \cdot z + y \cdot z$ (·에 대한 분배법칙)
(2) $(x \cdot y) \cdot z = x \cdot (y \cdot z)$ (·에 대한 결합법칙)
(3) $x \cdot 1 = 1 \cdot x$
(4) $x \cdot y = y \cdot x$ (·에 대한 교환법칙)

(증명) 연습문제로 남긴다. ■

예 1.1.8 페아노 공리계에 의한 정의와 정리를 이용하여 $2 \cdot (2+2) = 8$임을 증명하라.

(증명) 정의 1.1.3, 정리 1.1.4, 정의 1.1.6, 정리 1.1.7에 의하여

$$\begin{aligned}
2 \cdot (2+2) &= 2 \cdot (2+1^+) = 2 \cdot (2+1)^+ = 2 \cdot (2^+)^+ \\
&= 2 \cdot 3^+ = 2 \cdot 4 = 4 \cdot 2 \\
&= 4 \cdot 1^+ = 4 \cdot 1 + 4 = 4 + 3^+ \\
&= (4+3)^+ = (4+2^+)^+ = ((4+2)^+)^+ \\
&= ((4+1^+)^+)^+ = (((4+1)^+)^+)^+ = (((4^+)^+)^+)^+ \\
&= ((5^+)^+)^+ = (6^+)^+ = 7^+ = 8
\end{aligned}$$

정리 1.1.9 *임의의 자연수 x, y에 대하여 다음을 증명하라.*

$$x \neq x + y$$

(증명) 연습문제로 남긴다. ■

정리 1.1.10 *임의의 자연수 x, y에 대하여 다음 중에서 단 하나만 성립한다.*

(1) $x = y$
(2) 적당한 원소 $u \in \mathbb{N}$에 대하여 $x = y + u$이다.
(3) 적당한 원소 $v \in \mathbb{N}$에 대하여 $y = x + v$이다.

(증명) 연습문제로 남긴다. ■

정의 1.1.11 *[위수(order, 位數)의 정의]*
임의의 자연수 x, $y \in \mathbb{N}$에 대하여

$x < y$	$\overset{\text{정의}}{\Longleftrightarrow}$	$y = x + v$인 적당한 원소 $v \in \mathbb{N}$가 존재할 때
$x \leq y$	$\overset{\text{정의}}{\Longleftrightarrow}$	$x = y$ 또는 $x < y$일 때

정리 1.1.12 *임의의 자연수 x, y, z에 대하여 다음이 성립한다.*

(1) **(삼일률, 삼분할 법칙)** 다음 중에서 단 하나만 성립한다.

(i) $x < y$ (ii) $x = y$ (iii) $y < x$

(2) $x < y$, $y < z$이면, $x < z$이다.
(3) $x = y$이면, $x + z = y + z$이고 $x \cdot z = y \cdot z$이다.
(4) $x < y$이면, $x + z < y + z$이고 $x \cdot z < y \cdot z$이다.
(5) $x + z = y + z \Longrightarrow x = y$ ($+$에 대한 소약법칙)
(6) $x \cdot z = y \cdot z \Longrightarrow x = y$ ($\cdot$에 대한 소약법칙)

(증명) 연습문제로 남긴다. ■

정리 1.1.13 *임의의 자연수 x, y에 대하여 다음이 성립한다.*

(1) $1 \leq x$ (2) $x \leq y \Longleftrightarrow x < y^+$
(3) $x < y \Longleftrightarrow x^+ \leq y$ (4) $x < x^+$

(증명) 연습문제로 남긴다. ■

따름정리 1.1.14 *임의의 자연수 x, y에 대하여 다음이 성립한다.*

$$x \leq x \cdot y$$

(증명) $1 \leq y$이므로 정리 1.1.12 (3), (4)에 의하여 $x = 1 \cdot x \leq y \cdot x = x \cdot y$이다. ■

정리 1.1.15 (정수의 정렬성, Well-ordering property)
자연수 전체의 집합 $\mathbb{N}$의 공이 아닌 부분집합 S에 대하여 다음이 성립한다.

S에서 최소원 m이 존재한다. 즉, $\varnothing \neq S \subset \mathbb{N}$ 일 때, $\exists m \in S,\ \forall n \in S, \quad m \leq n$

※ 자연수의 부분집합에 대한 최소원 존재 정리를 자연수의 정렬성이 아니라 정수의 정렬성이라 한 이유는 '정수의 부분집합 $S \neq \varnothing$ 가 아래로 유계이면, 마찬가지로 위 정리가 성립'하기 때문이다. 예를 들어 $\{-2, -1, 0, 1, 2, \cdots\} \subset \mathbb{Z}$에서 최소원은 -2이다.

(증명) 집합 $\mathbb{N}$의 부분집합 $A = \{x \in \mathbb{N} \mid \forall n \in S, \quad x \leq n\}$을 생각하자.

먼저 정리 1.1.13 (1)에 의하여, $1 \in A$이므로 $A \neq \varnothing$이다. 또한 정리 1.1.13 (4)에 의하여, 각 원소 $a \in S$에 대하여 $a < a^+$이므로, $a^+ \notin A$이다. 즉, $A \neq \mathbb{N}$이다. 그러면 수학적 귀납법 공리 (P_5)에 의하여

$$m \in A, \quad m^+ \notin A$$

인 원소 $m \in \mathbb{N}$이 존재한다. 이제 m이 S에서 최소원임을 보이자.

먼저 $m \in A$이므로, 모든 원소 $n \in S$에 대하여 $m \leq n$이다.

한편, $m \notin S$라고 가정하면, 모든 원소 $n \in S$에 대하여 $m < n$이다. 따라서 정리 1.1.13 (3)에 의하여, 모든 원소 $n \in S$에 대하여 $m^+ \leq n$이다. 그러므로 $m^+ \in A$이 되어 모순이다. 즉, $m \in S$이고, 집합 A의 정의에 의하여 m은 S에서 최소원이다. ■

정리 1.1.16 (유한 귀납법의 기본원리, first principle of finite induction)
자연수 전체의 집합 $\mathbb{N}$의 공이 아닌 부분집합 S에 대하여 다음이 성립한다.

$$\begin{cases} ① \ 1 \in S \\ ② \ n \in S \Longrightarrow n+1 \in S \end{cases} \text{가 성립하면,} \quad S = \mathbb{N}$$

※ 이 정리는 수학적 귀납법 공리 (P_5)와 완전 일치하므로,

정수의 정렬성 과 수학적 귀납법 공리 (P_5) 가 동치명제임을 알 수 있다.

(증명) 집합 $\mathbb{N}$의 부분집합 $A = \{x \in \mathbb{N} \mid x \notin S\} = \mathbb{N} - S$ (S의 여집합)를 생각하자. 이 때, $A = \varnothing$임을 보이면 정리가 성립한다.

A가 공집합이 아니라 하자. 따라서 정수의 정렬성(정리 1.1.15)에 의하여 A에서 최소원 m이 존재하고, $m \notin S$이다.

한편 가정 ①에 의하여 $1 \in S$이므로, $1 < m$이다. 그러면 정리 1.1.13에 의하여 $1 \leq b < m$ ($b^+ = m$)인 $b \in \mathbb{N}$가 존재한다. m이 A에서 최소원이므로, $b \notin A$이다. 즉, $b \in S$이고, 가정 ② 에 의하여 $m = b^+ = b+1 \in S$이다. 이것은 $m \notin S$에 모순이다. 따라서 $A = \varnothing$이어야 하고, $S = \mathbb{N}$이다. ■

정리 1.1.17 (수학적 귀납법 I, mathematical induction)
자연수 $n \in \mathbb{N}$에 대한 명제 $p(n)$에 대하여 다음이 성립한다.

$$\begin{cases} ① \ p(1)\text{은 참} \\ ② \ p(n)\text{이 참} \Longrightarrow p(n+1)\text{은 참} \end{cases} \text{이 성립하면,} \quad \forall n \in \mathbb{N},\ p(n)\text{이 참}$$

(증명) 집합 $S = \{n \in \mathbb{N} \mid p(n)\text{은 참}\}$을 생각하자.

이 때 조건 ①, ②에 의하여 다음이 성립한다.

$$①' \ 1 \in S, \quad ②' \ n \in S \Longrightarrow n+1 \in S$$

그러면 유한 귀납법의 기본원리에 의하여 $S = \mathbb{N}$이다.

따라서 자연수 $n \in \mathbb{N}$에 대하여 명제 $p(n)$이 참이다. ■

※ 비슷한 방법으로 유한 귀납법의 기본원리의 두 번째 조건 ② 를

$$② \ \forall k \in S,\ 1 \leq k < n \Longrightarrow n+1 \in S$$

로 바꾸면(**유한 귀납법의 기본원리 II**라고 함), 다음 수학적 귀납법 II를 얻는다.

정리 1.1.18 (수학적 귀납법 II, mathematical induction)
자연수 $n \in \mathbb{N}$에 대한 명제 $p(n)$에 대하여 다음이 성립한다.

$$\begin{cases} ① \ p(1)\text{은 참} \\ ② \ 1 \leq \forall k \leq n,\ p(k)\text{가 참} \Longrightarrow p(n+1)\text{은 참} \end{cases} \text{이 성립하면,} \ \forall n \in \mathbb{N},\ p(n)\text{이 참}$$

(증명) 연습문제로 남긴다. ■

예 1.1.19 자연수 $n \in \mathbb{N}$에 대하여

$$p(n) = \sum_{k=1}^{n} k = 1+2+3+\cdots+n = \frac{n(n+1)}{2}$$

을 증명하라.

(증명 1) 등차수열의 성질을 이용하여 증명하자.

$$S = 1+2+\cdots+n$$

$$S = n+(n-1)+\cdots+1 \text{이므로,}$$

$$2S = (n+1)\cdot n$$

$$S = \frac{n(n+1)}{2}$$

(증명 2) 수학적 귀납법 I을 이용하여 증명하자. $p(n) = 1+\cdots+n$이라 하자.

$n = 1$인 경우에는 $p(1) = 1 = \frac{1(1+1)}{2}$이므로 정리가 성립한다.

다음에 n인 경우에 정리가 성립한다고 가정하자. 즉, $p(n) = \frac{n(n+1)}{2}$이라 하자. 그러면

$$\begin{aligned} p(n+1) &= 1+2+\cdots+n+(n+1) = p(n)+(n+1) \\ &= \frac{n(n+1)}{2}+(n+1) = \frac{(n+1)(n+2)}{2} = \frac{(n+1)\{(n+1)+1\}}{2} \end{aligned}$$

수학적 귀납법에 의하여, 모든 자연수 $n \in \mathbb{N}$에 대하여

$$p(n) = 1+2+\cdots+n = \frac{n(n+1)}{2}$$

이 성립한다. ■

※ 공이 아닌 집합 S가 연산$(\cdot)$에 대하여 닫혀있을 때, $(S, \cdot)$라 표기하고 **대수적구조**(algebraic structure, 代數的構造)라 한다.

페아노 공리에 의한 자연수(natural number, 自然數)의 정의에서 출발하여 정수(integer, 整數)와 유리수(rational number, 有理數), 실수(real number, 實數), 복소수(complex number, 複素數)를 차례로 정의할 수 있지만, 여기서부터는 유리수, 실수, 복소수가 만족하는 대수적구조인 체의 정의(정의 1.1.20)로부터 수에 대한 성질을 전개한다. 또한 체가 아닌 정수에 대한 정의(정의 1.2.1) 는 다음 절에서 다룬다.

자연수, 정수, 유리수, 실수, 복소수 전체집합의 기호와 원소는 다음과 같이 표기하기로 한다.

자연수 전체 집합 $\mathbb{N} = \{1, 2, 3, \cdots\}$

정수 전체 집합 $\mathbb{Z} = \{\cdots, -2, -1, 0, 1, 2, 3, \cdots\}$

유리수 전체 집합 $\mathbb{Q} = \left\{ \frac{a}{b} \,\middle|\, a, b \in \mathbb{Z}, b \neq 0 \right\}$

실수 전체 집합 $\mathbb{R} = \mathbb{Q} \cup \{x \mid x\text{는 무리수}\}$

복소수 전체 집합 $\mathbb{C} = \{a+bi \mid a, b \in \mathbb{R}, i^2 = -1\}$

정수 $a \in \mathbb{Z}$는 $a = \dfrac{a}{1} \in \mathbb{Q}$로 정의하면 유리수로 볼 수 있다.
따라서 수들의 포함관계는 다음과 같다.

$$\mathbb{N} \subset \mathbb{Z} \subset \mathbb{Q} \subset \mathbb{R} \subset \mathbb{C}$$

- 복소수 $\mathbb{C}$
  - 실수 $\mathbb{R}$
    - 유리수 $\mathbb{Q}$
      - 정수 $\mathbb{Z}$
        - 자연수 $\mathbb{N}$ (페아노 공리)
        - $\{0\}$
        - 음의 정수
      - 정수가 아닌 유리수
    - 무리수
  - 허수

※ 정수 전체의 집합 $\mathbb{Z}$의 표기는 독일어 Zahl(수)의 머릿글자에서 유래하였다.

연산 두 개를 가진 대수적구조 중에서 가장 많은 성질을 가지는 체의 정의를 살펴보자.

정의 1.1.20 *[체(field, 體)의 정의]*

공이 아닌 집합 F가 연산 2개 덧셈(+)과 곱셈(·)을 가진 대수적 구조일 때,

F가 체 $\overset{\text{정의}}{\Longleftrightarrow}$

(F_1) $\forall a, b, c \in F$,	$(a+b)+c = a+(b+c)$	(+에 대한 결합법칙)
(F_2) $\exists 0 \in F$, $\forall a \in F$,	$a+0 = 0+a = a$	(+ 에 대한 항등원 0 존재)
(F_3) $\forall a \in F$, $\exists -a \in F$,	$a+(-a) = (-a)+a = 0$	(+에 대한 역원 존재)
(F_4) $\forall a, b \in F$,	$a+b = b+a$	(+에 대한 교환법칙)
(F_5) $\forall a, b, c \in F$,	$\begin{cases} a\cdot(b+c) = a\cdot b + a\cdot c \\ (a+b)\cdot c = a\cdot c + b\cdot c \end{cases}$	(·에 대한 분배법칙)
(F_6) $\forall a, b, c \in F$,	$(a\cdot b)\cdot c = a\cdot(b\cdot c)$	(·에 대한 결합법칙)
(F_7) $\exists 1 \in F$, $\forall a \in F$,	$a\cdot 1 = 1\cdot a = a$	(·에 대한 항등원 1 존재)
(F_8) $\forall a, b \in F$,	$a\cdot b = b\cdot a$	(·에 대한 교환법칙)
(F_9) $\forall a(\neq 0) \in F$, $\exists a^{-1} \in F$,	$a\cdot a^{-1} = a^{-1}\cdot a = 1$	(·에 대한 역원 존재)

※ 대수적구조 $(S, +, \cdot)$에서 $b \in S$의 덧셈과 곱셈에 대한 역원 $-b$, b^{-1}가 존재하는 경우에는 뺄셈과 나눗셈은 각각 다음과 같이 정의된다.

$$a - b = a + (-b), \quad a \div b = a \cdot b^{-1} \ (b \neq 0)$$

※ 곱셈에 대하여 가환법칙이 성립하고 $b \in S$의 곱셈에 대한 역원 b^{-1}를 가지면,

$$a \cdot b^{-1} = \frac{a}{b}$$

라 쓰고, 일반적으로 곱셈 기호는 생략하여 $a \cdot b = ab$라 쓴다.

예 1.1.21 체와 체가 아닌 예.

(1) 집합 $\mathbb{Q}$에서, 임의의 $\frac{a}{b}, \frac{c}{d} \in \mathbb{Q}$에 대하여 다음이 성립한다.

$$\frac{a}{b} = \frac{c}{d} \iff ad = bc$$
$$\frac{a}{b} + \frac{c}{d} = \frac{ad+bc}{bd}, \quad \frac{a}{b} \cdot \frac{c}{d} = \frac{ac}{bd}$$

그러면 유리수는 체의 정의 $(F_1) \sim (F_9)$를 만족하므로 체가 된다. 이러한 의미에서 $(\mathbb{Q}, +, \cdot)$를 **유리수체**(rational number field, 有理數體)라 한다.

(2) 집합 $\mathbb{R}$도 일반적인 덧셈과 곱셈에 대하여 체의 정의 $(F_1) \sim (F_9)$를 만족하므로 체가 된다. 이러한 의미에서 $(\mathbb{R}, +, \cdot)$을 **실수체**(real number field, 實數體)라 한다.

(3) 또한 집합 $\mathbb{C}$에서, 임의의 $a+bi,\ c+di \in \mathbb{C}$에 대하여 다음이 성립한다.

$$a+bi = c+di \iff a = c, \quad b = d$$
$$(a+bi)+(c+di) = (a+c)+(b+d)i,$$
$$(a+bi)(c+di) = (ac-bd)+(ad+bc)i$$
$$(a+bi)^{-1} = \frac{a}{a^2+b^2} - \frac{b}{a^2+b^2}i,\ a+bi \neq 0$$

그러면 복소수는 체의 정의 $(F_1) \sim (F_9)$를 만족하므로 체가 된다. 이러한 의미에서 $(\mathbb{C}, +, \cdot)$를 **복소수체**(complex number field, 複素數體)라 한다.

(4) 정수 $(\mathbb{Z}, +, \cdot)$은 체의 정의 $(F_1) \sim (F_8)$은 만족하나 정의 (F_9) 를 만족하지 않으므로 체가 아니다. 반례를 들면, $2^{-1} = \frac{1}{2} \notin \mathbb{Z}$이므로, 정수는 일반적으로 곱셈에 대한 역원을 갖지 않는다.

연 습 문 제 (1.1)

1. 페아노 공리계에 의한 정의와 정리를 이용하여 다음을 증명하라.

(1) $2+2=4$ (2) $4+3=7$

2. 정리 1.1.7 을 증명하라.

3. 페아노 공리계에 의한 정의와 정리를 이용하여 다음을 증명하라.

(1) $2 \cdot 3 = 6$ (2) $4 \cdot 2 = 8$

(3) $2 \cdot (3+1) = 8$ (4) $2 \cdot (3+2) = 10$

4. 정리 1.1.9을 증명하라.

5. 정리 1.1.10을 증명하라.

6. 정리 1.1.12 을 증명하라.

7. 정리 1.1.13을 증명하라.

8. 정리 1.1.18 을 증명하라.

9. 임의의 자연수 $a,\ b \in \mathbb{N}$에 대하여 $ab = 1$이면 $a = 1$임을 증명하라.
(참조: $1 \leq a$와 정리 1.1.13을 이용할 것)

10. 수학적 귀납법으로 모든 자연수 n에 대하여 다음이 성립함을 증명하라.

(1) $1+3+5+\cdots+(2n-1) = n^2$

(2) $1^2+3^2+5^2+\cdots+(2n-1)^2 = \dfrac{n(2n-1)(2n+1)}{3}$

(3) $1^3+2^3+3^3+\cdots+n^3 = \left[\dfrac{n(n+1)}{2}\right]^2$

11. $r \neq 1$일 때 모든 양의 정수 n에 대하여 다음이 성립함을 증명하라.

$$a+ar+ar^2+\cdots+ar^n = \frac{a(r^{n+1}-1)}{r-1}$$

12. 수학적 귀납법 II를 이용하여 모든 $n \geq 1$에 대하여 다음이 성립함을 증명하라.

$$a^n - 1 = (a-1)(a^{n-1}+a^{n-2}+a^{n-3}+\cdots+a+1)$$

(참조 : $a^{n+1}-1 = (a+1)(a^n-1) - a(a^{n-1}-1)$.)

13. $n \geq 1$에 대하여, 다음 **이항정리**(binomial theorem, 二項定理)를 참조하여 각 항등식을 증명하라. 단, $\dbinom{n}{k} = \dfrac{n!}{k!(n-k)!}$

$$(a+b)^n = \binom{n}{0}a^n + \binom{n}{1}a^{n-1}b^1 + \cdots + \binom{n}{n-1}a^1b^{n-1} + \binom{n}{n}b^n$$

(1) $\dbinom{n+1}{k} = \dbinom{n}{k} + \dbinom{n}{k-1},\ 1 \leq k \leq n$ (파스칼 삼각형)

(2) $\dbinom{n}{0} + \dbinom{n}{1} + \dbinom{n}{2} + \cdots + \dbinom{n}{n} = 2^n$

(참조 : 이항정리에서 $a = b = 1$이라 하자.)

(3) $\dbinom{n}{1} + 2\dbinom{n}{2} + 3\dbinom{n}{3} + \cdots + n\dbinom{n}{n} = n \cdot 2^{n-1}$

(참조 : 이항정리에 의하여 $n(1+b)^{n-1}$를 전개하고, $b = 1$이라 하자.
그리고 $n\binom{n-1}{k} = (k+1)\binom{n}{k+1}$을 이용하라.)

(4) $\binom{n}{0} + 2\binom{n}{1} + 2^2\binom{n}{2} + \cdots + 2^n\binom{n}{n} = 3^n$

(5) $\binom{n}{0} + \binom{n}{2} + \binom{n}{4} + \binom{n}{6} + \cdots = \binom{n}{1} + \binom{n}{3} + \binom{n}{5} + \cdots = 2^{n-1}$

1.2 정수와 나눗셈 정리

이 절에서는 정수의 기본 성질과 정수론에서 자주 사용하는 나눗셈 정리에 대하여 다룬다.

정의 1.2.1 [*정수(integer, 整數)의 정의*]
정수 전체의 집합 $\mathbb{Z} = \{\cdots, -2, -1, 0, 1, 2, \cdots\}$*는 두 연산 덧셈(+)과 곱셈(·)이 정의되어 있고, 즉,* $\boxed{\forall a, b \in \mathbb{Z}, \quad a+b,\ a \cdot b \in \mathbb{Z}}$ *이고, 다음 성질을 만족한다.*

(A_1) $\forall a, b, c \in \mathbb{Z}$, $\boxed{(a+b)+c = a+(b+c)}$	(+에 대한 결합법칙)
(A_2) $\exists 0 \in \mathbb{Z}, \forall a \in \mathbb{Z}$, $\boxed{a+0 = 0+a = a}$	(+에 대한 항등원 0 존재)
(A_3) $\forall a \in \mathbb{Z}, \exists -a \in \mathbb{Z}$, $\boxed{a+(-a) = (-a)+a = 0}$	(+에 대한 역원 $-a$ 존재)
(A_4) $\forall a, b \in \mathbb{Z}$, $\boxed{a+b = b+a}$	(+에 대한 교환법칙)
(M_1) $\forall a, b, c \in \mathbb{Z}$, $\boxed{(ab)c = a(bc)}$	(·에 대한 결합법칙)
(M_2) $\exists 1 \in \mathbb{Z}, \forall a \in \mathbb{Z}$, $\boxed{a \cdot 1 = 1 \cdot a = a}$	(·에 대한 항등원 1 존재)
(M_3) $\forall a, b \in \mathbb{Z}$, $\boxed{ab = ba}$	(·에 대한 교환법칙)
(D) $\forall a, b, c \in \mathbb{Z}$, $\boxed{\begin{cases} a(b+c) = ab+ac \\ (a+b)c = ac+bc \end{cases}}$	(·에 대한 분배법칙)

문제 1.2.2 임의의 정수 a, b, c에 대하여 다음을 증명하라.

(1) $\boxed{\begin{cases} ab = ac\ (a \neq 0) \Longrightarrow b = c \\ ba = ca\ (a \neq 0) \Longrightarrow b = c \end{cases}}$ (소거법칙)

(2) $a \cdot 0 = 0$

(3) $-(-a) = a, \quad (-a)b = a(-b) = -(ab), \quad (-a)(-b) = ab$

정리 1.2.3 (나눗셈 정리, division algorithm)
주어진 두 정수 a, $b(\neq 0) \in \mathbb{Z}$*에 대하여, 다음을 만족하는 정수* q, $r \in \mathbb{Z}$*가 유일하게 존재한다.*

$$\boxed{a = bq + r, \quad 0 \leq r < |b|}$$

※ 이 때, q, r을 각각 a를 b로 나눈 **몫**(quotient), **나머지**(remainder)라 한다.

(증명) $\mathbb{Z}$의 부분집합 $S = \{a - bx \mid a - bx \geq 0,\ x \in \mathbb{Z}\}$를 생각하자. 먼저 a를 b 로 나눈 몫과 나머지의 존재성을 증명하고, 나중에 유일성을 증명하자.

$0 \in S$인 경우라면, 즉, 적당한 정수 $x \in \mathbb{Z}$가 존재해서 $a - bx = 0$이라 하자. 그러면 $a = bx + 0$이므로, a를 b로 나눈 몫 x와 나머지 0이 존재한다.

다음에 $0 \notin S$인 경우라면, 분명히 임의의 $x \in \mathbb{Z}$에 대하여 $a - bx \neq 0$이다. 또한, b의 부호에 따라 다음 2가지로 분류할 수 있다. 여기서 $|b| = 1$이면 분명히 정리가 성립하므로 $|b| > 1$이라 가정해도 좋다.

① $b > 0$인 경우, $x = -|a|$라 하자.

$$a - bx = a - b(-|a|) = a + b|a| = |a|(b \pm 1) > 0$$

이므로 $0 < a - b(-|a|) \in S \neq \varnothing$이다.

② $b < 0$인 경우, $x = |a|$라 하자. 그러면

$$a - bx = a - b|a| = |a|(b \pm 1) > 0$$

이므로 $0 < a - b|a| \in S \neq \varnothing$이다.

즉, $\varnothing \neq S \subset \mathbb{N}$이므로, 정수의 정렬성에 의하여 S에서 최소원 $r > 0$이 존재한다. 그러면 적당한 정수 $q \in \mathbb{Z}$가 존재해서

$$a - bq = r, \quad a = bq + r$$

이다. 다음에 $0 < r < |b|$임을 증명하자. 만약 $r \geq |b|$이면, $c = r - |b| \geq 0$이라 하자. 그러면 $b \neq 0$이므로, $0 \leq c = r - |b| < r$이다. 한편

$$0 \leq c = r - |b| = (a - bq) - |b| = a - b(q \pm 1) \in S$$

이다. 따라서 $c \in S$이고 $0 \leq c < r$이므로, 이것은 r이 S에서 최소원이라는 것에 모순이다. 즉, $0 < r < |b|$이어야 한다. 그러므로 ①과 ②에 의하여 a를 b로 나눈 몫 q와 나머지 $r(0 \leq r < |b|)$이 존재한다.

다음에 a를 b로 나눈 몫과 나머지의 유일성에 대하여 알아보자. 적당한 정수 q, q', r, $r' \in \mathbb{Z}$가 존재해서

$$\begin{cases} a = bq + r, & 0 < r < |b| \\ a = bq' + r', & 0 \leq r' < |b| \end{cases}$$

라 하자. 위 식에서

$$0 = b(q - q') + (r - r'), \quad -|b| < r - r' < |b|$$

이다. 즉, $-|b| < -b(q - q') < |b|$이고, $b \neq 0$이므로

$$-1 < |q' - q| < 1$$

에서 $q' - q = 0$, $q = q'$과 $r - r' = -b(q - q') = 0$, $r = r'$을 얻는다.

따라서 $a = bq + r$, $0 \leq r < |b|$인 q, r은 유일하게 존재한다. ■

예 1.2.4 다음 정수 a를 b로 나눈 몫과 나머지를 구하라.

(1) $a=53,\ b=6$

(2) $a=-53,\ b=6$

(3) $a=-53,\ b=-6$

(풀이) (1) $a=53=6\cdot 8+5$이므로, 몫은 8이고 나머지는 5 이다.

(2) $a=-53=6\cdot(-9)+1$이므로, 몫은 -9이고 나머지는 1이다.

(3) $a=-53=-6\cdot 9+1$이므로, 몫은 9이고 나머지는 1이다.

예 1.2.5 나눗셈 정리의 응용에 대하여 알아보자. 주어진 양의 정수 n에 대하여 임의의 정수 a를 n 으로 나누었을 때, 나머지 정리에 의하여, 유일한 정수 q, r이 존재하여

$$a=nq+r,\quad 0\le r<n$$

이다. 이 때, a를 n으로 나눈 나머지 r은 n개의 정수

$$0,\ 1,\ 2,\ \cdots,\ n-1$$

중 하나이다.

특히, $n=2$인 경우에는 임의의 정수 a를 나눈 나머지는 0 또는 1이다. 이 때, 나머지가 0인 $2k(k\in\mathbb{Z})$ 형태의 정수를 **짝수**(even number)라 하고, 나머지가 1인 $2k+1(k\in\mathbb{Z})$ 형태의 정수를 **홀수**(odd number)라 한다. 예를 들면 $-4,\ -2,\ 0,\ 2,\ 4,\ 2k(k\in\mathbb{Z})$는 짝수이고, $-3,\ -1,\ 1,\ 3,\ 5,\ 2k+1,\ 2k-1(k\in\mathbb{Z})$은 홀수이다.

일반적으로 a를 n으로 나눈나머지가 0인 경우(즉, $a=nq$인 형태)에는 a를 n의 **배수**(multiple, 倍數)라 하고, n을 a의 **약수**(divisor, 約數) 또는 **인수**(factor, 因數)라 한다.

예 1.2.6 모든 정수의 제곱은 적당한 정수 $k\in\mathbb{Z}$에 대하여 $4k$ 또는 $4k+1$인 형태임을 보여라.

(풀이) 모든 정수는 적당한 정수 $k\in\mathbb{Z}$에 대하여 $2k$ 또는 $2k+1$인 형태로 분류할 수 있으므로, 이를 제곱하면 $(2k)^2=4k^2$ 또는 $(2k+1)^2=4(k^2+k)+1$이다.

따라서 모든 정수의 제곱을 4로 나누면, 나머지는 항상 0 또는 1이다.

연 습 문 제 (1.2)

1. 체 F는 소거법칙을 만족함을 증명하라.

2. 임의의 정수 $a,\ b$에 대하여 $ab=0$이면, $a=0$ 또는 $b=0$임을 증명하라.

3. 나눗셈 정리를 이용하여 다음을 증명하라.

(1) 모든 정수의 제곱은 $3k$ 또는 $3k+1$인 형태이다.

(2) 모든 정수의 세제곱은 $9k$, $9k+1$ 또는 $9k+8$ 인 형태이다.

(3) 모든 정수의 네제곱은 $5k$ 또는 $5k+1$인 형태이다.

(4) 모든 홀수의 제곱은 $8k+1$인 형태이다.

4. 정수 n에 대하여, $\dfrac{n(n+1)(2n+1)}{6}$이 정수임을 증명하라.
(참조 : 나눗셈 정리에 의하여, n은 $6k$, $6k+1, \cdots, 6k+5$ 형태를 가진다.)

1.3 약수와 배수

이 절에서는 나눗셈 정리에서 나머지가 0인 두 정수 사이의 관계에 대하여 살펴본다.

정의 1.3.1 [*약수(divisor, 約數), 인수(factor, 因數), 배수(multiple, 倍數), 인수분해 (factorization, 因數分解)의 정의*]

정수 $a,\ d,\ e \in \mathbb{Z}$에 대하여,

d는 a의 **약수(인수)**, a는 d의 **배수**	$\overset{\text{정의}}{\Longleftrightarrow}$	$a = de$

※ 이 때, 'd는 a를 **나눈다**'라고도 하며, 기호로 $d \mid a$라 쓴다. $d \mid a$가 아닐 때에는 $d \nmid a$라 쓴다.

※ 정수를 두 개 이상의 정수의 곱으로 나타내는 것을 **인수분해**한다고 한다.

예 1.3.2 6의 모든 약수를 구해 보자.

(풀이) 6은 다음과 같은 두 정수의 모든 곱으로 나타낼 수 있다.

$$6 = 1 \cdot 6 = (-1) \cdot (-6) = 2 \cdot 3 = (-2) \cdot (-3)$$

그러므로 6의 모든 약수는 $\pm 1,\ \pm 2,\ \pm 3,\ \pm 6$이다.

또한, $1 \mid 6,\ \ -1 \mid 6,\ \ 2 \mid 6,\ \ -2 \mid 6$이고 $4 \nmid 6$이다.

다음 정리는 정의에 의하여 분명히 성립한다.

정리 1.3.3 *정수 전체집합 $\mathbb{Z}$에서 다음이 성립한다.*

(1) ± 1은 모든 정수의 약수이다.
(2) 0은 모든 정수의 배수이다.
(3) 모든 정수는 0의 약수이다.
(4) 모든 정수는 ± 1의 배수이다.

(증명) $0 = a \cdot 0$과 $a = 1 \cdot a = (-1) \cdot (-a)$에 의하여 성립한다. ■

정리 1.3.4 *임의의 정수 a, b, c에 대하여 다음이 성립한다.*

(1) $a \mid b \Longrightarrow a \mid (-b),\ (-a) \mid b,\ (-a) \mid (-b)$,

(2) $a \mid 1 \Longleftrightarrow a = \pm 1$

(3) $a \mid b,\ c \mid d \Longrightarrow ac \mid bd$

(4) $a \mid b,\ b \mid d \Longrightarrow a \mid d$

(5) $a \mid b,\ b \mid a \Longleftrightarrow a = \pm b$. 특히, $a \mid b,\ b \mid a,\ ab \geq 0$이면, $a = b$

(6) $a \mid b,\ b \neq 0 \Longrightarrow |a| \leq |b|$

(7) $a \mid b,\ a \mid c \Longrightarrow \forall x,\ y \in \mathbb{Z},\ a \mid (bx + cy)$

(증명) (1) $a \mid b$이면, 적당한 정수 x에 대하여 $b = ax$이므로,

$$-b = a(-x) = (-a)x, \quad b = (-a)(-x)$$

에 의하여 성립한다.

(2) $1 = ab \Longleftrightarrow 1 = |ab| = |a||b| \geq |a| > 0$이므로, 다음이 성립한다.

$$1 = ab \Longleftrightarrow |a| = 1 \Longleftrightarrow a = \pm 1$$

(3) $a \mid b,\ c \mid d$이면, 적당한 정수 x, y에 대하여 $b = ax$, $d = cy$이므로,

$$bd = (ax)(cy) = (ac)(xy)$$

이다. 따라서 $ac \mid bd$이다.

(4) $a \mid b,\ b \mid d$이면, 적당한 정수 x, y에 대하여 $b = ax$, $d = by$이므로,

$$d = (ax)y = a(xy)$$

이다. 따라서 $a \mid d$이다.

(5) ($\Leftarrow$) 정의에 의하여 성립한다.

($\Rightarrow$) $a \mid b,\ b \mid a$라 하자. 그러면 적당한 정수 x, y에 대하여 $b = ax$, $a = by$이다. 따라서 다음이 성립한다.

$$b \cdot 1 = b = ax = (by)x = b(yx) \ \cdots (*)$$

① $b = 0$인 경우에는 $a = 0 \cdot y = 0$이므로 $a = 0 = b$이다.

② $b \neq 0$인 경우에는 $(*)$에서 소약법칙을 사용하면 $1 = yx = xy$이다. 그러면 (2)에 의하여 $x = \pm 1$이므로, $b = \pm a$이다.

(6) $a \mid b,\ b \neq 0$이면, 그러면 적당한 정수 x에 대하여 $b = ax$이다. 따라서 $x \neq 0$, $|x| \geq 1$이므로, 따라서 다음이 성립한다.

$$|b| = |ax| = |a||x| \geq |a|$$

(7) $a \mid b$, $a \mid c$라 하자. 그러면 적당한 정수 x', y'에 대하여 $b = ax'$, $c = ay'$이다. 따라서

$$bx + cy = (ax')x + (ay')y = a(x'x + y'y)$$

이므로, $a \mid (bx + cy)$이다. ■

다음은 임의의 두 정수 a, b가 적당한 정수 $d \in \mathbb{Z}$에 대하여

$$d \mid a, \quad d \mid b$$

일 때, d를 a와 b의 **공약수**(common divisor, 公約數)라 한다. 공약수 중 가장 큰 것을 **최대공약수**(greatest common divisor, 最大公約數)라 한다. 공약수 중 최대공약수가 가장 유용하게 쓰인다. 0은 모든 정수를 약수로 갖고 있으므로, 0과 0의 공약수는 무한하여 최대공약수가 존재하지 않는다. 하지만 적어도 둘 중 하나가 0이 아니면, 공약수가 유한하므로 최대공약수가 존재한다. 따라서 최대공약수에 대한 것을 다룰 때는 정수 중 적어도 하나는 0 이 아닌 경우로 제한한다.

정의 1.3.5 *[최대공약수(greatest common divisor, 最大公約數), 서로소(relatively prime, 서로素)의 정의]*
둘 중 하나는 0이 아닌 임의의 정수 a, b에 대하여

d는 a와 b의 **최대공약수**	$\overset{\text{정의}}{\Longleftrightarrow}$	① $d > 0$ $(d \in \mathbb{Z})$ (양수) ② $d \mid a$, $d \mid b$ (공약수) ③ $e \mid a$, $e \mid b \Rightarrow e \mid d$ $(e \in \mathbb{Z},\ e \leq d)$ (최대)

※ a와 b의 최대공약수의 기호는 $\boxed{\gcd(a,\ b)}$ 또는 $\gcd\{a,\ b\}$, $(a,\ b)$라 쓴다.
※ 특히, $\boxed{\gcd(a,\ b) = 1}$이면, a와 b는 **서로소**라 한다.
※ 또한, $\gcd(a,\ b) = \gcd(-a,\ b) = \gcd(a,\ -b) = \gcd(-a,\ -b)$이다 (정리 1.3.4 (1) 참조).

정의 1.3.6 *임의의 정수 $n \in \mathbb{Z}$에 대하여 n의 배수 전체집합을 $n\mathbb{Z}$라 쓰고 다음과 같이 정의한다.*

$$n\mathbb{Z} = \{nx \mid x \in \mathbb{Z}\} = \{(-n)(-x) \mid x \in \mathbb{Z}\} = (-n)\mathbb{Z}$$

※ 정수 n에 대하여 $n\mathbb{Z} = (-n)\mathbb{Z}$이므로, n의 배수 전체집합 $n\mathbb{Z}$를 다룰 때에는 n을 음이 아닌 정수라 해도 좋다.

$$2\mathbb{Z} = \{2x \mid x \in \mathbb{Z}\} = \{\cdots,\ -4,\ -2,\ 0,\ 2,\ 4,\ \cdots\}$$

예 1.3.7 정수 12와 -30의 최대공약수를 구하라.

(풀이) 12의 약수는 ±1, ±2, ±3, ±4, ±6, ±12 이고, -30의 약수는 ±1, ±2, ±3, ±5, ±6, ±10, ±15, ±30이므로, 12와 -30의 공약수는 ±1, ±2, ±3, ±6이다. 이 중에서 6이 최대이므로 12 와 -30의 최대공약수는 6이다.

일반적으로 큰 수인 경우에는 위의 예처럼 모든 약수(인수)를 구해 최대공약수를 구하면, 모든 약수를 구하기가 매우 어려워 최대공약수를 구하기가 쉽지 않다. 그래서 약수(인수)를 구하지 않고, 최대공약수를 쉽게 구하는 방법 (예 1.3.15 참조 또는 유클리드 알고리즘)을 알아보기로 하자. 먼저 최대공약수에 관한 정리를 살펴보자.

정리 1.3.8 *둘 중 하나는 0이 아닌 임의의 정수 a, b와 정수 d에 대하여 다음이 성립한다.*

(1) 공이 아닌 $\mathbb{Z}$의 부분집합 S가 덧셈(+)과 뺄셈(−)에 대하여 닫혀있으면, 적당한 음이 아닌 정수 $n \in \mathbb{Z}$가 존재하여 $\boxed{S = n\mathbb{Z}}$이다.

(2) $d = \gcd(a, b) \Longleftrightarrow a\mathbb{Z} + b\mathbb{Z} = d\mathbb{Z}$. 단, $a\mathbb{Z} + b\mathbb{Z} = \{ax + by \mid x, y \in \mathbb{Z}\}$이다.

(3) $d = \gcd(a, b)$이면, $\boxed{d = ax + by}$인 정수 x, $y \in \mathbb{Z}$가 존재한다.

※ 정리 1.3.8 (3)의 역은 성립하지 않는다. 예를 들면

$$\gcd(4, 6) = 2 = 4 \cdot (-1) + 6 \cdot 1$$

이다. 그러나 $4 \cdot (-2) + 6 \cdot 2 = 4$이지만, 4는 $\gcd(4, 6) = 2$가 아니다.

(증명) (1) $\varnothing \neq S$이므로 원소 $a \in S$가 존재한다. 또한 S가 뺄셈에 대하여 닫혀 있으므로

$$0 = a + (-a) = a - a \in S$$

이다. 즉, $0 \in S$이다.

먼저 $S = \{0\}$인 경우에는

$$S = \{0\} = 0\mathbb{Z}$$

이므로 정리가 성립한다.

다음에 $S \supsetneq \{0\}$인 경우에는 S에서 0이 아닌 원소 $(0 \neq)a \in S$가 존재한다. 또한 S가 뺄셈에 대하여 닫혀 있으므로

$$-a = 0 + (-a) = 0 - a \in S$$

이고, 따라서 $-a \in S$이다. 즉, $-a$, $a \in S$이므로 $\varnothing \neq (S \cap \mathbb{N}) \subset \mathbb{N}$이다. 그러면 정수의 정렬성에 의하여 S에서 최소원인 양의 정수 n이 존재한다. $S = n\mathbb{Z}$임을 증명하자. S는 덧셈(+)과 뺄셈(−)에 대하여 닫혀있고, $n \in S$이므로

$$n\mathbb{Z} \subset S$$

이다. 다음에 임의의 원소 $b \in S$는 나눗셈 정리에 의하여, 유일한 정수 $q,\ r \in \mathbb{Z}$가 존재하여

$$b = nq + r, \quad 0 \le r < n$$

이다. 만약 $r \neq 0$이면,

$$r = b - nq \in S \cap \mathbb{N}, \quad 0 \lneq r < n$$

이다. 이것은 n이 $S \cap \mathbb{N}$에서 최소 양의 정수라는 것에 모순이다. 따라서 $r = 0$이고, $b = nq \in n\mathbb{Z}$이다. 즉,

$$S \subset n\mathbb{Z}$$

따라서 $S = n\mathbb{Z}$이다.

(2) $(\Rightarrow)$ $d = \gcd(a,\ b)$라 하자.

$a\mathbb{Z} + b\mathbb{Z}$가 덧셈과 뺄셈에 대하여 닫혀 있음을 보이자. 임의의 원소 $ax + by,\ ax' + by' \in a\mathbb{Z} + b\mathbb{Z}$에 대하여

$$(ax + by) \pm (ax' + by') = a(x \pm x') + b(y \pm y') \in a\mathbb{Z} + b\mathbb{Z}$$

이고, $a,\ b \in a\mathbb{Z} + b\mathbb{Z} \neq \{0\}$이므로, (1)에 의하여

$$a\mathbb{Z} + b\mathbb{Z} = d'\mathbb{Z}$$

인 정수 $d' \in \mathbb{Z}$가 존재한다. 그러면 $d' \in d'\mathbb{Z} = a\mathbb{Z} + b\mathbb{Z}$이므로,

$$d' = ax + by$$

인 정수 $x,\ y \in \mathbb{Z}$가 존재한다. 한편 $d = \gcd(a,\ b)$이므로, $d \mid a,\ d \mid b$이고 정리 1.3.4 (7)에 의하여

$$d \mid (ax + by), \quad 즉,\ d \mid d'$$

이다. 또한 $a,\ b \in a\mathbb{Z} + b\mathbb{Z} = d'\mathbb{Z}$이므로, $a = d'x',\ b = d'y'$인 정수 $x',\ y' \in \mathbb{Z}$가 존재하므로, $d' \mid a,\ d' \mid b$이다. 즉,

$$d' \mid d$$

이고, 정리 1.3.4 (5)에 의하여 $d = d'$이다. 따라서 $a\mathbb{Z} + b\mathbb{Z} = d\mathbb{Z}$이다.

$(\Leftarrow)$ $a\mathbb{Z} + b\mathbb{Z} = d\mathbb{Z}$, $\gcd(a,\ b) = d'$이라 하자. $d \in d\mathbb{Z} = a\mathbb{Z} + b\mathbb{Z}$이므로,

$$d = ax + by$$

인 정수 $x,\ y \in \mathbb{Z}$가 존재한다. 한편 $d' \mid a,\ d' \mid b$이므로

$$d' \mid (ax + by), \quad 즉,\ d' \mid d$$

이고, $a,\ b \in a\mathbb{Z} + b\mathbb{Z} = d\mathbb{Z}$이므로,

$$a = dx', \quad b = dy'$$

인 정수 $x', y' \in \mathbb{Z}$가 존재한다. 즉, $d \mid a$, $d \mid b$이므로,

$$d \mid d'$$

이 되어, 정리 1.3.4 (5)에 의하여 $d = d' = \gcd(a, b)$이다.

(3) (2)에 의하여 성립한다. ■

예 1.3.9 (1) $\gcd(2, 5) = 1 = 2 \cdot (-2) + 5 \cdot 1 = 2 \cdot 3 + 5 \cdot (-1)$

(2) $\gcd(12, -30) = 6 = 12 \cdot (-2) + (-30) \cdot (-1) = 12 \cdot 3 + (-30) \cdot 1$

(3) $\gcd(13, 29) = 1 = 13 \cdot 9 + 29 \cdot (-4)$

정리 1.3.10 *[2009학년도 임용시험 출제] 둘 중 하나는 0이 아닌 임의의 정수 a, b에 대하여 다음이 성립한다.*

$$\boxed{\gcd(a, b) = 1} \Longleftrightarrow \exists x, y \in \mathbb{Z}, \boxed{ax + by = 1}$$

(증명) ($\Rightarrow$) 정리 1.3.8 (3)에 의하여 성립한다.

($\Leftarrow$) 적당한 정수 $x, y \in \mathbb{Z}$에 대하여 $ax + by = 1$이라 하고, $d = \gcd(a, b)$라 하자. 그러면 $d \mid a$, $d \mid b$이므로,

$$d \mid 1$$

이다. 따라서 $d = 1$이고, $\gcd(a, b) = 1$이다. ■

정리 1.3.11 *둘 중 하나는 0이 아닌 임의의 정수 a, b의 최대공약수가 $\gcd(a, b) = d$일 때, 다음이 성립한다.*

(1) $\gcd\left(\frac{a}{d}, \frac{b}{d}\right) = 1$

(2) 임의의 0이 아닌 정수 n에 대하여, $\gcd(na, nb) = |n|d = |n|\gcd(a, b)$

(3) 임의의 정수 c에 대하여, $a \mid bc$이면, $\frac{a}{d} \mid c$

※ 정수의 약수와 배수에 대한 정리에서 분수 $\frac{a}{d}$를 다룰 때, $\boxed{\text{정수 } \frac{a}{d} \in \mathbb{Z}}$가 되어야 한다. 즉, (1)에서 $1 = \frac{a}{d}x + \frac{b}{d}y = \frac{ax}{d} + \frac{by}{d}$은 가능하지만, $1 = a\frac{x}{d} + b\frac{y}{d}$는 안된다. 이유는 $\frac{a}{d}$, $\frac{b}{d}$는 정수이지만, $\frac{x}{d}$, $\frac{y}{d}$는 정수인지 알 수 없다.

(증명) (1) $\gcd(a,\ b)=d$이므로, 정리 1.3.8 (3)에 의하여 $d=ax+by$인 정수 $x,\ y\in\mathbb{Z}$가 존재한다. 그러면

$$1=\frac{a}{d}x+\frac{b}{d}y$$

이므로, 정리 1.3.10에 의하여 $\gcd\left(\frac{a}{d},\ \frac{b}{d}\right)=1$이다.

(2) $\gcd(na,\ nb)=e$라 하자. 한편, $\gcd(na,\ nb)=\gcd(-na,\ -nb)$이므로 n을 양수라 해도 좋다.

$d\mid a,\ d\mid b$이므로, $nd\mid na,\ nd\mid nb$이다. 따라서

$$nd\mid e$$

이다. 한편 $d=ax+by$인 정수 $x,\ y\in\mathbb{Z}$가 존재한다. 그러면

$$nd=(na)x+(nb)y$$

이다. 따라서 $e\mid na,\ e\mid nb$에서

$$e\mid nd$$

이므로, 정리 1.3.4 (5)에 의하여 $e=nd$이다. 즉, $\gcd(na,\ nb)=|n|\gcd(a,\ b)$이다.

(3) $a\mid bc$이므로, $bc=ax'$인 정수 $x'\in\mathbb{Z}$가 존재한다. 또한 $\gcd(a,\ b)=d$이므로, 정리 1.3.8 (3)에 의하여

$$d=ax+by,\quad 1=\frac{a}{d}x+\frac{b}{d}y$$

인 정수 $x,\ y\in\mathbb{Z}$가 존재한다. 따라서

$$c=\frac{ac}{d}x+\frac{bc}{d}y=\frac{ac}{d}x+\frac{ax'}{d}y=\frac{a}{d}(cx+x'y)$$

이다. 그러므로 $\left.\frac{a}{d}\,\right|\,c$이다. ■

정리 1.3.12 둘 중 하나는 0이 아닌 임의의 정수 $a,\ b$와 정수 c에 대하여 다음이 성립한다.

(1) $\boxed{\gcd(a,\ b)=1,\ a\mid c,\ b\mid c \implies ab\mid c}$

(2) $\gcd(a,\ b)=1,\quad a\mid bc \implies a\mid c$

(3) $\gcd(a,\ c)=\gcd(b,\ c)=1 \iff \gcd(ab,\ c)=1$

(4) $\gcd(a,\ b)=1 \iff \gcd(a^m,\ b^n)=1,\ \forall m,\ n\in\mathbb{N}$

(증명) (1) $\gcd(a,\ b)=1$이므로, 정리 1.3.10 에 의하여

$$1=ax+by,\quad c=acx+bcy\ \cdots(*)$$

인 정수 $x,\ y\in\mathbb{Z}$가 존재한다. 또한 $a\mid c,\ b\mid c$이므로,

$$c=aa',\quad c=bb'$$

인 정수 $a',\ b'\in\mathbb{Z}$가 존재한다. 따라서

$$c=a(bb')x+b(aa')y=ab(b'x+a'y)$$

이므로 $ab\mid c$이다.

(2) $a\mid bc$이므로, $bc=aa'$인 정수 $a'\in\mathbb{Z}$가 존재한다. 그러면 $(*)$에서

$$c=acx+(aa')y=a(cx+a'y)$$

이므로 $a\mid c$이다.

(3) $\gcd(a,\ c)=\gcd(b,\ c)=1$이므로, 정리 1.3.10에 의하여

$$1=ax+cy,\quad 1=bx'+cy'$$

인 정수 $x,\ y,\ x',\ y'\in\mathbb{Z}$가 존재한다. 따라서

$$1=(ax+cy)(bx'+cy')=ab(xx')+c(axy'+ybx'+cyy')$$

이므로, 정리 1.3.10에 의하여 $\gcd(ab,\ c)=1$이다.

(4) (3)과 수학적 귀납법을 이용하면 쉽게 증명할 수 있다. ■

임용시험 출제 1.3.13 [2009학년도]

ㄱ. $\gcd(a,\ b)=1\Leftrightarrow \exists s,\ t\in\mathbb{Z},\ as+bt=1$

ㄴ. 임의의 $m,\ n\in\mathbb{N}$에 대하여, $\gcd(2^m-1,\ 2^n-1)=1\Leftrightarrow \gcd(m,\ n)=1$

ㄷ. 임의의 $n\in\mathbb{N}$에 대하여, n이 25진수로 3자리수 $\Leftrightarrow$ n이 5진수로 6자리수

정리 1.3.14 (Euclid) *임의의 정수 $a,\ b(\neq 0),\ q,\ r$에 대하여 다음이 성립한다.*

$$\underline{a}=\underline{b}q+\underline{r}\implies \gcd(a,\ b)=\gcd(b,\ r),\ \text{즉}\ \boxed{\gcd(a,\ b)=\gcd(a-bq,\ b)}$$

(증명) $d=\gcd(a,\ b),\ e=\gcd(b,\ r)$이라 하자.

그러면 $d\mid a,\ d\mid b$이고, $r=a-bq$이므로, 정리 1.3.4 (7)에 의하여 $d\mid r$이다. 따라서 최대공약수의 정의 ③에 의하여 $d\mid e$이다.

한편, $e\mid b,\ e\mid r$이고, $a=bq+r$이므로, 정리 1.3.4 (7)에 의하여 $e\mid a$이다. 따라서 최대공약수의 정의 ③에 의하여 $e\mid d$이다.

그러므로 정리 1.3.4 (5)에 의하여 $d=e$이다. ■

예 1.3.15 둘 중 하나는 0이 아닌 임의의 <u>두 정수의 최대공약수</u>를 구할 때, 정리 1.3.14 를 이용하면, 모든 약수를 구하지 않고 쉽게 최대공약수를 구할 수 있다. 즉, 임의의 정수 a, $b(>0)$, q, r에 대하여 나눗셈 정리에 의하여 $a = bq + r, 0 \leq r < b$이므로,

$$\gcd(a,\ b) = \gcd(a-b,\ b) = \cdots = \gcd(a-bq,\ b) = \gcd(r,\ b)$$

이다. 예를 들어, 최대공약수 $\gcd(12,\ -30)$은 다음과 같이 구할 수 있다.

$$\gcd(12,\ -30) = \gcd(12,\ 30) = \gcd(12,\ 30-2\cdot 12) = \gcd(12,\ 6) = 6$$

앞의 정리 1.3.14를 이용하여, 두 정수의 최대공약수를 아주 효과적으로 구할 수 있다.

정리 1.3.16 (유클리드 알고리즘, 유클리드 호제법)
두 양의 정수 a, b와 정수 $q_1, \cdots, q_{n+1}$, $r_{-1}(=a)$, $r_0(=b)$, $r_1, \cdots, r_n$에 대하여 다음을 만족한다고 하자.

$$\begin{aligned}
a &= bq_1 + r_1, & 0 &< r_1 < b \\
b &= r_1q_2 + r_2, & 0 &< r_2 < r_1 \\
r_1 &= r_2q_3 + r_3, & 0 &< r_3 < r_2 \\
&\ \vdots & & \\
r_{n-2} &= r_{n-1}q_n + \boxed{r_n}, & 0 &< r_n < r_{n-1} \\
r_{n-1} &= \boxed{r_n}\,q_{n+1} + 0 & &
\end{aligned}$$

q_1	a	b	q_2
	bq_1	r_1q_2	
q_3	r_1	r_2	q_4
	$\vdots$	$\vdots$	
q_n	r_{n-2}	r_{n-1}	q_{n+1}
	$r_{n-1}q_n$	r_nq_{n+1}	
	$\boxed{r_n}$	0	

그러면 다음이 성립한다.

(1) $\gcd(a,\ b) = \boxed{r_n}$

(2) $i = 2, \cdots, n+1$에 대하여

$$\begin{cases} s_0 = 1,\ s_1 = 0,\ s_i = s_{i-2} - s_{i-1}q_{i-1} \\ t_0 = 0,\ t_1 = 1,\ t_i = t_{i-2} - t_{i-1}q_{i-1} \end{cases} \Longrightarrow \begin{cases} r_{i-1} = as_i + bt_i\ (0 \leq i \leq n+1) \\ \gcd(a,\ b) = \boxed{r_n} = as_{n+1} + bt_{n+1} \end{cases}$$

(증명) (1) 나눗셈 정리에 의하여 정수 정수 $q_1, \cdots, q_{n+1}$, $r_1, \cdots, r_n$은 존재한다. 그리고 정리 1.3.14에 의하여

$$\begin{aligned}
\gcd(a,\ b) &= \gcd(b,\ r_1) = \gcd(r_1,\ r_2) = \cdots = \gcd(r_{n-2},\ r_{n-1}) \\
&= \gcd(r_{n-1},\ r_n) = \gcd(r_nq_{n+1},\ r_n) = \gcd(r_n,\ 0) = r_n
\end{aligned}$$

(2) i에 대한 수학적 귀납법 II를 이용하여 증명하자. 먼저 $i = 0,\ 1$인 경우에 $r_{-1} = a = as_0 + bt_0$, $r_0 = b = as_1 + bt_1$이다.

다음에 $0 \le k \le n$일 때, $0 \le i \le k$인 정수 i에 대하여

$$r_i = as_{i+1} + bt_{i+1}$$

이라고 가정하자. 그러면

$$\begin{aligned} r_{k+1} &= r_{k-1} - r_k q_{k+1} = (as_k + bt_k) - (as_{k+1} + bt_{k+1})q_{k+1} \\ &= a(s_k - s_{k+1}q_{k+1}) + b(t_k - t_{k+1}q_{k+1}) = as_{k+2} + bt_{k+2} \end{aligned}$$

그러므로 $0 \le i \le n+1$인 모든 정수 i에 대하여 $r_i = as_{i+1} + bt_{i+1}$이다. ■

유클리드 알고리즘을 그림으로 나타내면 다음과 같다. 이를 **유클리드 호제법**(유클리드 互除法)이라 하며, 최대공약수를 구할 때 아주 유용한 방법이다.

q_1	a bq_1	b r_1q_2	q_2
q_3	r_1 r_2q_3	r_2 r_3q_4	q_4
$\vdots$	r_3 $\vdots$	r_4 $\vdots$	$\vdots$
q_n	r_{n-2} $r_{n-1}q_n$	r_{n-1} r_nq_{n+1}	q_{n+1}
	$\boxed{r_n}$	0	

또한 다음 표를 이용하면 $\gcd(a,\ b) = ax + by$인 정수 $x,\ y \in \mathbb{Z}$를 쉽게 구할 수 있다.

$$\gcd(a,\ b) = ax + by = \boxed{r_n} = as_{n+1} + bt_{n+1}$$

이므로

$$x = s_{n+1}, \quad y = t_{n+1}$$

이다. 표에서 몫은 유클리드 호제법에서 나누어 떨어지기 바로 전의 몫 q_n까지만 선택하여 표를 작성해야 한다.

i	0	1	2	$\cdots$	$n-1$	n	$n+1$
q_{i-1}(몫)	빈	칸	q_1	$\cdots$	q_{n-2}	q_{n-1}	q_n
$s_i(ax)$	1	0	s_2	$\cdots$	s_{n-1}	s_n	$s_{n+1} = s_{n-1} - s_nq_n$
$t_i(by)$	0	1	t_2	$\cdots$	t_{n-1}	t_n	$t_{n+1} = t_{n-1} - t_nq_n$
r_{i-1}	a	b	r_1	$\cdots$	r_{n-2}	r_{n-1}	$\boxed{r_n} = as_{n+1} + bt_{n+1}$

예 1.3.17 다음 물음에 답하라.

(1) $d = \gcd(56,\ 72)$를 구하라.

(2) $d = 56x + 72y$인 $x,\ y \in \mathbb{Z}$ 구하라.

(풀이) 유클리드 호제법을 이용하자. $\gcd(56,\ 72) = \gcd(72,\ 56)$이므로, 유클리드 호제법의 계산에서 큰 수를 왼쪽에 배치하면 한 단계를 줄일 수 있다.

1	72	56	3
	56	48	
2	16	$\boxed{8}$	
	16		
	0		

몫			1	3
$(72)y$	1	0	1	-3
$(56)x$	0	1	-1	4
나머지	72	56	16	$\boxed{8}$

(1) 유클리드 호제법에서 $\gcd(56,\ 72) = \gcd(72,\ 56) = 8$이다.

(별해) 나눗셈 정리을 이용하여 최대공약수를 수하자.

$$72 = 56 \cdot 1 + 16$$
$$56 = 16 \cdot 3 + \boxed{8}$$
$$16 = 8 \cdot 2 + 0$$

그러므로 $\gcd(56,\ 72) = \gcd(72,\ 56) = 8$이다.

(2) 유클리드 호제법에서의 표에서 $x = 4,\ y = -3$임을 알 수 있다.

(별해) 유클리드 호제법의 역연산을 이용하여 다음과 같이 $x,\ y$를 구할 수 있다.

$$\begin{aligned} 8 &= 56 - 48 = 56 - (16 \cdot 3) = 56 - (72 - 56) \cdot 3 \\ &= 56 \cdot 4 - 72 \cdot 3 = 56 \cdot 4 + 72(-3) \end{aligned}$$

그러므로 $x = 4,\ y = -3$이다.

예 1.3.18 다음 물음에 답하라.

(1) $d = \gcd(97,\ 31)$를 구하라.

(2) $d = 97x + 31y$인 $x,\ y \in \mathbb{Z}$ 구하라.

(풀이) 유클리드 호제법을 이용하자.

3	97	31	7
	93	28	
1	4	3	3
	3	3	
	$\boxed{1}$	0	

몫			3	7	1
$(97)x$	1	0	1	-7	8
$(31)y$	0	1	-3	22	-25
나머지	97	31	4	3	$\boxed{1}$

(1) 유클리드 호제법에서 $\gcd(97,\ 31) = 1$이다.

(2) 유클리드 호제법에서의 표에서 $x = 8,\ y = -25$임을 알 수 있다.

다음은 둘 중 하나는 0이 아닌 두 정수의 최대공약수와 최소공배수 사이의 관계에 대하여 알아보자. 먼저 최소공배수의 정의를 살펴보자.

정의 1.3.19 *[최소공배수(least common multiple, 最小公倍數)의 정의]*
적어도 하나는 0이 아닌 임의의 정수 a, b에 대하여

l은 a와 b의 **최소공배수**	$\overset{\text{정의}}{\Longleftrightarrow}$	① $l > 0$ ($l \in \mathbb{Z}$) (양수) ② $a \mid l$, $b \mid l$ (공배수) ③ $a \mid e$, $b \mid e \Rightarrow l \mid e$ ($e \in \mathbb{Z}$, $l \le e$) (최소)

※ a와 b의 최소공배수의 기호는 $\boxed{\text{lcm}(a, b)}$ 또는 $\text{lcm}\{a, b\}$, $[a, b]$라 쓴다.
※ 또한, $\text{lcm}(a, b) = \text{lcm}(-a, b) = \text{lcm}(a, -b) = \text{lcm}(-a, -b)$이다 (정리 1.3.4 (1) 참조).

정리 1.3.20 *두 양의 정수 a, b에 대하여 다음이 성립한다.*

(1) $\gcd(a, b)\text{lcm}(a, b) = ab$
(2) $\boxed{\gcd(a, b) = 1 \quad \Longrightarrow \quad \text{lcm}(a, b) = ab}$

※ 이 정리에 의하여 최대공약수를 알면 최소공배수를 쉽게 구할 수 있다.

(증명) (1) $d = \gcd(a, b)$, $l = \text{lcm}(a, b)$라 하고, $l = \dfrac{ab}{d}$임을 보이면 된다.
$\dfrac{ab}{d} = a\left(\dfrac{b}{d}\right) = b\left(\dfrac{a}{d}\right)$이므로, 최소공배수 정의 ③에 의하여 $l \,\Big|\, \dfrac{ab}{d}$이다. 한편 $\gcd(a, b) = d$이므로, 정리 1.3.8 (3)에 의하여 $d = ax + by$인 정수 x, $y \in \mathbb{Z}$가 존재한다. 따라서

$$ld = lax + lby$$

이고, $l = aa'$, $l = bb'$인 정수 a', $b' \in \mathbb{Z}$가 존재하므로,

$$ld = (bb')ax + (aa')by$$

이다. 그러므로

$$l = \frac{ab}{d}b'x + \frac{ab}{d}a'y = \frac{ab}{d}(b'x + a'y)$$

이고, $\dfrac{ab}{d} \,\Big|\, l$이다. 따라서 정리 1.3.4 (5)에 의하여 $\dfrac{ab}{d} = l$이다.
즉, $ab = \gcd(a, b)\text{lcm}(a, b)$이다.

(2) (1)에 의하여 분명히 성립한다. ■

임용시험 출제 1.3.21 [2009학년도] $|x|,\ |y| \le 10$일 때, $32x+14y=\gcd(32,\ 14)$를 만족하는 $|x|+|y|$의 값은?

연 습 문 제 (1.3)

1. $a\mathbb{Z}$는 연산 뺄셈$(-)$에 대하여 닫혀있음을 증명하라.

2. 공이 아닌 $\mathbb{Z}$의 부분집합 S가 뺄셈$(-)$에 대하여 닫혀있으면, 덧셈$(+)$에 대하여 닫혀있음을 증명하라.

3. 정수 중에서 $4k+1$의 형태인 정수 전체로 이루어진 집합을 S라 하면, S 는 곱셈에 대하여 닫혀있음 보여라.

4. 다음 명제 중에서 참인 것을 찾아라.

(1) 집합 $S=3\mathbb{Z}\cup 5\mathbb{Z}$는 덧셈과 뺄셈에 대하여 닫혀있다.

(2) 집합 $S=3\mathbb{Z}\cup 6\mathbb{Z}$는 덧셈과 뺄셈에 대하여 닫혀있다.

(3) 집합 $T=3\mathbb{Z}\cap 5\mathbb{Z}$는 덧셈과 뺄셈에 대하여 닫혀있다.

5. 정수 $a,\ b,\ c$에 대하여 다음이 성립하는지를 판정하라.

(1) $a\mid bc$이면, $a\mid b$ 또는 $a\mid c$이다.

(2) $a\mid c,\ b\mid c$이면, $ab\mid c$이다.

(3) $a\mid c,\ b\mid c$이면, $(a+b)\mid c$이다.

(4) $a\mid (b+c)$이면 $a\mid b$ 또는 $a\mid c$이다.

6. 정수 $a,\ b,\ c,\ d$에 대하여 다음을 증명하라.

(1) $a\mid b$이면, $a\mid bc$이다.

(2) $a\mid b$이고 $a\mid c$이면, $a^2\mid bc$이다.

(4) $c\neq 0$일 때 $a\mid b$이면, $ab\mid bc$이다. 그 역도 성립한다.

7. 두 양의 정수 $a,\ b$에 대하여 다음을 증명하라.

(1) $a^3\mid b^3$이면, $a\mid b$이다.

(2) $a^2\mid b^2$이면, $a\mid b$이다.

(3) $a^5\mid b^2$이면, $a^2\mid b$이다.

8. 정수 $x,\ y$에 대하여 $\dfrac{x}{30}+\dfrac{y}{36}=1$이 가질 수 있는 최소 양의 정숫값을 구하라.

9. 10보다 작은 자연수 $a,\ b,\ c,\ d$가 $4\cdot abcd=dcba$를 만족하는 4자리 정수일 때, $a,\ b,\ c,\ d$를 구하라.

10. 제곱수인 $aabb$ 형태의 네 자리 정수를 모두 구하라.

11. $999999 \cdot n = 111\cdots 11$을 만족시키는 최소의 자연수 n을 구하라.

12. 정수 m, n에 대하여 $mn(m^2 - n^2)$이 6 의 배수임을 증명하라.

13. 모든 정수 n에 대하여 다음을 증명하라.

(1) $3 \mid (n^3 - n)$ (2) $6 \mid (n^3 + 5n)$

(3) $120 \mid (n^5 - 5n^3 + 4n)$

14. 모든 정수 $n \geq 0$에 대하여 다음을 증명하라.

(1) $9 \mid (4^n + 15n - 1)$ (2) $48 \mid (5^{2n} + 24n - 1)$

15. 두 연속된 세제곱수의 차는 2로 나누어지지 않음을 증명하라.

16. k개의 연이은 자연수의 곱은 $k!$의 배수임을 증명하라.

17. 임의의 정수 n에 대하여 다음을 증명하라.

(1) $4 \nmid (n^2 + 2)$ (2) $2 \nmid n,\ 3 \nmid n \Rightarrow 24 \mid (n^2 - 1)$

18. 정수 $a_1,\ a_2,\ \cdots,\ a_n,\ d$ 에 대하여 다음이 성립함을 밝혀라.

(1) $d \mid a_1,\ d \mid a_2,\ \cdots,\ d \mid a_n$이면, 임의의 정수 $x_1,\ x_2,\ \cdots,\ x_n$에 대하여 $d \mid (a_1x_1 + a_2x_2 + \cdots + a_nx_n)$이다.

(2) $d \mid a_1,\ d \mid a_2,\ \cdots,\ d \mid a_n$이면, $d^n \mid a_1a_2\cdots a_n$이다.

19. 정수 a, b에 대하여 $\gcd(a,\ a+b)$는 b의 약수임을 증명하라.

20. 정수 a, b의 최대공약수가 10일 때, a^3와 b^4의 모든 최대공약수를 구하라.

21. 정수 a, b, c, d에 대하여 $\gcd(a,\ b) = 1$일 때, 다음을 증명하라.

(1) $\gcd(a+b,\ ab) = 1$이다.

(2) $c \mid a,\ d \mid b$이면, $\gcd(c,\ d) = 1$이다.

(3) $c \mid (a+b)$이면, $\gcd(a,\ c) = \gcd(b,\ c) = 1$이다.

22. 양의 정수 n과 임의의 정수 a에 대하여, $\gcd(a,\ a+n)$은 n을 나눔을 증명하라. 따라서 $\gcd(a,\ a+1) = 1$임을 증명하라.

23. 정수 a에 대하여 다음을 증명하라.

(1) $\gcd(2a+1,\ 9a+4) = 1$이다.

(2) $\gcd(5a+2,\ 7a+3) = 1$이다.

(3) $\gcd(3a+2,\ 5a+3) = 1$이다.

(4) a가 홀수이면, $\gcd(3a,\ 3a+2) = 1$이다.

24. 두 양의 정수 a, m에 대하여 $d = \gcd(a^m + 1,\ a^m - 1)$이라고 할 때, a가 홀수이면 $d = 2$이고 그 밖의 경우에 $d = 1$임을 증명하라.

25. 임의의 자연수 a에 대하여 $a^3 + 1$과 $a^7 + 1$의 최대공약수를 구하라.

26. 서로소인 두 홀수 a, b에 대하여 다음을 증명하라

(1) $d = \gcd(a+b,\ a-b)$이면, $d = 2$이다.

(참조 : $d \mid 2a$, $d \mid 2b$를 보이고, $d \geq \gcd(2a,\ 2b) = 2 \cdot \gcd(a,\ b)$.)

(2) $d = \gcd(a+b,\ a^2+b^2)$이면, $d = 2$이다.

(참조 : $a^2+b^2 = (a+b)(a-b)+2b^2$.)

27. $d \mid n$이면 $2^d - 1 \mid 2^n - 1$임을 증명하라.

(참조 : $x^k - 1 = (x-1)(x^{k-1} + x^{k-2} + \cdots + x + 1)$을 이용)

28. 임의의 자연수 n에 대하여 $\gcd(a^n,\ b^n) = \gcd(a,\ b)^n$임을 증명하라.
특히, $\gcd(a,\ b) = 1$일 때, $\gcd(a^n,\ b^n) = 1$이다.

29. 정수 a, b, c와 양의 정수 n에 대하여 $a^n + b^n = c^n$일 때, 다음이 성립함을 증명하라.

(1) $\gcd(a,\ b) = 1$일 때 그리고 이때에만 $\gcd(a,\ c) = 1$이다.

(2) $\gcd(a,\ b,\ c) = 1$이면, $\gcd(a,\ b) = 1$, $\gcd(a,\ c) = 1$, $\gcd(b,\ c) = 1$이다.

(참조 : 28번 이용)

30. 주어진 0이 아닌 정수 a, b에 대하여 $\gcd(a,\ b) = \mathrm{lcm}(a,\ b)$일 필요충분조건은 $a = b$임을 증명하라.

31. 다음을 구하라.

(1) $\gcd(308,\ 247)$

(2) $\gcd(272,\ 1479)$

(3) $\gcd(1769,\ 2378)$

(4) $\mathrm{lcm}(308,\ 247)$

32. 유클리드의 알고리즘을 이용하여 다음 등식을 만족시키는 정수 x, y를 한 쌍씩 구하여라.

(1) $\gcd(78,\ 32) = 78x + 32y$

(2) $\gcd(78,\ -32) = 78x + (-32)y$

(3) $\gcd(105,\ 300) = 105x + 300y$

(4) $\gcd(-105,\ 300) = (-105)x + 300y$

(5) $\gcd(113,\ 50) = 113x + 50y$

(6) $\gcd(142,\ 48) = 142x + 48y$

(7) $\gcd(-19,\ 54) = (-19)x + 54y$

(8) $\gcd(-57,\ -50) = (-57)x + (-50)y$

33. 셋 중 하나는 0이 아닌 임의의 정수 a, b, c에 대하여, 정의 1.3.5를 일반화하여, a, b, c의 **최대공약수** $d = \gcd(a,\ b,\ c)$의 정의를 다음과 같이 하자.

① $d > 0$ $(d \in \mathbb{Z})$
② $d \mid a$, $d \mid b$, $d \mid c$
③ $e \mid a$, $e \mid b$, $e \mid c \Rightarrow e \mid d$ $(e \in \mathbb{Z})$

이 때, $\gcd(a, b, c) = \gcd(\gcd(a, b), c) = \gcd(a, \gcd(b, c))$임을 증명하라.

34. 정수 $c, a_1, a_2, \cdots, a_n (n \geq 3)$에 대하여 다음 두 등식이 성립함을 증명하라.

(1) $\gcd(a_1, \cdots, a_{n-1}, a_n) = \gcd(\gcd(a_1, \cdots, a_{n-1}), a_n)$

(2) $\mathrm{lcm}(a_1, \cdots, a_{n-1}, a_n) = \mathrm{lcm}(\mathrm{lcm}(a_1, \cdots, a_{n-1}), a_n)$

(3) $\gcd(a_1c, a_2c, \cdots, a_nc) = c\gcd(a_1, a_2, \cdots, a_n)$

(4) $\mathrm{lcm}(a_1c, a_2c, \cdots, a_nc) = c\,\mathrm{lcm}(a_1, a_2, \cdots, a_n)$

35. 다음을 만족하는 정수 x, y, z 한 쌍만 구하라.

$$\gcd(198, 288, 512) = 198x + 288y + 512z$$

(참조 : $d = \gcd(198, 288)$이라 하자. $\gcd(198, 288, 512) = \gcd(d, 512)$이므로 일단 $\gcd(d, 512) = du + 512v$를 만족하는 정수 u, v를 찾는다.)

36. 다음을 만족하는 정수 x, y, z 한 쌍만 구하라.

$$\gcd(40, 57, -70) = 40x + 57y + (-70)z$$

37. 정수를 계수로 가지는 다항식 $f(x) = x^n + a_{n-1}x^{n-1} + \cdots + a_1x + a_0$ 와 유리수 u에 대하여 $f(u) = 0$이면, u 는 정수이고 또 u는 a_0의 약수임을 밝혀라.

1.4 1차부정방정식

이 절에서는 정수를 계수로 가지는 방정식의 정수해에 대하여 논한다. 이 때 최대공약수가 중요한 역할을 한다.

하나 이상의 미지수를 가지는 방정식에서 해를 무수히 많이 가질 때, 이 방정식을 **부정방정식**(indeterminate equation, 不定方程式)이라 하고, 각 항에 미지수가 많아야 1 개인 경우 **1차부정방정식**이라 한다. 이 때, 각 미지수의 값이 정수인 해를 **정수해** (integral solution, 整數解)라 한다. 부정방정식의 정수해를 구한다는 것은 이 방정식의 정수해를 모두 구하는 것을 의미한다.

특히, 정수 $\mathbb{Z}$의 원소 $a_1, a_2, \cdots, a_n, c$에 대하여,

$$a_1x_1 + a_2x_2 + \cdots + a_nx_n = c$$

형태의 방정식을 **디오판투스 방정식** (Diophantine equation)이라 한다. 디오판토스(Diophantus, 출생 AD 201-215~사망 AD 285-299, 84세 사망)는 AD 250년경에 활동한 그리스의 수학자로 디오판토스 이전에는 연산과 논리, 그리고 해를 포함한 모든 대수학 문제를 기호없이 표현했으나, 그는 그리스 대수학에 최초로 기호를 사용했다.

예 1.4.1 1차부정방정식의 정수해에 대하여 알아보자.

(1) $2x+2y=2$의 정수해는 $(1,\ 0)$, $(0,\ 1)$, $(2,\ -1)$, $\cdots$ 등 무수히 많다.

(2) $2x+2y=1$의 정수해는 없다. 왜냐하면 좌변은 짝수이지만 우변은 홀수가 되어 방정식을 만족하는 정수 x, y가 존재하지 않는다.

기하학적 그림으로 살펴보면, 방정식 $2x+2y=2$의 그래프는 정수 격자점을 지나지만, 방정식 $2x+2y=1$의 그래프는 정수 격자점을 지나지 않는다.

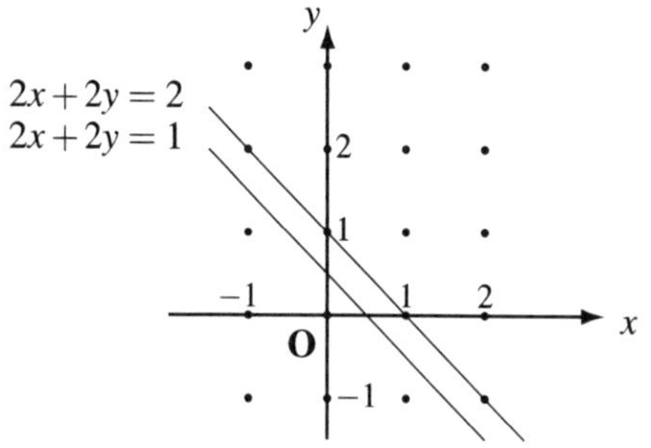

정수해의 존재유무는 무엇으로 결정될까?

임용시험 출제 1.4.2 [2010학년도] 학생들이 다음 문제를 풀 때 겪을 수 있는 장애에 대한 설명 중 적절한 것은?

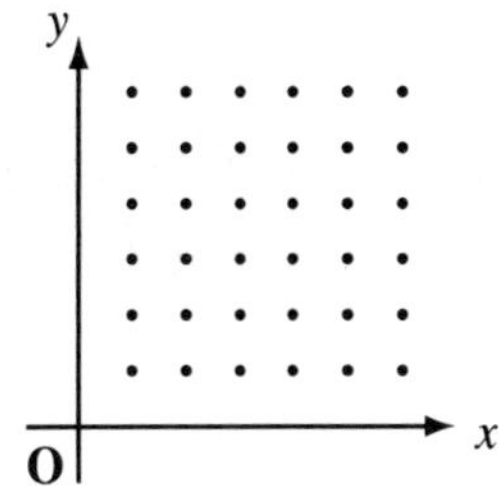

⟨문제1⟩ 원점과 1사분면을 지나는 모든 직선은 적어도 하나의 격자점(x좌표와 y좌표가 양의 정수인 점)을 지나는가? (예, 아니오)

⟨문제2⟩ 길이가 다른 두 종류의 막대 A와 B가 있다고 하자. 동일 출발선에서 막대를 계속 이어 붙여 막대 A를 늘어놓은 전체의 길이와 막대 B를 늘어 놓은 전체 길이가 같게 되도록 하는 것이 항상 가능한가? (예, 아니오)

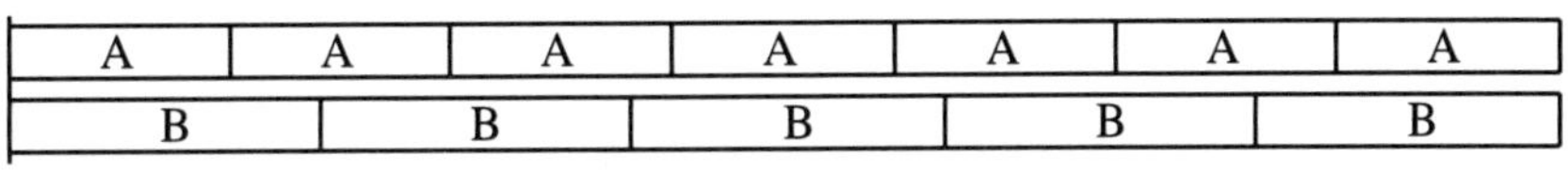

① 유리수에 대한 유추적 모델을 가지고 있는 경우에는 발생하지 않는다.
② 유리수의 조밀성을 이해하면 극복할 수 있는 장애이다
③ 정수에 대한 스키마를 유리수에 대한 스키마로 재구성하면 극복된다.
④ 직선을 직접 그어보거나, 막대를 계속 이어 붙여 보는 활동을 통해 극복된다.
⑤ 이런 장애는 직관이 수학적 사고를 방해할 수 있음을 봉여주는 예이다.

인도 수학자 브라마굽타(Brahmagupta, 598~668)가 증명한 가장 간단한 2변수 x, y에 대한 디오판투스 방정식

$$ax+by=c,\ (a,\ b,\ c\in\mathbb{Z})$$

의 정수해를 구하는 것을 살펴보자. 정수해의 존재성 여부는 방정식의 계수의 최대공약수 $\gcd(a,\ b)$ 와 상수항 c 사이의 관계로 결정된다.

정리 1.4.3 *둘 중 하나는 0이 아닌 임의의 정수 a, b의 최대공약수 $d=\gcd(a,\ b)$와 정수 c에 대하여, 다음이 성립한다.*

(1) $ax+by=c$ $(*)$의 정수해 존재 $\Longleftrightarrow$ $\boxed{d\mid c}$

(2) $(*)$의 특수해 $\begin{cases} x=x_0 \\ y=y_0 \end{cases}$ 가 존재하면, $(*)$의 일반해는 $\begin{cases} x=\boxed{x_0+\dfrac{b}{d}t} \\ y=\boxed{y_0-\dfrac{a}{d}t} \end{cases}$ $(t\in\mathbb{Z})$

※ $(*)$의 특수해 x_0, y_0는 $\boxed{\text{유클리드 호제법}}$으로 구한다.

(증명) (1) ($\Rightarrow$) $ax+by=c$의 정수해를 x_0, y_0라 하자. 그러면

$$ax_0+by_0=c$$

이다. $d=\gcd(a,\ b)$이므로, $d \mid a$, $d \mid b$이고, 정리 1.3.4 (7)에 의하여 $d \mid c$이다.

($\Leftarrow$) $d \mid c$라 하자. 그러면 $c=dc'$인 정수 $c' \in \mathbb{Z}$가 존재한다. 또한, 정리 1.3.8 (3)에 의하여

$$d=ax'+by'$$

인 정수 x', $y' \in \mathbb{Z}$가 존재한다. 따라서 c'을 양변에 곱하면

$$c=dc'=a(c'x')+b(c'y')$$

이므로, $(*)$는 정수해 $c'x'$, $c'y'$를 갖는다.

(2) $(*)$의 특수해를 x_0, y_0라 하고 일반해 x, y를 구하자.

$$ax+by=c=ax_0+by_0$$

이므로

$$\begin{aligned} a(x-x_0) &= -b(y-y_0), \\ \frac{a}{d}(x-x_0) &= -\frac{b}{d}(y-y_0), \ \cdots ① \\ \frac{b}{d} &\;\Big|\; \frac{a}{d}(x-x_0) \end{aligned}$$

이다. 한편, $\gcd\left(\frac{a}{d},\ \frac{b}{d}\right)=1$이므로, 정리 1.3.12 (2)에 의하여, $\frac{b}{d} \,\Big|\, (x-x_0)$이다. 따라서

$$x-x_0=\frac{b}{d}t,\ (t \in \mathbb{Z})\ \cdots ②$$

라 하면, $x=x_0+\frac{b}{d}t\ (t \in \mathbb{Z})$이다.

또한, ②식를 ①식에 대입하고, $-\frac{b}{d}$로 나누고 정리하면

$$\frac{a}{d}\frac{b}{d}t=-\frac{b}{d}(y-y_0), \quad -\frac{a}{d}t=y-y_0,\ (t \in \mathbb{Z})$$

이다. 즉, $y=y_0-\frac{a}{d}t\ (t \in \mathbb{Z})$이다. 따라서 부정방정식 $(*)$의 일반해는

$$(**)\cdots \begin{cases} x=x_0+\dfrac{b}{d}t \\ y=y_0-\dfrac{a}{d}t \end{cases} (t \in \mathbb{Z})$$

이다. 즉, 임의의 정수 $t \in \mathbb{Z}$에 대하여 $(**)$가 부정방정식 $(*)$의 정수해임을 알 수 있다.

$$a\left(x_0+\frac{b}{d}t\right)+b\left(y_0-\frac{a}{d}t\right)=ax_0+by_0+\frac{ab}{d}t-\frac{ab}{d}t=c$$

이므로, $(**)$는 부정방정식 $(*)$의 일반해이다. ■

☜ $ax+by=c$의 정수해 구하기 ☞

(Step 1) $d=\gcd(a,\ b)$를 유클리드 호제법으로 구하기.

(Step 2) $d\nmid c$이면, 정수해가 존재하지 않음.

(Step 2′) $d\mid c$, $(c=dc')$이면, 유클리드 호제법의 역연산 또는 표를 활용하여

$$d=ax'+by'$$

인 정수 x', y'를 구하고, c'을 양변에 곱하여

$$c=dc'=a(c'x')+b(c'y')$$

에서 특수해 $c'x'$, $c'y'$ 구하기.

(Step 3) 일반해 $\begin{cases} x=c'x'+\dfrac{b}{d}t \\ y=c'y'-\dfrac{a}{d}t \end{cases}$ $(t\in\mathbb{Z})$ 구하기.

예 1.4.4 1차부정방정식 $6x+51y=22$의 정수해 구하라.

(풀이) $d=\gcd(51,\ 6)=3$이고, $3\nmid 22$이므로 정수해가 없다.

예 1.4.5 1차부정방정식 $21x+35y=91$의 정수해 구하라.

(풀이) 나눗셈 정리와 유클리드 호제법을 이용하여 $\gcd(35,\ 21)=\gcd(21,\ 35)$을 구하자.

$$35=21\cdot 1+14$$

$$21=14\cdot 1+\boxed{7}$$

$$14=7\cdot 2+0$$

이다. 따라서 $\gcd(21,\ 35)=7$이고 $7\mid 91$이므로 정수해가 존재한다.

$d=21x+35y$인 정수 x, y를 구하기 위하여 위 식의 역연산을 이용하자.

$$7=21-14\cdot 1=21-(35-21\cdot 1)\cdot 1=21\cdot 2+35\cdot(-1)$$

이다. 양변에 13을 곱하면

$$91=21\cdot 26+35\cdot(-13)$$

에서 특수해 $x_0=26$, $y_0=-13$을 얻는다. 따라서 일반해는 다음과 같다.

$$\begin{cases} x=26+\dfrac{35}{7}t=26+5t \\ y=-13-\dfrac{21}{7}t=-13-3t \end{cases} \qquad (t\in\mathbb{Z})$$

예 1.4.6 1차부정방정식 $301x - 63y = 91$의 정수해를 구하라.

(풀이) 식을 변형하여 $301x + 63(-y) = 91 \cdots (*)$의 정수해를 구하자. 그리고 유클리드 호제법을 이용하여 gcd(301, 63)을 구하자.

4	301	63	1
	252	49	
3	49	14	2
	42	14	
	$\boxed{7}$	0	

몫			4	1	3
$(301)x$	1	0	1	-1	4
$(63)(-y)$	0	1	-4	5	-19
나머지	301	63	49	14	$\boxed{7}$

$\gcd(301, 63) = 7$이고, $7 \mid 91$이므로 정수해가 존재한다.

위 표를 이용하여 부정방정식의 특수해를 구하자.

$$7 = 301 \cdot 4 + 63 \cdot (-19)$$

이다. 양변에 13을 곱하면

$$91 = 301 \cdot 52 + 63 \cdot (-247)$$

에서 $(*)$의 특수해 $x_0 = 52$, $y_0 = -247$을 얻는다. 따라서 $(*)$의 일반해는 다음과 같다.

$$\begin{cases} x = 52 + \dfrac{63}{7}t = 52 + 9t \\ -y = -247 - \dfrac{301}{7}t = -247 - 43t \end{cases} \quad (t \in \mathbb{Z})$$

이므로, 구하는 부정방정식의 해는

$$\begin{cases} x = 52 + 9t \\ y = 247 + 43t \end{cases} \quad (t \in \mathbb{Z})$$

예 1.4.7 1차부정방정식 $2x + 3y + 5z = 7$의 정수해 구하라.

(풀이) $\gcd(2, 3, 5) = 1$이므로 정수해가 존재한다.

한편 이 방정식은 $2x + 3y = 7 - 5z$로 고쳐 쓸 수 있다. 그러면 2변수 x, y에 대한 1차부정방정식으로 생각할 수 있다. $\gcd(2, 3) = 1$이므로 정리 1.4.3에 의하여 정수해가 존재한다. 실제로 $1 = 2 \cdot (-1) + 3 \cdot 1$이므로

$$2 \cdot (-7 + 5z) + 3 \cdot (7 - 5z) = 7 - 5z$$

이다. 따라서 특수해 $x_0 = -7 + 5z$, $y_0 = 7 - 5z$을 얻는다. 그러므로 1차부정방정식 $2x + 3y = 7 - 5z$의 일반해는 다음과 같다.

$$\begin{cases} x = -7 + 5z + 3t \\ y = 7 - 5z - 2t \end{cases} \quad (t \in \mathbb{Z})$$

이다. 여기서 $z = s \in \mathbb{Z}$라 하면 1차부정방정식 $2x+3y+5z=7$의 일반해는

$$\begin{cases} x = -7+5s+3t \\ y = 7-5s-2t \qquad (s,\ t \in \mathbb{Z}) \\ z = s \end{cases}$$

이다.

임용시험 출제 1.4.8 [2008학년도] 정수 x, y, z에 대한 방정식 $3x+4y+5z=2$의 일반해를 구하라.

연 습 문 제 (1.4)

1. 다음 1차부정방정식의 정수해의 존재성을 판단하고, 해가 존재하면 정수해를 모두 구하라.

(1) $16x+52y=44$　　(2) $272x+119y=34$

(3) $36x+42y=2$　　(4) $20x+7y=5$

(5) $2002x+1982y=4$　　(6) $172x+30y=300$

2. 다음 1차방정식의 정수해를 모두 구하라.

(1) $2x+6y=18$　　(2) $43x-21y=3$

(3) $38x+42y=-2$　　(4) $-9x+45y=30$

(5) $172x+20y=1000$　　(6) $-63x-21y=42$

3. a, b가 서로소인 양의 정수일 때, 부정방정식 $ax-by=c$가 무수히 많은 양의 정수해를 가짐을 보여라.
(참조 : $ax_0+by_0=c$를 만족하는 정수 x_0, y_0가 존재한다. $\frac{|x_0|}{b}$, $\frac{|y_0|}{a}$보다 큰 정수 t에 대하여 주어진 방정식의 양의 해는 $x=x_0+bt$, $y=-(y_0-at)$이다.)

4. 다음 1차방정식의 모든 양의 정수해를 구하라.

(1) $3x+y=5$　　(2) $2x+3y=17$

5. 셋 중 하나는 0이 아닌 임의의 정수 a, b, c의 최대공약수 $d=\gcd(a,\ b,\ c)$ 와 정수 e에 대하여, 1차부정방정식 $ax+by+cz=e$의 정수해가 존재할 필요충분조건은 $d \mid e$임을 증명하라.

6. 다음 1차방정식의 정수해를 모두 구하라.

(1) $3x-4y+5z=2$　　(2) $4x+5y+7z=2$

(3) $15x+12y+30z=24$　　(4) $17x+21y+35z=8$

7. 다음 연립 부정방정식의 양의 정수해를 모두 구하라.

(1) $\begin{cases} x+\ \ y+\ \ z=31 \\ x+2y+3z=41 \end{cases}$ (2) $\begin{cases} 2x+3y+5z=201 \\ 3x+5y+7z=315 \end{cases}$

(3) $\begin{cases} 7x+23y=1 \\ 5x-2y+7z=46 \end{cases}$

8. 다음을 만족하는 최소의 자연수를 구하라.

"77로 나누면 나머지가 -50이고, 78로 나누면 나머지가 0이다."

9. 100을 하나는 7의 배수이고, 하나는 11 의 배수인 두 수의 합으로 표현하라.

10. 마이클씨가 은행에서 수표를 현금으로 바꾸는데, 은행원의 실수로 센트의 수와 달러의 수가 바뀐 현금을 받았다. 이를 모르는 마이클씨는 68센트를 사용한 후에 그가 가진 돈이 원래 수표의 적힌 금액에 2배가 되었다는 것을 알았다. 원래 수표에 적혀 있던 금액의 최솟값을 구하라.

(참조 : x가 달러의 수, y가 센트의 수라 하면 $100y+x-68=2(100x+y)$.)

11. 어떤 공원의 입장 가격은 어른이 1,800원, 아이가 750원이다. 어느날 전체 입장 수입이 90,000원이었다. 어른이 아이보다 많았다고 한다면, 전체 입장객 수를 구하라.

12. 방정식 $\frac{1}{x}-\frac{1}{y}=\frac{1}{3}$의 모든 정수해 순서쌍 (x, y)의 개수를 구하라.

13. 연이은 세 양의 정수가 부정방정식 $x^2+y^2=z^2$의 해가 되는 x, y, z의 값을 구하라.

제 2 장

소수와 특별한 형태의 수

기원전 300년 경 자연수 중에서 소수(Prime Number)를 발견하였으나, 소수는 일정한 규칙이나 성질이 정해져 있시 않기 때문에 찾기가 매우 어렵다. 고대 그리스의 수학자이자 천문학자인 에라토스테네스(Eratosthenes, BC 276~194)는 '에라토스테네스의 체'라는 방법으로 소수를 어느 정도 찾아 낼 수 있다.

소수는 정수론의 핵심 개념이다. 왜냐하면 '정수론의 기본정리'에 의하여 1보다 큰 모든 자연수는 항상 소수의 곱으로 분해하여 표현할 수 있기 때문이다. 이로써 정수의 성질을 파악하기 위하여 먼저 소수의 성질을 파악하는 것이 필요하다. 그러나 소수는 그 분포가 불규칙하기 때문에 큰 수의 경우 소인수분해가 쉽지 않다.

이러한 소인수분해의 어려움을 이용하여 현대 암호(특히 RSA 암호)가 발생하였다. 암호는 보안에 중요하게 사용되고, 공인인증서를 이용한 금융 거래나 신용카드, 각종 신분 증명에도 중요하게 쓰이고 있다.

2.1 소수

이 절에서는 1보다 큰 양의 정수 중에서 두 개의 1이 아닌 양의 정수로 더 이상 인수분해되지 않는 수에 대하여 논한다. 이 수는 인수분해에서 기본이 되는 소수이다.

정의 2.1.1 [*소수(prime number, 素數), 합성수(composite number, 合成數), 소인수(prime factor, 素因數)정의*]

1보다 큰 자연수 $p,\ n \in \mathbb{N}\ (p,\ n \geq 2)$*에 대하여*

p가 **소수**	$\overset{\text{정의}}{\Longleftrightarrow}$	p의 양의 약수가 2개, 즉, 1, p만 존재하는 경우
n이 **합성수**	$\overset{\text{정의}}{\Longleftrightarrow}$	n의 양의 약수가 3개 이상 존재하는 경우 즉, $\exists a,\ b \in \mathbb{N},\ 2 \leq a \leq b < n, \quad n = ab$

※ 1은 소수도 아니고 합성수도 아니다. 이유는 소인수분해의 유일성(정리 2.2.2) 을 보장하기 위하여 논의에서 제외한다.

※ 정수 $n\ (n \geq 2)$의 인수(약수) 중에서 소수인 인수를 **소인수**라 한다.

※ 두 수 p와 $p+2$가 소수일 때, p와 $p+2$를 **쌍둥이 소수**라 한다.

예 2.1.2 (1) 2, 3, 5, 7, 11, 13은 모두 소수이고, 짝수인 소수는 2 뿐이다.

(2) 3, 5; 5, 7; 11, 13은 쌍둥이 소수이고, 현재까지 쌍둥이 소수가 무수히 많은지는 알려져 있지 않다.

(3) $4 = 2 \cdot 2,\ 6 = 2 \cdot 3,\ 9 = 3 \cdot 3$은 모두 합성수이다.

독일의 수학자 골드바흐(C. Goldbach, 1690∼1764)는 스위스의 수학자로 역사상 가장 많은 논문을 남긴 오일러(L. Euler, 1707∼1783)에게 편지를 보내 다음과 같은 추측을 제안하였다.

Goldbach의 추측: 4이상의 짝수는 두 소수의 합으로 표현가능하다.

현재까지 완전한 증명은 미해결 문제로 남아있지만, 1975년 미국 수학자 몽고메리(H. Montgomery) 와 영국 수학자 본(Robert Charles Vaughan, 1945년 영국 출생)은 '대부분의 짝수는 두 소수의 합으로 표현가능함'을 증명했다. 즉, '두 소수의 합으로 표현가능하지 않은 짝수 개수의 비율의 극한값이 영에 수렴한다'는 것을 증명하였다([6] 참조).

정리 2.1.3 *정수* $n \geq 2$*에 대하여,* *n의 소인수가 적어도 하나 존재한다.*

(증명) 집합 $S = \{a \in \mathbb{N} \mid a$는 n의 약수, $n \geq 2\}$을 생각하자. 이 때, $n \mid n,\ n \geq 2$이므로, $n \in S \neq \varnothing$이다. 그러면 정수의 정렬성에 의하여 S에서 최소원 $p \geq 2$가 존재한다. d를 p의 1보다 큰

양의 약수라 하자. 그러면

$$2 \leq d \leq p \quad \text{이고} \quad d \mid p$$

이다. 한편 $p \mid n$이므로, $d \mid n$이다. 그러면 $d \in S$이므로 p의 최소성에 의하여, $d = p$이어야 한다. 그러므로 p는 양의 약수가 2개 1, p뿐이므로 소수이고, 따라서 p는 n의 소인수이다. ■

정리 2.1.4 *소수 p와 정수 $a_1, \cdots, a_n, a, b \in \mathbb{Z}$에 대하여 다음이 성립한다.*

(1) $\gcd(a, p) = 1$ 또는 $\gcd(a, p) = p$

(2) $p \mid ab \implies p \mid a$ 또는 $p \mid b$

(3) $p \mid a_1 \cdots a_n \implies p \mid a_i \ (1 \leq \exists i \leq n)$. 특히, a_i가 소수이면 $p = a_i$

(4) $p \mid a^k \ (\forall k \in \mathbb{N}) \implies p \mid a$

(증명) (1) 소수 p는 양의 약수가 2개 1, p뿐이고, $\gcd(a, p) \mid p$이므로 정리가 성립한다.

(2) p가 소수이므로 $\gcd(a, p) = 1$ 또는 $\gcd(a, p) = p$이다.

먼저 $\gcd(a, p) = 1$인 경우에는,

$$ax + py = 1$$

인 정수 x, y가 존재한다. 따라서

$$abx + pby = b$$

이고, $p \mid ab$이므로, 정리 1.3.4 (7)에 의하여 $p \mid b$이다.

한편, $\gcd(a, p) = p$이면, 최대공약수의 정의에 의하여 $p \mid a$이다.

(3)~(4) (2)와 수학적 귀납법을 이용하여 쉽게 증명할 수 있다. ■

정리 2.1.5 *자연수 $n \geq 2$가 합성수이면, $p \leq \sqrt{n}$인 소인수 p가 존재한다.*

※ 이 정리는 소수의 판정에 유용하게 사용된다.

즉, $p \leq \sqrt{n}$인 모든 소수 p에 대하여 $p \nmid n$이면, n은 소수이다.

(증명) n이 합성수이므로

$$n = ab, \quad 2 \leq a \leq b < n$$

인 자연수 $a, b \in \mathbb{N}$가 존재한다. 따라서

$$n = ab \geq a^2, \quad \sqrt{n} \geq a \geq 2$$

이고, 정리 2.1.3에 의하여 a의 소인수 p가 존재하므로, $p \mid a$, $a \mid n$이다. 따라서 $p \mid n$이고, p는 $p \leq a \leq \sqrt{n}$인 n의 소인수이다. ■

예 2.1.6 다음 예를 살펴 보자.

(1) $10 = 2\cdot 5,\quad 2 \le \sqrt{10},\qquad 15 = 3\cdot 5,\quad 3 \le \sqrt{15}$

(2) 31은 $\sqrt{31}$이하의 작은 소수 2, 3, 5의 배수가 아니므로, 정리 2.1.5에 의하여 소수이다.

(3) 111은 합성수이다. 왜냐하면, $\sqrt{111}$이하의 작은 소수 2, 3, 5, 7 중에서 $3 \mid 111$이다. 따라서 111은 합성수이다.

정리 2.1.7 (Euclid) *소수는 무수히 많다.*

(증명) 유한 개의 소수 $p_1, \cdots, p_n$만이 존재한다고 하자. $N = p_1\cdots p_n + 1$이라 하자. 정리 2.1.3 에 의하여 N의 소인수 p_i $(1 \le i \le n)$가 존재한다. 그러면

$$p_i \mid N, \quad p_i \mid p_1\cdots p_i\cdots p_n$$

이다. 그러면 $N - p_1\cdots p_n = 1$이므로, 정리 1.3.4 (7)에 의하여 $p_i \mid 1$이다. 즉, $p_i = 1$이 되어 모순이다. 따라서 소수는 무수히 많다. ■

예 2.1.8 (에라토스테네스의 체) 40이하의 소수를 모두 구해보자.

현재까지 소수를 구하는 일반적인 공식은 없다. 정리 2.1.5를 이용하여 알려진 소수의 배수를 없애는 일종의 체(sieve)로 걸러내어 구한다.

유클리드 기하학을 이용한 간단한 방법으로 지구의 둘레를 정확히 구한 그리스 수학자 에라토스테네스 (Eratosthenes, B.C. 276~B.C. 194)가 고안해낸 소수를 걸러내는 <u>에라토스테네스의 체</u>의 방법으로 구해보자.

정리 2.1.5에 의하면, 40이하의 자연수 중에서, $\sqrt{40}$이하의 작은 소수 2, 3, 5를 포함하여

소수 2, 3, 5의 배수가 아닌 자연수는 모두 소수이다.

즉, 2(╱), 3(╲), 5(⟶)의 배수를 차례로 지워나가고 남은 수가 소수이므로, 40이하의 소수는

$$2,\ 3,\ 5,\ 7,\ 11,\ 13,\ 17,\ 19,\ 23,\ 29,\ 31,\ 37$$

뿐임을 알 수 있다.

	$\boxed{2}$	$\boxed{3}$	4	$\boxed{5}$	6	$\boxed{7}$	8	9	10
$\boxed{11}$	12	$\boxed{13}$	14	15	16	$\boxed{17}$	18	$\boxed{19}$	20
21	22	$\boxed{23}$	24	25	26	27	28	$\boxed{29}$	30
$\boxed{31}$	32	33	34	35	36	$\boxed{37}$	38	39	40

다음은 소수가 무수히 많다는 것의 다른 증명이다.

정리 2.1.9 *양의 정수 중 $4k+3$의 형태의 소수는 무수히 많다.*

(증명) $4k+3$의 형태의 유한 개의 소수 $p_1, \cdots, p_n$만이 존재한다고 하자.

$$N = 4p_1 \cdots p_n - 1 = 4(p_1 \cdots p_n - 1) + 3$$

이라 하자. N이 홀수이므로 N의 소인수는 모두 $4k+1$ 또는 $4k+3$의 형태이다.

한편, $4k+1$의 형태의 곱은 항상 $4k+1$의 형태가 된다. N은 $4k+3$의 형태이므로, $4k+3$의 형태의 소인수 p_i $(1 \leq i \leq n)$가 존재한다. 그러면

$$p_i \mid N, \quad p_i \mid 4p_1 \cdots p_i \cdots p_n$$

이다. 그러면 $4p_1 \cdots p_n - N = 1$이므로, 정리 1.3.4 (7)에 의하여 $p_i \mid 1$이다. 즉, $p_i = 1$이 되어 모순이다. 따라서 $4k+3$의 형태의 소수는 무수히 많다. ■

여러가지 형태의 소수가 무수히 많이 존재한다는 것은 독일의 수학자 디리클레(Dirichlet, 1805~1859)가 증명했다. 여기서는 증명을 생략한다.

정리 2.1.10 (디리클레)
서로소인 자연수 a, b일 때, $ak+b$인 형태의 소수는 무수히 많이 존재한다.

예 2.1.11 디리클레 정리를 이용하여 99로 끝나는 소수가 무수히 많이 존재함을 살펴 보자. $\gcd(100, 99) = 1$이므로 $100n+99$의 형태의 자연수

$$99,\ 199,\ 299,\ 399,\ \cdots,\ 1099,\ 2099,\ 3099,\ \cdots$$

중에는 합성수 99도 있지만, 소수 199(정리 2.1.5 의 방식으로 확인해 볼 것)도 있다. 하지만 디리클레 정리(정리 2.1.10)에 의하여 99로 끝나는 소수는 무수히 많이 존재한다.

연 습 문 제 (2.1)

1. a, b가 양의 정수이고 p가 소수일 때 다음 중 참인 것은 증명하고, 거짓인 것은 반례를 들어라.

(1) $\gcd(a, p^2) = p$이면 $\gcd(a^2, p^2) = p^2$이다.

(2) $\gcd(a,\ p^2) = p$, $\gcd(b,\ p^2) = p^2$이면 $\gcd(ab,\ p^4) = p^3$이다.

(3) $\gcd(a,\ p^2) = p$, $\gcd(b,\ p^2) = p$이면 $\gcd(ab,\ p^4) = p^2$이다.

(4) $\gcd(a,\ p^2) = p$이면 $\gcd(a+p,\ p^2) = p$이다.

2. 임의의 $k \geq 1$에 대하여 k개의 연속된 합성수를 구하라.

3. 정수 $n(\geq 3)$에 대하여 $n < p < n!$ 인 소수 p가 존재함을 밝혀라.

4. $n > 3$일 때, 세 정수 $n,\ n+2,\ n+4$ 중에서 합성수가 존재함을 증명하라.

5. 양의 정수 n에 대하여, 다음을 증명하라.

(1) n^3+1의 꼴인 정수 중에서 소수는 2뿐이다.

(2) n^3-1의 꼴인 정수 중에서 소수는 7뿐이다.

(3) $3n+1$이 제곱수인 소수 n은 5뿐이다.

(4) n이 3보다 큰 소수일 때, 쌍둥이 소수 $n,\ n+2$의 합은 12의 배수이다.

6. 정수 4, 6, 8, 10을 각각 두 소수의 합으로 나타내어라. 그리고, 24를 세 가지 방법으로 두 소수의 합으로 나타내어라.

7. 홀수 7, 17, 27을 각각 세 소수의 합으로 나타내어라.

8. 양의 정수 n에 대하여 다음 물음에 답하라.

(1) n^2-1인 형태의 모든 소수를 구하라.

(2) $n^4+4\ (n>1)$ 형태의 수는 합성수임을 보여라.

(3) $n>4$가 합성수 일 때 $n \mid (n-1)!$임을 증명하라.

(4) 11보다 큰 정수 n은 두 합성수의 합으로 나타낼 수 있음을 보여라.
(참조 : n이 짝수이면 $n-6$, n이 홀수이면 $n-9$를 생각하라.)

9. 다음이 성립함을 밝혀라.

(1) 소수 p에 대하여 $3p+1$이 제곱수이면, $p=5$이다.

(2) 홀수인 소수 p에 대하여 $p = x^2 - y^2$인 두 양의 정수 $x,\ y$ 가 존재한다.

10. $p^2 - 2q^2 = 1$을 만족시키는 소수 $p,\ q$를 모두 구하라.

11. 쌍둥이 소수 $p,\ q = p+2$ 중에서 $pq-2$가 소수인 모든 $p,\ q$를 구하라.

12. 유한 개의 서로 다른 소수 $p_1,\ p_2,\ p_3,\ \cdots,\ p_n$만이 존재한다고 가정할 때,

$$N = p_1p_2\cdots p_m + p_{m+1}\cdots p_n \quad (1 < m < n)$$

이라고 놓고 모순이 생김을 밝혀라.

13. 양의 정수 n이 합성수이면, n의 소인수 중에 $p \le [\sqrt{n}]$ 인 소인수 p가 존재함(정리 2.1.5)을 이용하여 정수 211이 소수인지를 판정하라.

14. 정수 $n(\ge 3)$에 대하여 $G(n) = n! - 1$이라고 할 때, $G(n)$ 중에는 소수가 아닌 정수가 존재함을 확인하라.

15. 두 정수가 $3k+1$의 꼴이면, 이들 두 정수의 곱도 $3k+1$의 꼴임을 증명하라. 그리고, 이 결과를 이용하여 $3k+2$의 꼴인 소수가 무수히 많음을 증명하라.

16. $p \mid a^n$이고 p가 소수일 때 $p^n \mid a^n$을 증명하라.

17. $p \ge q \ge 5$이고 p, q가 모두 소수일 때, $24 \mid p^2 - q^2$임을 증명하라.

18. $p - q = 3$을 만족하는 모든 소수 쌍 p, q를 구하라.

19. p와 $p^2 + 8$이 모두 소수라면 $p^3 + 4$ 또한 소수임을 보여라.

20. $pq - 2$가 또한 소수인 모든 쌍둥이 소수 p, q를 결정하라.

21. $f(n) = n^2 + n + 17$이 합성수가 되는 가장 작은 양의 정수 n을 구하라.
$g(n) = n^2 + 21n + 1$과 $h(n) = 3n^2 + 3n + 23$에 대하여서도 같은 값을 구하라.

2.2 소인수분해

이 절에서는 1보다 큰 자연수의 소인수분해에 대하여 다룬다.

정의 2.2.1 [소인수분해(*prime factorization*, 素因數分解)정의]
정수 $n(\geq 2)$에 대하여

n이 **소인수분해된다**	$\overset{\text{정의}}{\Longleftrightarrow}$	$n = p_1p_2\cdots p_r$ 인 유한 개의 소수 $p_1, p_2, \cdots, p_r$가 존재

※ $n = p_1p_2\cdots p_r$를 n의 **소인수분해**라 한다.

정리 2.2.2 (정수론의 기본정리, 유일인수분해 정리)
정수 $n(\geq 2)$에 대하여 다음이 성립한다.

(1) 정수 n은 소인수분해 가능하다.
즉, $n = p_1p_2\cdots p_r$인 소수 $p_1, \cdots, p_r$가 존재한다.
(2) 정수 n의 소인수분해는 곱의 순서를 무시하면 유일하다.
즉, 소수 $p_1, \cdots, p_r, q_1, \cdots, q_s$에 대하여

$$\begin{cases} n = p_1\cdots p_r \\ n = q_1\cdots q_s \end{cases} \Longrightarrow \begin{cases} ① \ r = s \\ ② \ p_i = q_i (i = 1, 2, \cdots, r) \end{cases}$$

(증명) (1) 집합 $S = \{a \in \mathbb{N} \mid a \geq 2,\ a\text{는 소인수분해 불가능}\} \subset \mathbb{N}$을 생각하자. 만약 $S \neq \varnothing$이면, 정수의 정렬성에 의하여 S에서 최소원 m이 존재한다. S의 원소는 소인수분해가 불가능하므로 $m \in S$은 소수가 아니다. 즉, m은 합성수이다. 그러면

$$m = ab, \quad 2 \leq a \leq b < m$$

인 자연수 $a, b \in \mathbb{N}$가 존재한다. S에서 m이 최소원이므로 $a, b \notin S$이다. 따라서 a와 b는 소인수분해된다. 즉,

$$a = p_1\cdots p_r, \quad b = q_1\cdots q_s$$

인 소수 $p_1, \cdots, p_r, q_1, \cdots, q_s$가 존재한다. 그러면

$$m = ab = p_1\cdots p_rq_1\cdots q_s$$

이고, m이 소인수분해가 되어 모순이다. 따라서 $S = \varnothing$이고, 모든 정수 $n(\geq 2)$은 소인수분해 가능하다.

(2) 가정에서

$$n = p_1 \cdots p_r = q_1 \cdots q_s$$

이므로, 일반성을 잃지 않고 $(r \leq s)$라 해도 좋다.

$$p_1 \mid q_1 \cdots q_s$$

이므로, 정리 2.1.4 (3)에 의하여 $p_1 = q_1$ (필요하면 q_i의 순서를 바꿈)이다. 그러면

$$p_1 p_2 \cdots p_r = q_1 q_2 \cdots q_s = p_1 q_2 \cdots q_s$$

이므로, 소약율에 의하여

$$p_2 \cdots p_r = q_2 \cdots q_s$$

이다. $2 \leq p_2 \cdots p_r < n$이므로 귀납법의 가정(필요하면 q_i의 순서를 바꿈)에 의하여

$$r-1 = s-1 \quad \text{이고} \quad p_2 = q_2, \quad \cdots, \quad p_r = q_r$$

이다. 따라서

$$r = s \quad \text{이고} \quad p_1 = q_1, \quad \cdots, \quad p_r = q_r$$

이므로, 소인수분해의 유일성이 증명된다. ■

정의 2.2.3 *[표준분해(standard decomposition, 標準分解)정의]*
정수 $n(\geq 2)$의 서로 다른 소인수 전체를 $p_1, \cdots, p_r$이라 할 때,

n의 **표준분해**	$\overset{\text{정의}}{\Longleftrightarrow}$	$n = p_1^{a_1} p_2^{a_2} \cdots p_r^{a_r}$, $a_1, a_2, \cdots, a_r \in \mathbb{N}$

예 2.2.4 인수분해에 대한 예를 살펴 보자. $2^2 = 2 \times 2$이고 4는 합성수이므로

$$\begin{aligned} 100 &= 2 \times 2 \times 5 \times 5 \text{ (소인수분해)} \\ &= 2^2 \times 5^2 \text{ (표준분해)} \\ &= 2^2 \times 5 \times 5 \text{ (소인수분해)} \\ &= 4 \times 5 \times 5 \text{ (인수분해)} \end{aligned}$$

정리 2.2.5 *정수 $n(\geq 2)$의 표준분해가*

$$n = p_1^{a_1} p_2^{a_2} \cdots p_r^{a_r}$$

일 때, 다음이 성립한다.

(1) d가 n의 양의 약수이면, $0 \leq \exists b_i \leq a_i$ $(i = 1, 2, \cdots, r)$

$$d = p_1^{b_1} p_2^{b_2} \cdots p_r^{b_r}$$

(2) n이 제곱수 $\Longleftrightarrow$ $a_1,\ a_2,\ \cdots,\ a_r$이 모두 짝수

(증명) 연습문제로 남긴다. ■

정리 2.2.6 *$\sqrt{2}$은 무리수이다.*

(증명) $\sqrt{2}$가 유리수라 하자. 그러면

$$\sqrt{2} = \frac{q}{p}$$

인 정수 $p,\ q$가 존재한다. 따라서

$$2 = \frac{q^2}{p^2}, \quad 2p^2 = q^2$$

이다. 한편, 식 $2p^2 = q^2$에서 소수 2에 대한 인수만 비교해 보면, 좌변 $2p^2$에는 2 가 홀수개 있지만, 우변 q^2에는 2가 짝수개 존재하므로 소인수분해의 유일성에 모순이다. 그러므로 $\sqrt{2}$는 무리수이다. ■

연 습 문 제 (2.2)

1. 정리 2.2.5 을 증명하라.

2. 다음 정수의 표준분해를 구하라.

(1) 111　　(2) 289　　(3) 424

3. 양의 정수 $a,\ b$가 서로 다른 소수 $p_1,\ p_2,\ \cdots,\ p_t$에 대하여

$$a = p_1^{k_1} p_2^{k_2} \cdots p_t^{k_t}, \quad b = p_1^{s_1} p_2^{s_2} \cdots p_t^{s_t} \quad (k_i \geq 0,\ s_i \geq 0)$$

으로 나타내어질 때, 각 $i(1 \leq i \leq t)$에 대하여

$$m_i = \min\{k_i,\ s_i\}, \quad n_i = \max\{k_i,\ s_i\}$$

이라 할 때, 다음을 증명하라. (min과 max는 각각 최솟값, 최댓값).

$$\gcd(a,\ b) = p_1^{m_1} p_2^{m_2} \cdots p_t^{m_t}, \quad \mathrm{lcm}(a,\ b) = p_1^{n_1} p_2^{n_2} \cdots p_t^{n_t}$$

4. 두 양의 정수 m, n이 서로소일 때, mn의 양의 약수 d는

$$d = d_1 d_2 \quad (d_1,\ d_2\text{는 각각 } m,\ n\text{의 양의 약수})$$

와 같이 나타낼 수 있고 이 때 $\gcd(d_1,\ d_2) = 1$임을 밝혀라.

5. 최소공배수 $\mathrm{lcm}(1,\ 2,\ \cdots,\ 10)$의 표준분해를 구하라.

6. 양의 정수 m은 다음과 같은 꼴로 나타내어짐을 밝혀라.

$$m = 2^e k \quad (e \ge 0,\ k\text{는 홀수})$$

7. 다음을 증명하라.

(1) $\left(\frac{3}{2}\right)^a = 2^b$를 만족시키는 두 양의 정수 a, b는 존재하지 않는다.

(2) 등식 $a^2 = 2b^2$을 만족시키는 두 양의 정수 a, b는 존재하지 않는다.

8. 정수 $n(\ge 2)$의 표준분해가 $n = p_1^{e_1} p_2^{e_2} \cdots p_r^{e_r}$일 때, n이 제곱수이기 위한 필요충분조건은 $e_1,\ e_2,\ \cdots,\ e_r$가 모두 짝수임을 증명하라.

9. 정수 $n(> 1)$가 1보다 큰 정수의 제곱으로 나누어지지 않을 때, **제곱 인수가 없는 수** (square-free)라 한다. 이 때, $n(> 1)$이 제곱 인수가 없는 수이면 n은 서로 다른 소수들의 곱으로 분해되고 그 역도 성립함을 증명하여라.

10. 모든 양의 정수 n에 대하여 $n(n+1)$은 제곱수가 아님을 밝혀라.

11. 임의의 정수 n에 대하여 $3n^2 - 1$은 제곱수가 될 수 없음을 증명하라.

12. 다음 형태의 정수로 이루어진 수열의 각 항은 제곱수가 될 수 없음을 증명하라.

$$111, \quad 1111, \quad 11111, \quad \cdots$$

$$(\text{참조}: \ 111\cdots111 = 111\cdots108 + 3 = 4k + 3.)$$

13. 제곱수가 아닌 양의 정수 $n(\ge 2)$에 대하여 $\sqrt{n}$은 무리수임을 증명하라.

14. $\sqrt{2}$가 무리수라는 아래 증명에서 빠진 세밀한 부분을 보충하라.

$\sqrt{2} = \dfrac{a}{b}$, $\gcd(a,\ b) = 1$이라 가정하자. 그러면 $a^2 = 2b^2$이므로 $a^2 + b^2 = 3b^2$이다. 그러나 $3 \mid (a^2 + b^2)$은 $3 \mid a$, $3 \mid b$를 의미한다. 이것은 모순이다.

15. 다음이 성립함을 밝혀라.

(1) 두 실수 $1 + \sqrt{3}$, $1 - \sqrt{3}$은 무리수이다.

(2) 두 실수 $\sqrt{2} + \sqrt{3}$, $\sqrt{2} - \sqrt{3}$은 무리수이다.

(3) 실수 $\sqrt[3]{5}$은 무리수이다.

16. 양의 정수 a, n에 대하여 $\sqrt[n]{a}$가 유리수이면 $\sqrt[n]{a}$는 정수임을 증명하라.

2.3 정수와 관련된 특별한 형태의 함수

이 절에서는 정의역이 자연수이고 치역이 정수인 함수, 또는 공역이 정수인 특별한 함수에 대하여 다룬다.

정의 2.3.1 [수론함수(*number-theoretic function*, 數論函數), 곱셈(승법)함수(*multiplicative function*, 乘法函數)의 정의]

자연수와 실수 전체의 집합을 $\mathbb{N}$, $\mathbb{R}$*이라 할 때,*

함수 f가 **수론함수**	$\overset{\text{정의}}{\Longleftrightarrow}$	$f:\mathbb{N}\to\mathbb{R}$
f가 **곱셈(승법)함수**	$\overset{\text{정의}}{\Longleftrightarrow}$	수론함수 $f:\mathbb{N}\to\mathbb{R}$가 다음을 만족 $\gcd(a,\,b)=1 \Longrightarrow f(ab)=f(a)f(b)$

※ 수론함수를 **정수론적 함수**(整數論的 函數)라고도 한다.

정의 2.3.2 [τ, σ*의 정의*]

수론함수 τ, $\sigma:\mathbb{N}\to\mathbb{R}$*에 대하여*

τ	$\overset{\text{정의}}{\Longleftrightarrow}$	$\tau(n)$는 n의 양의 약수 전체의 개수
σ	$\overset{\text{정의}}{\Longleftrightarrow}$	$\sigma(n)$는 n의 양의 약수 전체의 합

정리 2.3.3 *정수* $n(\geq 2)$*의 표준분해가* $n=p_1^{a_1}p_2^{a_2}\cdots p_r^{a_r}$ *일 때, 다음이 성립한다.*

(1) $\tau(n)=(a_1+1)\cdots(a_r+1)=\tau(p_1^{a_1})\tau(p_2^{a_2})\cdots\tau(p_r^{a_r})$

(2) $\sigma(n)=(p_1^{a_1}+\cdots+p_1+1)\cdots(p_r^{a_r}+\cdots+p_r+1)$

$$=\frac{p_1^{a_1+1}-1}{p_1-1}\cdots\frac{p_r^{a_r+1}-1}{p_r-1}=\sigma(p_1^{a_1})\sigma(p_2^{a_2})\cdots\sigma(p_r^{a_r})$$

(3) τ, σ는 곱셈함수이다.

(증명) (1)~(2) 정리 2.2.5 (1)에 의하여 d가 n 의 양의 약수이면,

$$d=p_1^{b_1}p_2^{b_2}\cdots p_r^{b_r},\ 0\leq\exists b_i\leq a_i\ (i=1,2,\cdots,r)$$

인 형태이므로, 다음 전개식의 항에서 n의 모든 양의 약수가 꼭 한 번씩 나타난다.

$$\begin{aligned}&(p_1^{a_1}+p_1^{a_1-1}+\cdots+p_1+1)\ \cdots\ (p_r^{a_r}+p_r^{a_r-1}+\cdots+p_r+1)\\&=\frac{p_1^{a_1+1}-1}{p_1-1}\cdots\frac{p_r^{a_r+1}-1}{p_r-1}=\sum_{0\le b_i\le a_i}p_1^{b_1}\,p_2^{b_2}\cdots\,p_r^{b_r}\ \cdots①\\&=\sigma(n)\end{aligned}$$

또한, $\tau(n)$은 위 전개식 ①의 항의 수이므로, 다음이 성립한다.

$$\tau(n)=(a_1+1)(a_2+1)\cdots(a_r+1)$$

(3) 서로소인 정수 $a(\ge 2)$, $b(\ge 2)$의 표준분해를 각각 $a=p_1^{a_1}p_2^{a_2}\cdots p_r^{a_r}$, $b=q_1^{b_1}q_2^{b_2}\cdots q_s^{b_s}$라 하자. 그러면 $\gcd(a,\ b)=1$이므로 $p_1,\ p_2,\ \cdots,\ p_r,\ q_1,\ q_2,\ \cdots,\ q_s$는 모든 쌍마다 서로소인 소수이다. 따라서 ab의 표준분해는

$$ab=p_1^{a_1}p_2^{a_2}\cdots p_r^{a_r}q_1^{b_1}q_2^{b_2}\cdots q_s^{b_s}$$

이다. 그러면 (1), (2)의 결과에 의하여

$$\begin{aligned}\tau(ab)&=\tau(p_1^{a_1})\tau(p_2^{a_2})\cdots\tau(p_r^{a_r})\tau(q_1^{b_1})\tau(q_2^{b_2})\cdots\tau(q_s^{b_s})=\tau(a)\tau(b),\\\sigma(ab)&=\sigma(p_1^{a_1})\sigma(p_2^{a_2})\cdots\sigma(p_r^{a_r})\sigma(q_1^{b_1})\sigma(q_2^{b_2})\cdots\sigma(q_s^{b_s})=\sigma(a)\sigma(b)\end{aligned}$$

이므로, τ, σ는 곱셈함수이다. ■

예 2.3.4 다음 예를 살펴 보자. 단, p는 양의 정수이다.

(1) $\tau(6)=|\{1,2,3,6\}|=4$

(2) $\sigma(6)=1+2+3+6=12$

(3) $\tau(p)=2 \Longleftrightarrow p$가 소수

(4) $\sigma(p)=p+1 \Longleftrightarrow p$가 소수

(5) 100의 표준분해는 $100=2^2\cdot 5^2$이므로

$$\tau(100)=(2+1)(2+1)=9$$

$$\sigma(100)=\frac{2^3-1}{2-1}\frac{5^3-1}{5-1}=7\cdot 31=217$$

실제로, 100의 9개의 양의 약수는 1, 2, 4, 5, 10, 20, 25, 50, 100이므로,

$$\sigma(100)=1+2+4+5+10+20+25+50+100=217$$

다음 최대 정수 함수는 수론함수는 아니지만 나눗셈 문제를 다룰 때 유용하다.

정의 2.3.5 *[최대 정수 함수(Gauss 함수, greatest integer function, 最大 整數 函數)의 정의]*
함수 $[\ \ ]:\mathbb{R}\to\mathbb{Z}$에 대하여

$[\ \ ]$가 **최대 정수 함수 (가우스 함수)**	$\overset{\text{정의}}{\Longleftrightarrow}$	$\forall a\in\mathbb{R}$, $[\,a\,]$는 a를 넘지 않는 최대 정수

예 2.3.6 다음 예가 성립한다.

$[\,2.1\,]=2,\quad [\,2\,]=2,\quad [\,\sqrt{2}\,]=1,\quad [\,1/2\,]=0,\quad [\,-2.1\,]=-3$

정리 2.3.7 *양의 실수 x와 양의 정수 a, b에 대하여 다음이 성립한다.*

(1) $\left[\dfrac{x}{a}\right]=\left[\dfrac{[x]}{a}\right]$ (2) $\left[\dfrac{x}{ab}\right]=\left[\dfrac{\left[\frac{x}{b}\right]}{a}\right]$

(증명) (1) $[x]=aq+r$, $0\le r<a$인 정수 q, r이 존재한다고 하자. 그러면

$$\frac{[x]}{a}=q+\frac{r}{a},\quad 0\le\frac{r}{a}<1$$

이므로, $\left[\dfrac{[x]}{a}\right]=q$이다. 또한, $x'=x-[x]$라 하면, $0\le x'<1$이므로

$$x=[x]+x'=aq+r+x',\quad 0\le r+x'<a$$

이다. 그러면,

$$\frac{x}{a}=q+\frac{r+x'}{a},\quad 0\le\frac{r+x'}{a}<1$$

이고, 따라서 $\left[\dfrac{x}{a}\right]=q=\left[\dfrac{[x]}{a}\right]$ 이다.

(2) (1)의 등식에서 x 대신에 $\dfrac{x}{b}$을 대입하면 (2)가 성립한다. ■

정리 2.3.8 *양의 정수 $n(\ge 2)$에 대하여 $n!$의 표준분해가*

$$n!=p_1^{a_1}\cdots\ p_r^{a_r}$$

일 때, $n!$의 소인수 p_i의 거듭제곱의 지수 a_i는 다음과 같다.

$$a_i=\sum_{j=1}^{\infty}\left[\frac{n}{p_i^j}\right]=\left[\frac{n}{p_i}\right]+\left[\frac{n}{p_i^2}\right]+\cdots\quad (0\text{ 이 아닌 항은 유한개})$$

(증명) $n!$의 인수분해 $n! = n(n-1)\cdots p_i(p_i-1)\cdots 2\cdot 1$의 인수 중에서 소인수 p_i의 배수는 $p_i,\ 2p_i, \cdots,\ \left[\frac{n}{p_i}\right] p_i$이다. 따라서 $n!$의 소인수 p_i의 거듭제곱의 지수 a_i는 이들의 곱에서 구할 수 있다. 즉,

$$\begin{aligned}(p_i)\cdot(2p_i)\cdot\ \cdots\ \cdot\left(\left[\frac{n}{p_i}\right]p_i\right) &= p_i^{\left[\frac{n}{p_i}\right]}\left(1\ \cdot\ 2\cdot\ \cdots\ \cdot\left[\frac{n}{p_i}\right]\right)\\ &= \left(p_i^{\left[\frac{n}{p_i}\right]+\left[\frac{n}{p_i^2}\right]+\cdots}\right)b,\ \ \gcd(p_i,\ b) = 1.\end{aligned}$$

인 자연수 b가 존재하므로, $a_i = \left[\frac{n}{p_i}\right] + \left[\frac{n}{p_i^2}\right] + \cdots$이다. ■

예 2.3.9 10!의 표준분해를 구하라.

(풀이) $10! = 2^a\, 3^b\, 5^c\, 7^d$에서 $a,\ b,\ c,\ d$를 구하자.

$$\begin{aligned} a &= \left[\frac{10}{2}\right] + \left[\frac{10}{4}\right] + \left[\frac{10}{8}\right] = 5+2+1 = 8\\ b &= \left[\frac{10}{3}\right] + \left[\frac{10}{9}\right] = 3+1 = 4\\ c &= \left[\frac{10}{5}\right] = 2\\ d &= \left[\frac{10}{7}\right] = 1\end{aligned}$$

이므로 $10! = 2^8\cdot 3^4\cdot 5^2\cdot 7^1$이다.

예 2.3.10 $100! = (15)^t q$인 최대 정수 t를 구하라.

(풀이) 100!의 인수분해를 $100! = 3^a\cdot\ 5^b\cdot q,\ \gcd(15,\ q) = 1$라 하자. 이 때,

$$\left[\frac{100}{3^i}\right] \ge \left[\frac{100}{5^i}\right],\quad \forall i \ge 1$$

이므로, $t = b$임을 알 수 있다. 따라서 b를 구하면 된다.

$$\left[\frac{100}{5}\right] = 20,\quad \left[\frac{100}{5^2}\right] = 4$$

이므로 $b = 24$이다. 따라서 $t = 24$이다.

연 습 문 제 (2.3)

1. 다음 정수 n에 대하여 $\tau(n)$과 $\sigma(n)$ 의 값을 구하라.

(1) $n = 100$ (2) $n = 2^3 \cdot 3^2 \cdot 5$ (3) $n = 12!$

2. 정수 $m = 3^k \cdot 568$과 $n = 3^k \cdot 638$ $(k \geq 0)$은 다음을 동시에 만족함을 보여라.

$$\tau(m) = \tau(n), \quad \sigma(m) = \sigma(n), \quad \phi(m) = \phi(n)$$

3. 자연수 n에 대하여 다음을 풀어라.

(1) $\sigma(n) = 10$을 만족하는 양의 정수가 있으면 모두 구하고, 없으면 그 이유를 밝혀라.

(2) $\sigma(n) = 12$을 만족시키는 양의 정수 n을 모두 구하라.

(3) $\sigma(n) = 24$을 만족시키는 양의 정수 n을 모두 구하라.

(4) $\sigma(n) = 72$을 만족시키는 양의 정수 n을 모두 구하라.

(5) $20 \leq \sigma(n) \leq 25$을 만족시키는 양의 정수 n 을 모두 구하라.

4. 양의 정수 n에 대하여 다음을 풀어라.

(1) $\tau(n) = 6$인 50보다 작은 모든 양의 정수를 구하라.

(2) $n \geq 2$이 제곱수일 때, $\tau(n)$은 홀수이다.

(3) $\tau(n) = n$이면, $n = 2$이다.

(4) 제곱 인수가 없는 수 $n > 1$에 대하여서 $\tau(n^2) = n$과 $n = 3$은 동치이다.

5. 양의 정수 n에 대하여 다음이 성립함을 밝혀라.

(1) n이 소수일 필요충분조건은 $\tau(n) = 2$이다.
n이 소수일 필요충분조건은 $\sigma(n) = 1 + n$이다.

(2) n이 합성수일 필요충분조건은 $3 \leq \tau(n) \leq n - 1$이다.
n이 합성수일 필요충분조건은 $\sigma(n) > 1 + n$이다.

6. 정수 $n(\geq 2)$에 대하여 다음이 성립하는지를 판정하라.

(1) 양의 정수 k에 대하여 $n = 2^k$이면, $\sigma(n)$은 홀수이다.

(2) 홀수인 소수 p에 대하여 $n = p^k (k \geq 1)$이면, $\sigma(n)$은 짝수이다.

7. 양의 정수 n의 양의 약수 전체의 곱은 $n^{\frac{\tau(n)}{2}}$ 과 같음을 증명하여라.

8. 양의 정수 n에 대하여 $\sigma(n) < 2n$이면, n의 모든 양의 약수 d에 대하여 $\sigma(d) < 2d$임을 증명하라.

9. 각 실수 k와 양의 정수 n에 대하여 함수 $\sigma_k : \mathbb{N} \to \mathbb{R}$을 n의 모든 양의 양수 d에 대하여 $\sigma_k(n) = \sum_{d|n} d^k$라 정의하면, 다음이 성립함을 증명하라.

(1) 소수 p와 양의 정수 e에 대하여

$$\sigma_k(p^e) = 1 + p^k + p^{2k} + \cdots + p^{ek}$$

이고, 또 정수 $n(\geq 2)$의 표준분해가 $n = p_1^{e_1} p_2^{e_2} \cdots p_r^{e_r}$일 때 $\sigma_k(n)$은 다음과 같다.

$$\sigma_k(n) = (1 + p_1^k + \cdots + p_1^{e_1 k}) \cdots (1 + p_r^k + \cdots + p_r^{e_r k})$$

$$= \sigma_k(p_1^{e_1})\sigma_k(p_2^{e_2}) \cdots \sigma_k(p_r^{e_r})$$

특히, $k = 0$이면, $\sigma_k(n) = \frac{p_1^{k(e_1+1)} - 1}{p_1^k - 1} \cdots \frac{p_r^{k(e_r+1)} - 1}{p_r^k - 1}$ 이다.

(2) 함수 $\sigma_k : \mathbb{N} \to \mathbb{R}$는 곱셈함수이다.

10. 다음 가우스 함수의 값을 구하라.

(1) $[-1.6]$, $[1.6]$ (2) $[-4.8]$, $[4.8]$

(3) $[\frac{100}{2}]$, $[\frac{100}{4}]$, $[\frac{100}{12}]$ (4) $[\frac{100}{5}]$, $[\frac{100}{5^2}]$, $[\frac{100}{5^3}]$

11. 두 실수 x, y와 정수 a에 대하여 다음이 성립함을 증명하라.

(1) $[x + a] = [x] + a$ (2) $[x] + [y] \leq [x + y]$ (3) $[x][y] \leq [xy]$

12. 양의 정수 n과 $i = 1, 2, \cdots, n-1$에 대하여 다음이 성립함을 증명하라.

(1) $\binom{n}{i}$는 정수이다. (참조 : $n!$의 소인수 p에 대하여 $i!$과 $(n-i)!$의 표준분해의 p의 최대 거듭지수를 비교하라.)

(2) n이 소수이면 $\binom{n}{i}$는 n의 배수이다.

13. 정수 $n(\geq 0)$에 대하여 $[\frac{n}{2}] - [\frac{-n}{2}] = n$임을 보여라.

14. 증가하는 실수 수열 $x_1, x_2, \cdots, x_{10}$에 대하여 각 항의 가우스 정수의 합 $[x_1] + [x_2] + \cdots + [x_{10}]$이 55이고 $x_{10} - x_1 \leq 1$이며, 각 항의 가우스 정수 $[x_1], [x_2], \cdots, [x_{10}]$ 중 $[x_1]$보다 큰 정수의 개수를 t라 할 때, $[x_1] + t$의 값을 구하라.

15. n이 양의 정수, x가 실수일 때, 다음을 증명하라.

$$[x] + [x + \tfrac{1}{n}] + \cdots + [x + \tfrac{n-1}{n}] = [nx]$$

(참조 : $\{x\} = x - [x] (0 \leq \{x\} < 1)$를 생각하라.)

16. 다음 정수의 표준분해를 구하라.

(1) 15! (2) 20!

17. $21^n \mid 100!$인 최대 정수 n을 구하라.

18. $99! = a \cdot 15^b$인 최대 정수 b를 구하라. (단, a는 양의 정수)

19. $1000!$을 $(7 \cdot 13)^n$으로 나눌 수 있는 최대 정수 n을 구하고, $1000!$을 계산했을 때 뒷자리에 꼭 249개의 0이 있음을 밝혀라.

20. $1234!$을 나누는 7의 가장 큰 거듭제곱 수를 구하라. 또한, 뒤에서부터 시작하여 처음으로 0이 아닌 수가 몇 번째에서 나오는가?

21. $n!$의 뒷자리 부분이 37개의 0으로 끝날 때, n의 범위을 구하라.

22. $n!$의 표준분해에서 3의 가장 큰 거듭제곱이 100이 되는 자연수 n을 구하라.

2.4 특별한 형태의 수

이 절에서는 특별한 형태의 수와 소수에 대하여 다룬다.

정리 2.4.1 *정수 $a(\geq 2)$, $k(\geq 2)$에 대하여 다음이 성립한다.*

$$a^k-1\text{가 소수} \implies a=2\text{이고 } k\text{는 소수}$$

(증명) $a^k-1=(a-1)(a^{k-1}+a^{k-2}+\cdots+a+1)$에서

$$a^{k-1}+a^{k-2}+\cdots+a+1\geq a+1\geq 3$$

이고 a^k-1가 소수, $k\geq 2$이므로, $a-1=1$이어야 한다. 즉, $a=2$이다.

다음에 k가 소수임을 보이기 위하여 합성수라 가정하면

$$k=cd \quad (2\leq c\leq d<k)$$

인 정수 c, d가 존재한다. 그러면

$$a^k-1=2^k-1=2^{cd}-1=(2^c-1)(2^{c(d-1)}+\cdots+2^c+1)$$

에서

$$2^c-1\geq 2, \quad 2^{c(d-1)}+\cdots+2^c+1\geq 2^c+1\geq 5$$

이므로 a^k-1는 합성수가 되어 모순이다. 따라서 k는 소수이다. ■

정리 2.4.1에 의하여 a^k-1의 형태의 소수는 모두 2^k-1의 꼴 이다.

일반적으로 소수를 찾기 어렵기 때문에, 가장 간단한 형태인 2^k-1의 꼴의 소수에 대하여 연구하는 것이 자연스럽다. 이러한 형태의 소수에 대하여 처음 연구한 사람은 프랑스의 수학자 메르센(M. Mersenne, 1588~1636)이다. 그는 데카르트(R. Descartes, 1596~1650)와 대학 동창생이고, 페르마 (P. Fermat, 1601~1665), 이탈리아 수학자 갈릴레이(G. Galilei, 1564~1642) 등 많은 학자들과 서신 교환을 통해 완전수(정의 2.4.5) 및 메르센 소수(정의 2.4.2) 등의 연구를 하여 수론 분야에서 중요한 업적을 남겼다.

정의 2.4.2 [*메르센 수(Mersenne number)의 정의*]
정수 $n(\geq 2)$에 대하여

M_n은 **메르센 수** $\overset{\text{정의}}{\iff}$ $M_n=2^n-1$

※ M_n이 소수이면, **메르센 소수**(Mersenne prime number)라 한다.

예 2.4.3 메르센 수에 대하여 알아보자. 정리 2.4.1의 역은 성립하지 않는다. 다음 예를 살펴보자.

$$M_2 = 2^2 - 1 = 3$$
$$M_3 = 2^3 - 1 = 7$$
$$M_5 = 2^5 - 1 = 31$$
$$M_7 = 2^7 - 1 = 127$$
$$M_{13} = 2^{13} - 1 = 8,191$$
$$M_{17} = 2^{17} - 1 = 131,071$$
$$M_{19} = 2^{19} - 1 = 524,287$$

은 메르센 소수이지만

$$M_{11} = 23 \cdot 89, \quad M_{23} = 47 \cdot 178481$$

로 인수분해되어 메르센 소수가 아니다. 메르센 소수가 무수히 많이 존재하는지는 아직 알려져 있지 않다.

2013년 1월 25일까지 발견한 가장 큰 메르센 소수는 $M_{57,885,161}$로 17,425,170 자리이며, Cooper 가 GIMPS로 발견하였다. GIMPS(Great Internet Mersenne Prime Search) 는 인터넷을 통해 무료로 다운로드할 수 있는 Prime95과 MPrime과 같은 특별한 소프트웨어를 사용하여 메르센 소수를 찾는 사람들의 공동 프로젝트이다. ([6] 참조)

정리 2.4.4 (Mersenne 정리) *[2009학년도 임용시험출제]*
임의의 자연수 m, n에 대하여 다음이 성립한다.

$$\gcd(m,\ n) = d \iff \gcd(2^m - 1,\ 2^n - 1) = 2^d - 1$$

(증명) ($\Rightarrow$) $\gcd(m,\ n) = d$라 하자. 그러면 $d = mx + ny$인 정수 x, y가 존재한다. 이 때, $xy < 0$이어야 하고 일반성을 잃지 않고 $x > 0$, $y < 0$이라 해도 좋다. $d = mx - n(-y)$이므로

$$mx = n(-y) + d$$

이다. 그러면

$$\begin{aligned} 2^{mx} - 1 &= 2^{n(-y)+d} - 1 = (2^{n(-y)} - 1)2^d + 2^d - 1 \\ &= (2^n - 1)(2^{n(-y-1)} + \cdots + 2^n + 1)2^d + 2^d - 1 = (2^n - 1)B + 2^d - 1 \end{aligned}$$

(단, $B = (2^{n(-y-1)} + \cdots + 2^n + 1)2^d$)이고

$$2^{mx} - 1 = (2^m)^x - 1 = (2^m - 1)(2^{m(x-1)} + \cdots + 2^m + 1) = (2^m - 1)A$$

(단, $A=(2^{m(x-1)}+\cdots+2^m+1)$)이다. 그러면

$$(2^m-1)A-(2^n-1)B=2^d-1$$

이다. 또한 위와 같은 인수분해를 통해

$$(2^d-1)\mid(2^m-1) \quad \text{이고} \quad (2^d-1)\mid(2^n-1)$$

임을 알 수 있으므로,

$$\frac{2^m-1}{2^d-1}A-\frac{2^n-1}{2^d-1}B=1$$

이다. 따라서 정리 1.3.10에 의하여

$$\gcd\left(\frac{2^m-1}{2^d-1},\ \frac{2^n-1}{2^d-1}\right)=1$$

이다. 또한

$$(2^d-1)\gcd\left(\frac{2^m-1}{2^d-1},\ \frac{2^n-1}{2^d-1}\right)=(2^d-1)$$

이므로, 정리 1.3.11 (2)에 의하여 $\gcd(2^m-1,\ 2^n-1)=2^d-1$

($\Leftarrow$) $\gcd(2^m-1,\ 2^n-1)=2^d-1$이고, $\gcd(m,\ n)=d'$이라 하자. 그러면 (1)에 의하여

$$2^d-1=\gcd(2^m-1,\ 2^n-1)=2^{d'}-1$$

이므로, $d=d'$이다. 즉, $\gcd(m,\ n)=d$이다.

정의 2.4.5 [*완전수(perfect number, 完全數)의 정의*]

$n\in\mathbb{N}$에 대하여 다음이 성립한다.

n은 완전수	$\overset{\text{정의}}{\Longleftrightarrow}$	$\sigma(n)=2n$

※ 완전수는 자기 자신을 제외한 양의 약수의 합과 자기 자신과 일치한다.

예 2.4.6 다음 예를 살펴 보자.

(1) $\sigma(6)=1+2+3+6=12=2\cdot 6$이므로, 6은 완전수이다.

(2) $\sigma(5)=1+5+=6\neq 10=2\cdot 5$이므로, 5 는 완전수가 아니다.

(3) $\sigma(28)=1+2+4+7+14+28=56=2\cdot 28$이므로, 28은 완전수이다.

완전수와 메르센 수와는 밀접한 관련이 있다. 또한 홀수인 완전수는 아직까지 발견되지 않았지만 짝수인 완전수에 대하여서는 다음 정리가 성립한다.

정리 2.4.7 *소수 p에 대하여 다음이 성립한다.*

(1) 메르센 수 2^p-1이 소수이면, $N_p = 2^{p-1}(2^p-1)$는 완전수이다.
(2) 짝수인 완전수는 $N_p = 2^{p-1}(2^p-1)$의 형태이다.

(증명) (1) 메르센 수 2^p-1이 소수이므로, $\gcd(2^{p-1},\ 2^p-1)=1$이다. σ는 곱셈함수(정리 2.3.3)이므로

$$\sigma(N_p) = \sigma(2^{p-1})\sigma(2^p-1) = (2^p-1)(2^p-1+1) = (2^p-1)(2^p) = 2N_p$$

이다. 따라서 N_p는 완전수이다.

(2) 자연수 n을 짝수인 완전수라 하고, 다음과 같은 인수분해를 생각하자.

$$n = 2^{p-1}k, \quad (p \geq 2,\ \gcd(2^{p-1},\ k)=1)$$

그러면 $\sigma(n) = 2n = 2^p k$이고,

$$2^p k = \sigma(n) = \sigma(2^{p-1})\sigma(k) = (2^p-1)\sigma(k) \ \cdots ①$$

이다. 또한 $\gcd(2^p,\ 2^p-1)=1$이므로, $(2^p-1) \mid k$이다. 그러므로 적당한 정수 t에 대하여 $k = (2^p-1)t$이다. 즉, ①에서 $\sigma(k)=2^p t$임을 알 수 있다. 또한 t와 k는 k의 약수이므로,

$$2^p t = \sigma(k) \geq k+t = (2^p-1)t+t = 2^p t$$

이다. 그러므로 $\sigma(k) = k+t$이다. 즉, $t=1$이고, 따라서 k는 소수이다. 즉, $k=(2^p-1)t = 2^p-1$인 소수이고, 정리 2.4.1에 의하여 p도 소수이다. 따라서 $n = 2^{p-1}k = 2^{p-1}(2^p-1) = N_p$이다. ■

정리 2.4.8 *홀수인 소수 p에 대하여 다음이 성립한다.*

메르센 수 $M_p = 2^p-1$이 합성수이면, M_p의 소인수는 $2kp+1$ 형태이다.

(증명) 생략. ■

예 2.4.9 소수 $p=2,\ 3,\ 5,\ 7$에 대하여, 메르센 소수 $M_p = 2^p-1 = 3,\ 7,\ 31,\ 127$이므로, 다음 정수는 모두 완전수이다.

$$N_2 = 2(2^2-1) = 2\cdot 3, \qquad N_3 = 2^2(2^3-1) = 4\cdot 7$$
$$N_5 = 2^4(2^5-1) = 16\cdot 31, \qquad N_7 = 2^6(2^7-1) = 64\cdot 127$$

다음은 메르센 소수와 다른 홀수인 소수의 간단한 형태로 2^n+1인 형태의 소수를 생각할 수 있다. 이러한 형태의 소수에 대하여 연구한 사람은 프랑스의 페르마(Fermat, 1601~1665)이다. 페르마는 변호사이자 아마추어 수학자이지만 정수론, 해석기하, 확률론 등에서 중요한 업적을 남겼다.

정리 2.4.10 *양의 정수 m에 대하여 다음이 성립한다.*

$$2^m+1 \text{이 소수} \implies m=2^n \ (n \geq 0)$$

(증명) $m=2^n \cdot k$, $\gcd(2, k)=1$이라 하자.

$$\begin{aligned} 2^m+1 &= 2^{2^n \cdot k}+1 \\ &= \left(2^{2^n}\right)^k + 1^k \\ &= \left(2^{2^n}+1\right)\left(\left(2^{2^n}\right)^{k-1} - \left(2^{2^n}\right)^{k-2} + \cdots - 2^{2^n} + 1\right) \end{aligned}$$

이고, 2^m+1이 소수이고, $2^{2^n}+1 \geq 3$이므로, $k-1=0$이어야 한다. 즉, $k=1$ 이다. 따라서 $m=2^n$이다. ■

정의 2.4.11 [*페르마 수(Fermat number)의 정의*]

정수 $n(\geq 0)$에 대하여

F_n**은 페르마 수**	$\overset{\text{정의}}{\Longleftrightarrow}$	$F_n=2^{2^n}+1$

※ F_n이 소수이면, **페르마 소수** (Fermat prime)라 한다.

예 2.4.12 현재까지 알려진 페르마 소수는 $F_0, \cdots, F_4$로 5개 뿐이다.

$$F_0=2^1+1=3, \quad F_1=2^2+1=5, \quad F_2=2^4+1=17$$
$$F_3=2^8+1=257, \quad F_4=2^{16}+1=65,537$$

그 다음 페르마 수 F_5, F_6은 다음과 같이 인수분해된다.

$$F_5=2^{32}+1=641 \times 6,700,417 \ (\text{오일러, } 1732)$$
$$F_6=2^{64}+1=274,177 \times 67,280,421,310,721$$

※ $n>4$인 페르마 소수 F_n은 아직 알려져 있지 않다. 또한 페르마 소수가 무수히 많이 존재하는지도 아직 알려져 있지 않다.

정리 2.4.13 *페르마 수 $F_n = 2^{2^n} + 1$에 대하여 다음이 성립한다.*

(1) $F_0 F_1 \cdots F_{n-1} = F_n - 2$
(2) $\gcd(F_n,\ F_m) = 1, \quad n > m \geq 0$

(증명) (1) 먼저 $F_0 = 3 = 5 - 2 = F_1 - 2$이므로 $n = 1$일 때 성립한다. 다음에 $n = k(\geq 1)$일 때 성립한다고 하자. 그러면

$$\begin{aligned} F_0 F_1 \cdots F_{k-1} F_k &= (F_k - 2) F_k = (2^{2^k} - 1)(2^{2^k} + 1) \\ &= 2^{2^{k+1}} - 1 = F_{k+1} - 2 \end{aligned}$$

이므로, $n = k + 1$일 때도 성립한다. 따라서 모든 양의 정수 n에 대하여 성립한다.

(2) $n > m \geq 0$에 대하여 $\gcd(F_n,\ F_m) = d$라 하자. 그러면 $d \mid F_n$, $d \mid F_m$이고, (1)에서 $F_n - F_0 F_1 \cdots F_m \cdots F_{n-1} = 2$이므로, $d \mid 2$이다. 페르마 수는 모두 홀수이므로 $d = 1$이어야 한다. ■

페르마 소수는 눈금 없는 자와 컴퍼스만을 이용하는 정n각형의 작도문제와 밀접한 관계가 있다. 다음 정리는 증명없이 언급한다.

정리 2.4.14 *양의 정수 $n(\geq 3)$에 대하여 다음이 성립한다.*

(1) 정 n각형 작도가능
$\Leftrightarrow$ (2) $n = 2^a p_1 p_2 \cdots p_r$
인 $a(\geq 0)$와 서로 다른 페르마 소수 p_i $(0 \leq i \leq r)$ $(r \geq 0)$ 가 존재

다음은 이탈리아의 수학자 피보나치(L. Fibonacci. 1170?~1250)가 제안한 피보나치 수에 대하여 알아보자. 그는 당시의 아랍수학에서 사용되는 아라비아숫자로 수학을 하는 것이 로마숫자로 수학을 하는 것보다 효과적이라는 것을 알고, 이를 집대성한 책 ⟨⟨산반서⟩⟩(Book of Calculation, 1202)를 저술하여 유럽에 아라비아 수 체계를 소개했다. 그는 이 책에서 토끼가 번식하는 예를 통해 피보나치 수에 대하여 언급했다.

정의 2.4.15 [*피보나치 수(Fibonacci number)의 정의*]
정수 $n(\geq 1)$에 대하여

f_n**은 피보나치 수**	$\overset{\text{정의}}{\Longleftrightarrow}$	$f_{n+2} = f_n + f_{n+1}\ (n \geq 1),\ f_1 = f_2 = 1$

※ 피보나치 수들로 이루어진 무한수열

$$\{f_n\} \ : \ 1,\ 1,\ 2,\ 3,\ 5,\ 8,\ 13,\ 21,\ 34,\ 55,\ 89,\ 144,\ 233,\ \cdots$$

을 **피보나치 수열** (Fibonacci sequence)이라 한다.

피보나치 수열은 n이 무수히 커지면, 앞항과 뒤항의 비 $\frac{f_{n+1}}{f_n}$가 특정한 값(**황금비**(golden ratio)라고 함)에 수렴한다고 알려져 있다. 이 황금비 α를 계산해 보면 다음과 같다.

$$f_{n+2} = f_n + f_{n+1}, \qquad \frac{f_{n+2}}{f_{n+1}} = \frac{f_n}{f_{n+1}} + 1$$
$$\lim_{n\to\infty} \frac{f_{n+2}}{f_{n+1}} = \frac{1}{\lim\limits_{n\to\infty} \frac{f_{n+1}}{f_n}} + 1, \qquad \alpha = \frac{1}{\alpha} + 1$$

에서 $\alpha^2 - \alpha - 1 = 0$이고 α가 양수이므로, $\alpha = \frac{1+\sqrt{5}}{2} \fallingdotseq 1.618$이다.

정리 2.4.16 *피보나치 수열 $\{f_n\}$과 양의 정수 m, n에 대하여 다음이 성립한다.*

(1) $\gcd(f_n,\ f_{n+1}) = 1$
(2) $f_{n+m} = f_{n-1}f_m + f_n f_{m+1},\ (n \geq 2)$
(3) $f_1 + f_2 + \cdots + f_n = f_{n+2} - 1$

(증명) (1) n에 대한 수학적 귀납법을 이용하자. 먼저 $n = 1$이면 $\gcd(f_1,\ f_2) = \gcd(1,\ 1) = 1$이므로 성립한다. 다음에 $n = k \geq 1$일 때, $\gcd(f_k,\ f_{k+1}) = 1$ 성립한다고 하자. 그러면 정리 1.3.14에 의하여

$$\gcd(f_{k+1},\ f_{k+2}) = \gcd(f_{k+1},\ f_k + f_{k+1}) = \gcd(f_{k+1},\ f_k) = 1$$

이므로, $n = k+1$일 때도 (1)이 성립한다.

따라서 모든 양의 정수에 대하여 $\gcd(f_n,\ f_{n+1}) = 1$이다.

(2) 고정된 $n \geq 2$에 대하여, m에 대한 수학적 귀납법을 이용하자. 먼저 $m = 1$인 경우에는 $f_{n+1} = f_{n-1}f_1 + f_n f_{1+1} = f_{n-1} + f_n$ 이므로 $m = 1$일 때 성립한다. 다음에 $m = 1,\ 2,\ \cdots,\ k$일 때

성립한다고 하자. 즉,

$$f_{n+k} = f_{n-1}f_k + f_n f_{k+1}$$
$$f_{n+(k-1)} = f_{n-1}f_{k-1} + f_n f_k$$

이라 하자. 위 두식을 합하고, 피보나치의 정의를 이용하면

$$f_{n+k} + f_{n+(k-1)} = f_{n-1}(f_k + f_{k-1}) + f_n(f_{k+1} + f_k)$$
$$f_{n+(k+1)} = f_{n-1}f_{k+1} + f_n f_{k+2}$$

이므로 $n = k+1$일 때도 성립한다. 따라서 수학적 귀납법에 의하여 정리가 성립한다.

따라서 모든 양의 정수 n에 대하여 성립한다.

(3) n에 대한 수학적 귀납법을 이용하자. 먼저 $n = 1$이면 $f_1 = 1 = 2 - 1 = f_3 - 1$이므로 성립한다. 다음에 $n = k \geq 1$일 때, (3)이 성립한다고 하자. 그러면

$$f_1 + f_2 + \cdots + f_k + f_{k+1} = (f_{k+2} - 1) + f_{k+1} = f_{k+3} - 1$$

이므로, $n = k+1$일 때도 (3)이 성립한다.

따라서 모든 양의 정수에 대하여 (3)이 성립한다. ■

임용시험 출제 2.4.17 [1998학년도] 피보나치 수열 $\{f_n\}$은 다음과 같이 정의된다.

$$f_1 = f_2 = 1, \quad f_n = f_{n-1} + f_{n-2} \ (n \geq 3)$$

피보나치 수열의 유래를 간단히 쓰고, 다음 등식이 성립함을 보여라.

$$f_{n+1}f_{n-1} = f_n^2 + (-1)^n \ (n \geq 2)$$

연 습 문 제 (2.4)

1. 정수 $5^{18} - 1$의 양의 약수 중에서 $5^d - 1(d \geq 1)$ 와 같은 꼴의 약수를 모두 구하라.

2. 메르센 수 $M_{12} = 2^{12} - 1 = 4095$의 양의 약수 중에서 메르센 수인 약수를 모두 구하라.

3. 메르센 수 M_{29}는 합성수임을 증명하라. (참조 : 정리 2.4.8 이용)

4. $2^{42} - 1$과 $2^{165} - 1$의 최대공약수를 구하라.

5. 정수 $n = 2^{10}(2^{11} - 1)$은 완전수가 아님을 $\sigma(n) \neq 2n$을 보여서 증명하라.
(참조 : $2^{11} - 1 = 23 \cdot 89$)

6. 메르센 수 $M_{13} = 2^{13} - 1$은 소수이다. 이 때, 정수 $n = 2^{12}(2^{13} - 1)$은 완전수임을 증명하라.

7. 서로 다른 홀수인 소수 p, q에 대하여 pq는 완전수가 될 수 없음을 보여라.

8. n이 짝수인 완전수, 즉 $n = 2^{p-1}(2^p - 1)$일 때, $n = 1+2+3+\cdots+(2^p-1)$과 $\varphi(n) = 2^{p-1}(2^{p-1}-1)$임을 증명하라.

9. 양의 정수 n에 대하여

$$R_n = \frac{10^n - 1}{9} = 11\cdots11 \quad (1\text{이 } n\text{개})$$

이라고 할 때, R_n이 소수이면 n도 소수임을 증명하라.

10. 양의 정수 n에 대하여 $\sigma(n) < 2n$일 때 n을 **부족수**(deficient number)라 한다. 다음이 성립함을 증명하라.

(1) 소수 p와 양의 정수 k에 대하여 $n = p^k$이면, n은 부족수이다.

(2) 서로 다른 홀수인 소수 p, q와 양의 정수 a, b에 대하여 $n = p^a q^b$이면, n은 부족수이다.

11. 양의 정수 n에 대하여 $\sigma(n) > 2n$일 때 n을 **과잉수**(abundant number)라 한다. 다음이 성립함을 증명하라.

(1) $n = 18$이면, n은 과잉수이다.

(2) 정수 $k(\geq 2)$에 대하여 $n = 2^k \cdot 3$이면, n은 과잉수이다.

(3) $M_n = 2^n - 1$이 합성수일 때, $N_n = 2^{n-1}M_n$은 과잉수이다.

12. 서로 다른 두 양의 정수 m, n에 대하여

$$\sigma(m) = \sigma(n) = m + n$$

일 때, m과 n은 **친화수**(amicable pair)라 한다.
두 정수 220, 284와 1184, 1210는 각각 친화수임을 확인하라.

13. 양의 정수 n에 대하여 $\sigma(\sigma(n)) = 2n$ 일 때, 정수 n을 **초완전수**(super-perfect number)라 한다. 다음이 성립함을 증명하라.

(1) 양의 정수 e에 대하여 $2^{e+1} - 1$이 소수일 때, $n = 2^e$이라 하면, n은 초완전수이다.

(2) 양의 정수 n이 짝수인 초완전수이면, n은 $n = 2^e (e \geq 1)$와 같은 꼴로 나타내어지고, 이때 $2^{e+1} - 1$은 소수이다.

14. 정수 $a(\geq 2)$와 양의 정수 n, d에 대하여 $n = dk$(k는 홀수)일 때, $a^d + 1$은 $a^n + 1$의 약수임을 증명하라.

15. 두 정수 75, 100을 연이어 있지 않은 피보나치 수들의 합으로 나타내어라.

16. 양의 정수 m, n과 피보나치 수열 $\{f_n\}$에 대하여 다음을 증명하라.

(1) $f_m \mid f_{mn}$

(2) $m = nq + r$이면, $\gcd(f_m, f_n) = \gcd(f_n, f_r)$

(3) $\gcd(m, n) = d$이면, $\gcd(f_m, f_n) = f_d$

17. 피보나치 수열 $\{f_n\}$에 대하여 다음이 성립함을 증명하라.

(1) $\begin{bmatrix} f_{n+1} & f_n \\ f_n & f_{n-1} \end{bmatrix} = \begin{bmatrix} 1 & 1 \\ 1 & 0 \end{bmatrix}^n \quad (n \geq 2)$

(2) $f_{n+2}f_{n-1} - f_n f_{n+1} = (-1)^n \quad (n \geq 2)$

(3) $f_{n+1}^2 + f_n^2 = f_{2n+1} \quad (n \geq 2)$

(4) $f_{n+1}f_n - f_{n-1}f_{n-2} = f_{2n-1} \quad (n \geq 3)$

(5) $f_1 + f_3 + f_5 + \cdots + f_{2n-1} = f_{2n}$
(참조 : 등식 $f_1 = f_2$, $f_3 = f_4 - f_2$, $f_5 = f_6 - f_4, \cdots$을 합하라.)

(6) $f_2 + f_4 + f_6 + \cdots + f_{2n} = f_{2n+1} - 1$

18. 피보나치 수열 $\{f_n\}$과 황금비 g에 대하여 다음이 성립함을 증명하라.

(1) $f_0 = 0$이라고 할 때, $g^n = f_n g + f_{n-1}$이다.

(2) $f_n = \frac{1}{\sqrt{5}}\left\{\left(\frac{1+\sqrt{5}}{2}\right)^n - \left(\frac{1-\sqrt{5}}{2}\right)^n\right\} \quad (n \geq 1)$

(3) $f_{2n} = \sum_{r=1}^{n} \binom{n}{r} f_r \quad (n \geq 1)$

제 3 장

합동식

두 정수의 차가 주어진 양수의 배수가 되면 합동이라 하는데, 이것을 일반화하여 가우스(C. F. Gauss, 1777~1855)는 합동식이란 개념을 만들어 냈다.

가우스는 1801년에 저술한 《수론연구(數論研究), Disquistiones arithmeticae》에서 합동식(合同式)에 내수적 기법을 도입하여 정수론을 새로운 단계로 끌어올리는 획기적인 업적을 남겼다.

합동식의 이론은 정수론의 중요한 부분을 차지하고 있으며, 실생활에서 공인인증서, 암호, 검증 코드(상품 바코드, 주민등록 번호, 도서번호, 신용카드 번호 등에서 입력오류 판정) 등 다양한 분야에서 활용되고 있다.

특히, 합동식의 성질을 이용한 바코드는 재료관리, 창고관리, 수금관리 등의 용도로 널리 사용되고 있다. 바코드(영어: barcode)는 컴퓨터가 판독할 수 있도록 고안된 굵기가 다른 흑백 막대로 조합시켜 만든 코드(code)로, 주로 제품의 포장지에 인쇄된다.

바코드의 기원은 1916년 미국의 C. SANDERS 가게에서 처음실시되었고, 계산자동화 방법은 미국 메사추세스 주의 식료품 도매상의 아들인 월리스 플린트가 1923년 하버드(Havard)대학의 '슈퍼마켓의 계산자동화'에 대한 논문에서 제안하였다. 그가 제안한 시스템은 흘러가는 랙(Rack) 과 펀치카드(Punched Card)를 이용해서 고객에게 상품을 자동적으로 분배하는 것이었으나 경제적인 타당성이 없어 실현되지는 못하였다.

1940년 말에 조 우드랜드(Joe Woodland)와 버니실버(Berney Silver)는 오늘날의 바코드의 원형인 바(Bar)와 스페이스 (Space)가 동심원을 그리는 소형 사격 표적형태를 고안하였다. 그러나 당시에는 기술이나 소매경제가 아직 바코드를 사용할 만한 상태에 있지 않았기 때문에 활성화되지는 못하였다.

1970년대에 UPC(Universal Product Code, 줄무늬 바코드)를 채용한 소매 시스템이 기술적, 경제적으로 타당성이 입증되자 1980년대 들어 타 산업 부문에서도 바코드 심볼로지와 사양의 표준화 작업이 시도되었다. 한국은 1988년 EANA(European Article Numbering Association)으로부터 국가코드를 부여 받아 한국유통정보센터에서 각 제조업체에 코드번호를 부여하고 있다.

3.1 합동

이 절에서는 합동에 대한 성질을 다룬다.

정의 3.1.1 [합동(congruent, 合同), 법(modulo, 法)의 정의]
고정된 양의 정수 $n \in \mathbb{N}$과 정수 $a, b \in \mathbb{Z}$에 대하여

a와 b는 **법 n에 대하여 합동** (기호는 $a \equiv b \pmod{n}$)	$\overset{\text{정의}}{\Longleftrightarrow}$	$n \mid (a-b)$

※ a와 b는 법(modulo) n에 대하여 합동이 아닌 경우에는 $a \not\equiv b \pmod{n}$ 라 표기한다.
※ 합동기호 $\equiv$가 들어 있는 식을 **합동식**이라 한다.

a와 b는 법 n에 대하여 합동일 때, 정의에 의하여 다음이 성립한다. 합동식의 성질을 증명할 때 유용하게 사용된다.

$$a \equiv b \pmod{n} \Longleftrightarrow n \mid (a-b) \Longleftrightarrow (a-b) = nk\ (k \in \mathbb{Z}) \Longleftrightarrow a = b + nk\ (k \in \mathbb{Z})$$

예 3.1.2 다음 예를 살펴 보자.

(1) $4 \equiv 1 \pmod{3} \Longleftrightarrow 3 \mid (4-1)$
(2) $4 \not\equiv 1 \pmod{4} \Longleftrightarrow 4 \nmid (4-1)$
(3) $4 \equiv -2 \pmod{3} \Longleftrightarrow 3 \mid (4-(-2))$

보조정리 3.1.3 양의 정수 n과 정수 $a, b, c, d \in \mathbb{Z}$에 대하여 다음이 성립한다.

(1) $a \equiv a \pmod{n}$
(2) $a \equiv b \pmod{n} \Longrightarrow b \equiv a \pmod{n}$
(3) $a \equiv b \pmod{n}$이고 $b \equiv c \pmod{n} \Longrightarrow a \equiv c \pmod{n}$

(증명) (1) $n \mid (a-a)$
(2) $n \mid (a-b) \Longrightarrow n \mid (b-a)$
(3) $a-c = (a-b)+(b-c)$이므로, 다음이 성립한다.

$$n \mid (a-b) \text{ 이고 } n \mid (b-c) \Longrightarrow n \mid (a-c)$$ ■

보조정리 3.1.3에 의하여, 법 n에 대한 합동 $\equiv$은 $\mathbb{Z}$ 위에서 동치관계이다. 이를 **합동관계**(congruent relation)라 한다. $\mathbb{Z}$ 위에서 법 n에 대한 합동관계 $\equiv$에 의하여 결정되는 동치류를 법 n 에 대한 **잉여류**(residue class modulo n, 剩餘類)라 한다.

이 때, $\boxed{a \in \mathbb{Z}\text{를 포함하는 잉여류를 } \overline{a}\text{라 표기}}$하고, 집합은 다음과 같다.

$$\begin{aligned}\overline{a} &= \{b \in \mathbb{Z} \mid a \equiv b \pmod{n}\} \\ &= \{a + nx \mid x \in \mathbb{Z}\} \\ &= \{\cdots,\ a-2n,\ a-n,\ a,\ a+n,\ a+2n,\ \cdots\} = a + n\mathbb{Z}\end{aligned}$$

정수 전체의 집합 $\mathbb{Z}$는 법 n에 대한 잉여류 $\overline{0}$, $\overline{1}$, $\overline{2}$, $\cdots$, $\overline{n-1}$로 분할된다(정리 3.1.6 참조). 즉, 다음이 성립한다.

$$\mathbb{Z} = \overline{0} \cup \overline{1} \cup \overline{2} \cup \cdots \cup \overline{n-1}, \quad \overline{r} \cap \overline{s} = \varnothing\ (0 \leq r \lneq s < n)$$

또, 법 n에 대한 모든 잉여류들의 집합을 $\overline{\mathbb{Z}_n}$라 표기하며, 원소는 다음과 같다.

$$\boxed{\overline{\mathbb{Z}_n} = \{\overline{0},\ \overline{1},\ \overline{2},\ \cdots,\ \overline{n-1}\}}$$

$$\begin{aligned}\overline{0} &= \{0,\ \pm n,\ \pm 2n,\ \pm 3n,\ \cdots\} \\ \overline{1} &= \{1,\ 1 \pm n,\ 1 \pm 2n,\ 1 \pm 3n,\ \cdots\} \\ &\ \ \vdots \\ \overline{n-1} &= \{n-1,\ n-1 \pm n,\ n-1 \pm 2n,\ n-1 \pm 3n,\ \cdots\}\end{aligned}$$

예 3.1.4 법 4에 대한 잉여류 $\overline{0}$, $\overline{1}$, $\overline{2}$, $\overline{3}$은 다음과 같다.

$$\begin{aligned}\overline{0} &= \{\cdots,\ -8,\ -4,\ 0,\ 4,\ 8 \cdots\} \\ \overline{1} &= \{\cdots,\ -7,\ -3,\ 1,\ 5,\ 9 \cdots\} \\ \overline{2} &= \{\cdots,\ -6,\ -2,\ 2,\ 6,\ 10 \cdots\} \\ \overline{3} &= \{\cdots,\ -5,\ -1,\ 3,\ 7,\ 11 \cdots\}\end{aligned}$$

문제 3.1.5 $\boxed{\overline{a} = \overline{b} \iff a \equiv b \pmod{n}}$을 증명하라.

정리 3.1.6 *임의의 정수 a, b를 양의 정수 n으로 나눈 나머지를 각각 r, r' $(0 \leq r,\ r' < n)$이라 할 때, 다음은 동치이다.*

$$a \equiv b \pmod{n} \iff r = r'\ (a,\ b\text{를 } n\text{으로 나눈 나머지가 같다})$$

※ 문제 3.1.5에 의하여 $\boxed{\overline{a} = \overline{b} \iff a \equiv b \pmod{n} \iff r = r'}$이다.

(증명) ($\Rightarrow$) $a \equiv b \pmod{n}$이라 하자. 그러면 $b = a + nk$인 정수 k가 존재한다. 한편 나눗셈 정리에 의하여 $a = nq + r$, $(0 \le r < n)$인 정수 q, r이 유일하게 존재한다. 따라서

$$b = a + nk = (nq + r) + nk = n(q + k) + r$$

이므로, b를 n으로 나눈 나머지 r'은 나눗셈 정리의 나머지의 유일성에 의하여 r 이다. 즉, $r = r'$이다.

($\Leftarrow$) $r = r'$이라 하면 $a = nq + r$, $b = nq' + r$인 정수 q, q' 이 존재한다. 그러면

$$a - b = (nq + r) - (nq' + r) = n(q - q')$$

이다. 따라서 $a \equiv b \pmod{n}$이다. ■

예 3.1.7 정수 -51과 45은 8로 나눈 나머지가 5로 같다. 즉,

$$-51 = 8 \cdot (-7) + 5, \quad 45 = 8 \cdot 5 + 5$$

이므로, 정리 3.1.6에 의하여 $-51 \equiv 45 \pmod{8}$이다.

한편, $-41 \equiv 39 \pmod{8}$이므로, -41과 39를 8로 나눈 나머지는 7로 같다.

$$-41 = 8 \cdot (-6) + 7, \quad 39 = 8 \cdot 4 + 7$$

다음 정리는 정리 3.1.6에 의하여 성립한다.

따름정리 3.1.8 *정수 a를 양의 정수 n으로 나눈 나머지를 r이라 할 때, 다음이 성립한다.*

$$a \equiv r \pmod{n} \ (0 \le r < n)$$

임의의 정수 a를 양의 정수 n으로 나눈 몫과 나머지를 q, r $(0 \le r < n)$이라 하면, 나머지 r은 $r = 0, 1, 2, \cdots, n-1$ 중에서 있다. 이 때, n으로 나눈 나머지들 전체의 집합을 $\mathbb{Z}_n$이라 표기한다. 즉, $\mathbb{Z}_n$은 다음과 같다.

$$\boxed{\mathbb{Z}_n = \{0, 1, 2, \cdots, n-1\}}$$

문제 3.1.9 10개의 정수가 있으면 이 중 두 수의 차가 9의 배수인 것이 존재함을 증명하라. (참조 : 비둘기집 원리를 이용)

정리 3.1.10 *$a \equiv b \pmod n$, $c \equiv d \pmod n$일 때, 정수 e와 양의 정수 k에 대하여 다음이 성립한다.*

(1) $a \pm c \equiv b \pm d \pmod n$, $ac \equiv bd \pmod n$
(2) $a \pm e \equiv b \pm e \pmod n$, $ae \equiv be \pmod n$
(3) $a_i \equiv b_i \pmod n$ $(1 \le i \le k)$이면, $a_1 + \cdots + a_k \equiv b_1 + \cdots + b_k \pmod n$
(4) $a^k \equiv b^k \pmod n$

(증명) (1) 가정에서 $a - b = nk$, $c - d = nk'$인 정수 k, k'가 존재한다. 따라서,

$$(a+c)-(b+d) = n(k+k')$$
$$(a-c)-(b-d) = n(k-k')$$

이므로, $a \pm c \equiv b \pm d \pmod n$이다.

한편, $a = b + nk$, $c = d + nk'$이므로,

$$ac = bd + n(bk' + dk + nkk'),$$
$$ac - bd = n(bk' + dk + nkk')$$

이고, 따라서 $ac \equiv bd \pmod n$이다.

(2) $e \equiv e \pmod n$이므로, (1)에 의하여 성립한다.

(3)~(4) 수학적 귀납법과 (1)에 의하여 성립한다. ■

따름정리 3.1.11 *정수를 계수를 가지는 두 다항식*

$$f(x) = a_0 + a_1x + \cdots + a_rx^r, \quad g(x) = b_0 + b_1x + \cdots + b_rx^r$$

에 대하여 다음이 성립한다.

(1) $a \equiv b \pmod n \implies f(a) \equiv f(b) \pmod n$
(2) $a_i \equiv b_i \pmod n$ $(1 \le i \le r) \implies f(a) \equiv g(a) \pmod n$

예 3.1.12 다항식 $f(x) = 4 - 5x + 7x^2 + 10x^3$에 대하여 $f(31)$을 5로 나눈 나머지를 구하라.

(풀이) $31 \equiv 1 \pmod 5$이므로, 따름정리 3.1.11 (1) 에 의하여

$$f(31) \equiv f(1) \equiv 4 - 5 + 7 + 10 \equiv 1 \pmod 5$$

이므로 $f(31)$을 5로 나눈 나머지는 1이다 (따름정리 3.1.8 참조).

예 3.1.13 $2^{20}-1$이 41의 배수임을 보여라.

(풀이) $2^{20} \equiv 1 \pmod{41}$임을 보이면, $2^{20}-1$은 41의 배수이다.

$$2^6 \equiv 64 \equiv 23 \pmod{41},$$
$$2^7 \equiv 46 \equiv 5 \pmod{41},$$
$$2^{10} \equiv 40 \equiv -1 \pmod{41},$$
$$2^{20} \equiv (-1)^2 \equiv 1 \pmod{41}$$

따라서 $2^{20} \equiv 1 \pmod{41}$이므로, $2^{20}-1$이 41의 배수이다.

> Tip : 거듭제곱수 a^n를 양수 b로 나눈 나머지 r을 구할 때에는 법 b에 대한 합동식으로 구하는 것이 편리하다. 이 때, 지수 n에 적당한 수 m을 대입하여 $(a^m \fallingdotseq) \pm 1 \pmod{b}$에 가까운 수를 찾는 것이 핵심이다.

예 3.1.14 $1!+2!+3!+\cdots+100!$을 10로 나눈 나머지를 구하여라.

(풀이) $5! \equiv 6! \equiv \cdots \equiv 100! \equiv 0 \pmod{10}$이므로,

$$1!+2!+3!+4!\cdots+100! \equiv 1+2+6+4 \equiv 3 \pmod{10}$$

이다. 따라서 주어진 식을 10으로 나눈 나머지는 3이다.

다음은 법 연산의 나눗셈에 대하여 알아보자.

정리 3.1.15 양의 정수 n, d과 정수 a, b, c에 대하여 다음이 성립한다.

(1) $da \equiv db \pmod{dn} \iff a \equiv b \pmod{n}$

(2) $\gcd(d, n) = 1$이면, $da \equiv db \pmod{n} \implies a \equiv b \pmod{n}$

(3) $\gcd(d, n) = 1$이면, $da \equiv 0 \pmod{n} \implies a \equiv 0 \pmod{n}$

(4) $\gcd(c, n) = d$이면, $ca \equiv cb \pmod{n} \implies a \equiv b \pmod{\frac{n}{d}}$

(증명) (1) 합동에 대한 정의에 의하여 다음이 성립한다.

$$\begin{aligned} da \equiv db \pmod{dn} &\iff da - db = dnk,\ \exists k \in \mathbb{Z} \\ &\iff a - b = nk,\ \exists k \in \mathbb{Z} \\ &\iff a \equiv b \pmod{n} \end{aligned}$$

(2) $da \equiv db \pmod{n}$이라 하자. 그러면 $\gcd(d, n) = 1$이므로 정리 1.3.12 (2)에 의하여, 다음이 성립한다.

$$n|(da-db) \quad \Rightarrow \quad n|d(a-b) \quad \Rightarrow \quad n|(a-b) \quad \Rightarrow \quad a \equiv b \pmod{n}$$

(3) 위의 (2)에서 $b \equiv 0 \pmod{n}$이라 하면, 분명히 성립한다.

(4) $ca \equiv cb \pmod{n}$이라 하자. 그러면 $\gcd(c, n) = d$이므로 $c = dc'$, $n = dn'$인 정수 c', n'이 존재한다. 그러면 $\gcd(c', n') = 1$이다. 따라서 (1) 과 (2)에 의하여

$$dc'a \equiv dc'b \pmod{dn'} \Rightarrow c'a \equiv c'b \pmod{n'} \Rightarrow a \equiv b \pmod{n'} \Rightarrow a \equiv b \left(\bmod \frac{n}{d}\right)$$

이 성립한다. ■

예 3.1.16 정리 3.1.15 (2)에서 법이 바뀌지 않는 법 연산의 나눗셈을 할 때, $\gcd(d, n) = 1$인 조건이 필요하다.

(1) $2 \cdot 4 \equiv 2 \cdot 1 \pmod{6}$이고 $\gcd(2, 6) = 2 \Longrightarrow 4 \not\equiv 1 \pmod{6}$ (법이 안 바뀜)

(2) $2 \cdot 4 \equiv 2 \cdot 1 \pmod{6}$이고 $\gcd(2, 6) = 2 \Longrightarrow 4 \equiv 1 \pmod{3}$ (법이 바뀜)

(3) $2 \cdot 3 \cdot 7 \equiv 2 \cdot 3 \cdot 3 \pmod{8} \Longrightarrow 3 \cdot 7 \equiv 3 \cdot 3 \pmod{4} \Longrightarrow 7 \equiv 3 \pmod{4}$

따름정리 3.1.17 *p가 소수이고, 정수 a, b, c에 대하여 다음이 성립한다.*

(1) $p \nmid c$이고 $ca \equiv cb \pmod{p} \quad \Longrightarrow \quad a \equiv b \pmod{p}$

(2) $ab \equiv 0 \pmod{p} \quad \Longrightarrow \quad a \equiv 0$이거나 $b \equiv 0 \pmod{p}$

(증명) $p \nmid c$이면, $\gcd(p, c) = 1$이다. 또한, $a \not\equiv 0 \pmod{p}$이면, $\gcd(p, a) = 1$ 이므로, 정리 3.1.15 (2)에 의하여 성립한다. ■

연 습 문 제 (3.1)

1. 다음을 증명하라.

(1) $a \equiv b \pmod{n}$이고 $m \mid n$이면, $a \equiv b \pmod{m}$이다.

(2) $a \equiv b \pmod{n}$이고 $d \mid \gcd(a, b, n)$ $(d > 0)$이면, $\frac{a}{d} \equiv \frac{b}{d} \left(\bmod \frac{n}{d}\right)$이다.

(3) $a \equiv b \pmod{m}$이고 $a \equiv b \pmod{n}$이면, $a \equiv b \pmod{\operatorname{lcm}(m, n)}$이다.

2. a, b가 정수이고 n, $k(\geq 2)$가 양의 정수일 때, 다음을 증명하라.

(1) $a \equiv b \pmod{n}$이면, $\gcd(a, n) = \gcd(b, n)$이다.

(2) $\gcd(a, b) = 1$, $a^k \equiv b^k \pmod{n}$, $a^{k+1} \equiv b^{k+1} \pmod{n}$이면, $a \equiv b \pmod{n}$이다.

3. 다음을 증명하라.

(1) a가 홀수이면 $a^2 \equiv 1 \pmod{8}$이다.

(2) 임의 정수 a에 대하여 $a^3 \equiv 0$, 1 또는 6 $\pmod{7}$이다.

(3) 임의 정수 a에 대하여 $a^4 \equiv 0$, 1 $\pmod{5}$ 이다.

(4) 2 또는 3의 배수가 아닌 정수 a에 대하여 $a^2 \equiv 1 \pmod{24}$이다.

4. 다음 명제 중에서 참인 것은 증명하고, 거짓인 것은 반례를 들어라.

(1) $ab \equiv 0 \pmod{n}$이면, $a \equiv 0 \pmod{n}$이거나 $b \equiv 0 \pmod{n}$이다.

(2) $a^2 \equiv b^2 \pmod{n}$이면, $a \equiv b \pmod{n}$이다.

(3) $a^2 \equiv 0 \pmod{n^2}$이면, $a \equiv 0 \pmod{n}$이다.

5. 정수 p가 홀수인 소수일 때, 다음 명제가 참인지를 판정하라.

(1) 정수 a에 대하여 $a \equiv -a \pmod{p}$이면, $a \equiv 0 \pmod{p}$이다.

(2) 정수 a에 대하여 $a^2 \equiv 0 \pmod{p}$이면, $a \equiv 0 \pmod{p}$이다.

6. 모든 양의 정수 n에 대하여 다음이 성립함을 증명하라.

(1) $2^{2^n} + 5 \equiv 0 \pmod{3}$　　　　(2) $4^n \equiv 3n + 1 \pmod{9}$

7. 합동식 $2^r \equiv 1 \pmod{11}$을 만족시키는 가장 작은 양의 정수 r의 값을 구하고, 또 이 결과를 이용하여 $2^{200} + 1$을 11로 나누었을 때의 나머지를 구하라.

8. 합동식 $3^r \equiv 1 \pmod{13}$을 만족시키는 가장 작은 양의 정수 r의 값을 구하고, 또 이 결과를 이용하여 3^{603}을 13으로 나누었을 때의 나머지를 구하라.

9. 6^{48}을 13으로 나눈 나머지를 구하라.

10. 정수 $1! + 2! + 3! + \cdots + 10!$의 일의 자리수를 구하라.

11. 정수 $1^5 + 2^5 + 3^5 + \cdots + 99^5 + 100^5$을 4로 나눌 때 나머지를 구하라.

12. 방정식 $x^2 + y^2 = 1839$의 정수해가 존재하지 않음을 증명하라.

13. 방정식 $x^2 + y^2 = z^2$을 만족하는 xyz가 60의 배수임을 증명하라.

14. 다음 두 조건을 만족시키는 무한수열 $\{a_t\}$를 구하라.

$$\begin{cases} a_0 = 1,\ a_1 = 1 \\ a_{t+2} \equiv a_t + a_{t+1} \pmod{2},\ 0 \le a_t < 2 \quad (t = 0,\ 1,\ 2,\ \cdots) \end{cases}$$

15. 다음 두 조건을 만족시키는 무한수열 $\{a_t\}$의 처음 일곱 항을 구하라.

$$\begin{cases} a_0 = 2,\ a_1 = 1 \\ a_{t+2} \equiv a_t + 2a_{t+1} \pmod{3},\ 0 \le a_t < 3 \quad (t = 0,\ 1,\ 2,\ \cdots) \end{cases}$$

3.2 합동식의 활용-진법

이 절에서는 합동의 성질을 이용하여 진법을 설명한다.

임의의 양의 정수 N (십진수)을 양의 정수 $b(\geq 2)$로 나누면, 나눗셈 정리에 의하여

$$N = q_0 b + a_0 \quad (0 \leq a_0 < b)$$

인 정수 $q_0(\geq 0)$, a_0이 유일하게 존재하고, 여기서 몫 q_0를 b로 나누면, 다시 나눗셈 정리에 의하여

$$q_0 = q_1 b + a_1 \quad (0 \leq a_1 < b)$$

인 정수 $q_1(\geq 0)$, a_1이 유일하게 존재한다. 그러면 $0 \leq q_1 < q_0$이고,

$$N = (q_1 b + a_1)b + a_0 = q_1 b^2 + a_1 b + a_0 \quad (0 \leq a_0,\ a_1 < b)$$

이다. 이러한 과정을 $q_i(\geq 0)$가 b보다 작을 때까지 계속하면, N은 양수 b에 대한 전개식

$$N = a_n b^n + a_{n-1} b^{n-1} + \cdots + a_1 b + a_0, \quad (0 \leq a_0,\ a_1,\ \cdots,\ a_n < b)$$

으로 유일하게 표현된다. 이 때, b^i $(0 \leq i \leq n)$의 계수만을 따로 순서대로 표기한

$$\boxed{N = a_n a_{n-1} \cdots a_1 a_{0(b)}}$$

을 N의 b**진수**라 하고, 이러한 과정을 b**진법**이라 한다. 한편, 10진수인 경우에는 밑의 10을 생략한다.

$$\boxed{N = a_n a_{n-1} \cdots a_1 a_{0(10)} = a_n a_{n-1} \cdots a_1 a_0}$$

예 3.2.1 101을 2진수, 3진수와 5진수로 변환하여라.

(풀이) 101을 2, 3과 5에 대한 전개식으로 나타내자.

$$101 = 1 \cdot 2^6 + 1 \cdot 2^5 + 0 \cdot 2^4 + 0 \cdot 2^3 + 1 \cdot 2^2 + 0 \cdot 2^1 + 1 \cdot 2^0 = 1100101_{(2)}$$

$$101 = 1 \cdot 3^4 + 0 \cdot 3^3 + 2 \cdot 3^2 + 0 \cdot 3^1 + 2 \cdot 3^0 = 10202_{(3)}$$

$$101 = 4 \cdot 5^2 + 0 \cdot 5^1 + 1 \cdot 5^0 = 401_{(5)}$$

※ 위 방법보다 101을 5진수로 간단하게 하는 방법은 다음 그림과 같이 5로 계속 나누어 나머지를 구하는 것과 같다.

5	101		
5	20	$\cdots$	1
	4	$\cdots$	0

예 3.2.2 101.2를 2진수로 변환하여라.

(풀이) $101.2 = 101 + 0.2$를 2에 대한 전개식으로 나타내자. 정수부분 101은 예 3.2.1 에 의하여

$$101 = 1100101_{(2)}$$

이므로, 소수부분 0.2에 대하여서 2진수로 나타내면 된다.

$$0.2 = \frac{b_1}{2^1} + \frac{b_2}{2^2} + \frac{b_3}{2^3} + \cdots \quad b_i = 0 \text{ 또는 } 1$$

의 양변에 2를 계속 곱하여 좌변의 정수부분을 b_i으로 택하면 구할 수 있다. 예를 들어 다음과 같이 양변에 2를 계속 곱하자.

$$\begin{aligned}
0.2 &= \frac{b_1}{2^1} + \frac{b_2}{2^2} + \frac{b_3}{2^3} + \cdots \\
0.4 &= b_1 + \frac{b_2}{2^1} + \frac{b_3}{2^2} + \cdots \quad \Longrightarrow \quad b_1 = 0 \\
0.8 &= b_2 + \frac{b_3}{2^1} + \frac{b_4}{2^2} + \cdots \quad \Longrightarrow \quad b_2 = 0 \\
1.6 &= b_3 + \frac{b_4}{2^1} + \frac{b_5}{2^2} + \cdots \quad \Longrightarrow \quad b_3 = 1 \\
1.2 &= b_4 + \frac{b_5}{2^1} + \frac{b_6}{2^2} + \cdots \quad \Longrightarrow \quad b_4 = 1 \\
0.2 &= \frac{b_5}{2^1} + \frac{b_6}{2^2} + \frac{b_7}{2^3} + \cdots \\
&\vdots
\end{aligned}$$

따라서 0.2부분은

$$0.2 = 0.00110011\cdots_{(2)} = 0.\overline{0011}_{(2)}$$

이다. 단, $0.\overline{0011} = 0.00110011\cdots$로 같은 수를 계속 반복하는 표시이고, **순환소수**(repeating decimal, 循環小數)라 한다. 그러므로

$$101.2 = 101 + 0.2 = 1100101_{(2)} + 0.00110011\cdots_{(2)} = 1100101.\overline{0011}_{(2)}$$

이다.

위를 연산을 간단한 그림으로 나타내면 다음과 같다.

÷2	101 (정수부분)
÷2	50 ⋯ 1
÷2	25 ⋯ 0
÷2	12 ⋯ 1
÷2	6 ⋯ 0
÷2	3 ⋯ 0
	1 ⋯ 1

×2	0.2 (소수부분)
×2	0.4 ⋯ 0
×2	0.8 ⋯ 0
×2	1.6 ⋯ 1
×2	1.2 ⋯ 1
	0.2
	(같은 방법)

그러므로

$$101.2 = 1100101.00110011\cdots_{(2)} = 1100101.\overline{0011}_{(2)}$$

이다.

다음은 위 예를 일반화하여 실수를 p진수로 만드는 방법을 알아 보자. 실수를 정수 부분과 소수부분으로 나누어 정수부분은 p로 나눈 몫과 나머지를 구하고, 몫을 계속 나누어 나머지가 p보다 작아질 때까지 하면 되고, 소수부분은 p를 계속 곱하고 정수부분을 제외한 소수부분이 0이 될 때까지 같은 방법을 계속하면 된다.

☜ 10진수(실수) $a.b$를 p 진수로 만드는 방법 ☞

(Step1) 정수부분 a를 p로 나눈 나머지를 a_0, 몫을 q_0라 하자.
(Step2) 몫 q_0를 p로 나눈 나머지를 a_1, 몫을 q_1이라 하자.
(Step3) 계속하여 몫 q_m(나머지 a_m)이 p보다 작을 때까지 계속한다.
(Step1') 소수부분 $0.b$를 p로 곱하여 정수부분을 b_1, 소수부분을 r_1이라 하자.
(Step2') 소수부분 r_1를 p로 곱하여 정수부분을 b_2, 소수부분을 r_2라 하자.
(Step3') 계속하여 소수부분 r_n(정수부분b_n)이 0이 되거나 앞의 소수부분과 같은 것이 나올 때까지 계속한다.
(Step4) 결과는 $a.b = q_m a_m \cdots a_1 a_0 . b_1 b_2 \cdots b_n \cdots_{(p)}$ 라 쓴다.

$\div p$	a (정수부분)
$\div p$	q_0(몫) $\cdots$ a_0(나머지)
$\div p$	q_1 $\cdots$ a_1
$\div p$	$\vdots$
	q_m $\cdots$ a_m

$\times p$	$0.b$ (소수부분)
$\times p$	$b_1.r_1$ $\cdots$ b_1 (정수부분)
$\times p$	$b_2.r_2$ $\cdots$ b_2
$\times p$	$\vdots$
	$b_n.r_n$ $\cdots$ b_n

다음은 자연수 $N(\geq 2)$

$$N = a_n 10^n + a_{n-1} 10^{n-1} + \cdots + a_1 10 + a_0, \quad (0 \leq a_0,\ a_1,\ \cdots,\ a_n < 10)$$

가 어떤 수의 배수인지 아닌지를 판단하는 정리를 살펴보자.

정리 3.2.3 *자연수* $N(\geq 2)$

$$N = a_n \cdots a_1 a_0 = a_n 10^n + \cdots + a_1 10 + a_0, \quad (0 \leq a_0,\ a_1,\ \cdots,\ a_n < 10)$$

에 대하여 다음이 성립한다.

(1) N이 2의 배수 $\iff$ $a_0 \equiv 0 \pmod 2$
(2) N이 3의 배수 $\iff$ $a_n + a_{n-1} + \cdots + a_1 + a_0 \equiv 0 \pmod 3$
(3) N이 4의 배수 $\iff$ $a_1 a_0 \equiv 0 \pmod 4$
(4) N이 5의 배수 $\iff$ $a_0 \equiv 0 \pmod 5$
(5) N이 6의 배수 $\iff$ $N \equiv 0 \pmod 2$이고 $N \equiv 0 \pmod 3$
(6) N이 7의 배수 $\iff$ $\cdots + a_8 a_7 a_6 - a_5 a_4 a_3 + a_2 a_1 a_0 \equiv 0 \pmod 7$
(7) N이 8의 배수 $\iff$ $a_2 a_1 a_0 \equiv 0 \pmod 8$
(8) N이 9의 배수 $\iff$ $a_n + a_{n-1} + \cdots + a_1 + a_0 \equiv 0 \pmod 9$
(9) N이 10의 배수 $\iff$ $a_0 = 0$
(10) N이 11의 배수 $\iff$ 7의 배수 판정법과 같음.
(11) N이 12의 배수 $\iff$ $N \equiv 0 \pmod 3$이고 $N \equiv 0 \pmod 4$
(12) N이 13의 배수 $\iff$ 7의 배수 판정법과 같음.

(증명) $f(x) = a_n x^n + \cdots + a_1 x + a_0$라 하자. 그러면 $N = f(10)$이다. 또한, $10^i = 2^i \cdot 5^i\ (i \geq 1)$이다.

(1) $10^i \equiv 0 \pmod 2$, $i \geq 1$이므로, N이 2의 배수일 필요충분조건은 다음과 같다.

$$0 \equiv N \equiv f(10) \equiv f(0) \equiv a_0 \pmod 2$$

(2) $10^i \equiv 1 \pmod 3$, $i \geq 1$이므로, N이 3의 배수일 필요충분조건은 다음과 같다.

$$0 \equiv N \equiv f(10) \equiv f(1) \equiv a_n + \cdots + a_1 + a_0 \pmod 3$$

(3)~(5) 연습문제로 남긴다.

(6) $10^3 + 1 = 7 \cdot 11 \cdot 13 \equiv 0 \pmod 7$, 즉, $10^3 \equiv -1 \pmod 7$이다. 또한, 필요하면 앞에 0을 채워 N의 자릿수가 3의 배수라 가정할 수 있다. 따라서 N이 7의 배수일 필요충분조건은 다음과 같다. 즉, 법 7에 대한 다음 합동식이 성립한다.

$$\begin{aligned} 0 \equiv N \equiv f(10) &\equiv a_n 10^n + \cdots + a_1 10 + a_0 \\ &\equiv (a_n a_{n-1} a_{n-2})(10^3)^{\frac{n-2}{3}} + \cdots + (a_8 a_7 a_6)(10^3)^2 + (a_5 a_4 a_3)10^3 + a_2 a_1 a_0 \\ &\equiv (-1)^{\frac{n-2}{3}}(a_n a_{n-1} a_{n-2}) + \cdots + (-1)^2 (a_8 a_7 a_6) + (-1)(a_5 a_4 a_3) + a_2 a_1 a_0 \end{aligned}$$

(7)~(12) 연습문제로 남긴다. ■

예 3.2.4 1,234,567은 7, 9의 배수인지 아닌지 판정하라.

(풀이) $1,234,567 \equiv 1 \cdot 10^6 + 234 \cdot 10^3 + 567 \equiv 1 - 234 + 567 \equiv 334 \not\equiv 0 \pmod 7$이다. 따라서 1,234,567은 7의 배수가 아니다.

다음에 $1,234,567 \equiv 1+2+3+4+5+6+7 \equiv 1 \not\equiv 0 \pmod 9$이므로, 1,234,567은 9 의 배수가 아니다.

임용시험 출제 3.2.5 [2007학년도] 정수 x, y, z에 대한 합동식

$$x^2 + y^2 \equiv 3z^2 \pmod 4$$

의 해집합은 $\{(x, y, z) \mid x \equiv y \equiv z \equiv 0 \pmod 2\}$임을 보이시오.

임용시험 출제 3.2.6 [2009학년도] 다음 명제의 참-거짓을 밝혀라.
양의 정수가 25진법으로 표현될 때, 3자리 수이기 위한 필요충분조건은 5진법으로 표현될 때 6자리 수이다.

연 습 문 제 (3.2)

1. 정리 3.2.3의 나머지 부분을 증명하라.
(참조 : (5)번과 (11)번은 정리 1.3.12 이용)

2. 정수 35를 2진법과 5진법으로 나타내어라.

3. 다음 유리수를 2진법과 5진법으로 나타내어라.

(1) $\frac{3}{11}$ (2) $\frac{1}{32}$ (3) $\frac{8}{25}$

4. 다음 유리수를 3진법과 6진법으로 나타내어라.

(1) $-\frac{11}{5}$ (2) $\frac{15}{8}$ (3) 141.8

5. 다음과 같은 소수로 나타내어진 유리수를 10진법의 분수의 꼴로 나타내어라.

(1) $0.\overline{12}_{(10)}$ (2) $0.\overline{123}_{(7)}$ (3) $0.1\overline{3}_{(6)}$

6. 정수 a에 대하여 $a = r_m r_{m-1} \cdots r_1 r_{0(b)}$ 일 때 다음 물음에 답하라.

(1) 양의 정수 k에 대하여 정수 ab^k를 b진법으로 나타내어라.

(2) 정수 a를 b로 나누었을 때의 몫과 나머지를 b진법으로 나타내어라.

7. 정수를 16진법으로 나타낼 때에는 16개의 기호 0, 1, ⋯, 9, A, B, ⋯, F를 사용하는데, 여기서 A, B, ⋯, F는 각각 10, 11, ⋯, 15를 뜻한다.

(1) $a = A0B2F_{(16)}$ 일 때, a를 10진법으로 나타내어라.

(2) $b = 10110111101_{(2)}$ 일 때, b를 16진법으로 나타내어라.

8. 다음 정수 중에서 8의 배수와 25의 배수를 찾아라.

(1) 12,336 (2) 5,245 (3) 23,450

9. 다음 정수 중에서 3의 배수, 9의 배수, 11의 배수를 찾아라.

(1) 12,345 (2) 18,081 (3) 111,111

10. 양의 정수 a의 순서를 거꾸로 한 수를 b라 할 때(예를 들면, $a = 12345$, $b = 54321$), 정수 $a-b$가 9로 나누어짐을 증명하라.

11. 495가 273x49y5를 나눌 때, x, y를 구하라.

12. 수 7^{999}의 마지막 세 자리를 구하라.
(참조 : $7^{4n} \equiv (1+400)^n \equiv 1+400n \pmod{1000}$.)

13. 수 9^{9^9}의 마지막 두 자리수를 구하라.
(참조 : $9^9 \equiv 9 \pmod{10}$이므로 $9^{9^9} = 9^{9+10k}$이다. 그리고 $9^9 \equiv 89 \pmod{100}$ 이용)

14. 어떤 양의 정수 a에 대하여 $a^2 - a + 7$은 마지막 자리가 3, 7 또는 9 로 끝남을 증명하라.

3.3 1차합동식

이 절에서는 1차합동식의 해에 대한 성질을 다룬다.

정수 계수 다항식 $f(x) = a_r x^r + \cdots + a_1 x + a_0$에 대하여,

$$f(x) \equiv a_r x^r + \cdots + a_1 x + a_0 \equiv 0 \pmod{n}$$

을 **다항합동식**(polynomial congruence)이라 한다. 특히, $a_r \not\equiv 0 \pmod{n}$일 때, 이 합동식을 ($x$에 대한) r**차합동식**이라 한다.

정수 a에 대하여, $f(a) \equiv 0 \pmod{n}$일 때, $x \equiv a \pmod{n}$을 합동식 $f(x) \equiv 0 \pmod{n}$의 **해**라 한다.

r차합동식 $f(x) \equiv 0 \pmod{n}$의 법 n에 대한 서로 다른 해는 법 n에 대한 표준잉여계(완전잉여계) $\mathbb{Z}_n = \{0, 1, 2, \cdots, n-1\}$에서 나온다(따름정리 3.1.8 참조). 따라서 법 n에 대한 r차 합동식의 서로 다른 해의 최대 개수는 n개이다.

예 3.3.1 1차합동식 $f(x) \equiv 2x \pmod{4}$의 해를 구하라.

(풀이) $f(x)$의 법 4에 대한 서로 나른 해는 표준잉여계 $\mathbb{Z}_4 = \{0, 1, 2, 3\}$에서 나온다.

$f(0) \equiv f(2) \equiv 0 \pmod{4}$이고, $f(1) \equiv f(3) \equiv 2 \not\equiv 0 \pmod{4}$ 이므로,

$$x \equiv 0, \quad x \equiv 2 \pmod{4}$$

가 1차합동식 $2x \equiv 0 \pmod{4}$의 해이다.

정리 3.3.2 *양의 정수 n과 정수 a, b에 대하여 다음이 성립한다.*

(1) 1차합동식 $(*)$ $ax \equiv b \pmod{n}$ 의 해가 존재 $\iff$ $\boxed{\gcd(a, n) \mid b}$

(2) $(*)$의 특수해 $x \equiv x_0 \pmod{n}$이 존재하면, 즉, $d = \gcd(a, n)$일 때,

$(*)$의 일반해는 $\boxed{x \equiv x_0 + \frac{n}{d}t \pmod{n}, (0 \le t \le d-1)(\text{합동이 아닌 서로 다른 } d\text{개 존재})}$

(증명) (1) 정리 1.4.3 (1)에 의하여 다음 동치가 성립한다.

$$\begin{aligned}
&1\text{차합동식 } ax \equiv b \pmod{n}\text{의 해가 존재} \\
\iff &1\text{차부정방정식 } ax = b + ny (\exists y \in \mathbb{Z})\text{의 해가 존재} \\
\iff &1\text{차부정방정식 } ax - ny = b (\exists y \in \mathbb{Z})\text{의 해가 존재} \\
\implies &\gcd(a, n) \mid b
\end{aligned}$$

(2) $ax \equiv b \pmod{n}$의 특수해 $x \equiv x_0 \pmod{n}$이 존재한다고 하자. 그러면 다음이 성립한다.

$$ax_0 \equiv b \pmod{n} \iff ax_0 \equiv b + ny_0 (\exists y_0 \in \mathbb{Z}) \iff ax_0 - ny_0 = b$$

따라서 정리 1.4.3 (1)에 의하여 $ax - ny = b$의 일반해는

$$x = x_0 + \frac{n}{d}t (t \in \mathbb{Z})$$

이다. 그러므로 (*)의 일반해는

$$x \equiv x_0 + \frac{n}{d}t \pmod{n} \ (t \in \mathbb{Z})$$

이다. 법 n에 대하여 서로 다른 d개의 해가 존재함을 보이자. 나눗셈 정리에 의하여 $t = dq + r$, $(0 \leq r \leq d-1)$인 정수 q, r이 존재한다. 그러면

$$x \equiv x_0 + \frac{n}{d}(dq+r) \equiv x_0 + nq + \frac{nr}{d} \equiv x_0 + \frac{n}{d}r \pmod{n} \ (0 \leq r \leq d-1)$$

이다. 해가 d개임을 증명하자. $0 \leq j \leq i \leq d-1$에 대하여

$$x_0 + \frac{n}{d}i \equiv x_0 + \frac{n}{d}j \pmod{n}$$

라 하자. 그러면 정리 3.1.15 에 의하여

$$\frac{n}{d}i \equiv \frac{n}{d}j \pmod{n} \Longrightarrow i \equiv j \left(\text{mod } \frac{n}{\frac{n}{d}}\right) \Longrightarrow i \equiv j \pmod{d} \Longrightarrow d \mid i-j$$

이다. $i-j$는 d의 배수이고 또한, $0 \leq i-j \leq d-1$이므로, $i = j$ 이다. 따라서 (*)의 일반해는 서로 다른 d개의 해

$$x_0, \quad x_0 + \frac{n}{d}, \quad x_0 + \frac{2n}{d}, \quad \cdots \quad , \quad x_0 + \frac{(d-1)n}{d} \pmod{n}$$

가 존재한다. ■

따름정리 3.3.3 *양의 정수 n과 정수 a, b에 대하여* $\boxed{\gcd(a,\ n) = 1}$ *일 때, 다음이 성립한다.*

(1) $ax \equiv b \pmod{n}$은 법 n에 대하여 유일한 해가 존재한다.
(2) $ax \equiv 1 \pmod{n}$은 법 n에 대하여 유일한 해가 존재한다.

※ $\gcd(a,\ n) = 1$일 때, $ax \equiv 1 \pmod{n}$의 유일한 해 $x \equiv b \pmod{n}$를 법 n에 대한 a의 **역원**(inverse of a modulo n)이라하고, $b = a^{-1}$라 표기한다.

$\gcd(a,\ n) = 1$일 때, 법 n에 대한 a의 역원 a^{-1}을 구하는 방법은 유클리드 호제법을 이용하여

$$a \cdot x + n \cdot y = 1$$

인 정수 x, y를 구하면, x는 법 n에 대한 a의 역원 a^{-1}이다.

예 3.3.4 법 97에 대한 31의 역원을 구하라.

(풀이) 예 1.3.18에 의하여 $\gcd(97,\ 31)=1$이고,

$$97\cdot 8+31\cdot(-25)=1$$

이므로, 법 97에 대한 31의 역원은 $31^{-1}\equiv -25 \pmod{97}$이다.

☜ 1차합동식 $ax\equiv b \pmod{n}$의 해 구하기 ☞

(Step 1) $d=\gcd(a,\ n)$을 유클리드 호제법으로 구하기.

(Step 2) $d\nmid b$이면, 해가 존재하지 않음.

(Step 2′) $d\mid b,\ (b=db')$이면, 유클리드 호제법의 역연산 또는 표를 활용하여

$$d-ax'+ny'$$

인 정수 x', y'을 구하고, b'을 양변에 곱하여

$$b=db'=a(b'x')+n(b'y')$$

에서 특수해 $b'x'$ 구하기.

(Step 3) 일반해 $\boxed{x\equiv b'x'+\dfrac{n}{d}t \pmod{n},\ (0\le t\le d-1)(d\text{개 존재})}$ 구하기.

예 3.3.5 1차합동식 $18x\equiv 30 \pmod{42}$의 해를 구하라.

(풀이) $\gcd(18,\ 42)=6$이고, $6\mid 30$이므로 해가 6개 존재한다.

$18x\equiv 30 \pmod{42}$의 해는 $3x\equiv 5 \pmod{7}$의 해와 같다. 법 7에 대한 3의 역원 -2를 양변에 곱하면

$$-6x\equiv -10,\quad x\equiv 4 \pmod{7}$$

이다. 따라서 법 7에 대한 해 $x=4$는 법 42에 대한 특수해이다. 그러면 정리 3.3.2에 의하여, 법 42에 대한 일반해를 구해 보면,

$$x\equiv 4+\frac{42}{6}t\equiv 4+7t \pmod{42},\quad t=0,\ 1,\ \cdots,\ 5$$

이다. 이를 원소로 표현하면 다음과 같다.

$$x\equiv 4,\ 11,\ 18,\ 25,\ 32,\ 39 \pmod{42}$$

4	301	63	1
	252	49	
3	49	14	2
	42	14	
	[7]	0	

몫			4	1	3
$(301)x$	1	0	1	-1	4
$(63)y$	0	1	-4	5	-19

예 3.3.6 1차합동식 $301x \equiv 91 \pmod{63}$의 해를 구하라.

(풀이1) 유클리드 호제법을 이용하여 $\gcd(301,\ 63)$을 구하자.

$\gcd(301,\ 63) = 7$이고, $7 \mid 91$이므로 7개의 해가 존재한다.

위 표를 이용하여 1차합동식의 특수해를 구하자.

$$7 = 301 \cdot 4 + 63 \cdot (-19)$$

이다. 양변에 13을 곱하면

$$91 = 301 \cdot 52 + 63 \cdot (-247)$$

에서 특수해 $x_0 \equiv 52 \pmod{63}$을 얻는다. 따라서 일반해는 다음과 같다.

$$x \equiv 52 + \frac{63}{7}t = 52 + 9t \pmod{63}, \quad t = 0,\ 1,\ 2,\ \cdots,\ 6$$

즉,

$$x \equiv 52,\ 61,\ 70,\ 79,\ 88,\ 97, 106 \pmod{63}$$

이고,

$$x \equiv 52,\ 61,\ 7,\ 16,\ 25,\ 34, 43 \pmod{63}$$

이다.

(풀이2) 최대공약수 $\gcd(a,\ n)$을 쉽게 구할 수 있으면 다음 방법을 이용하면, 해를 구할 수 있다.

$\gcd(301,\ 63) = 7$이므로, 합동식 $301x \equiv 91 \pmod{63}$은 7개의 해가 존재하고 합동식 $43x \equiv 13 \pmod{9}$와 동치이다. 즉, $7x \equiv 4 \pmod{9}$, $-2x \equiv 4 \pmod{9}$와 동치이다.

그러면 $-8x \equiv 16 \pmod{9}$, $x \equiv 7 \pmod{9}$에서

$$x \equiv 7 + 9t \pmod{63}, \quad t = 0,\ 1,\ 2,\ \cdots,\ 6$$

이고, 법 42에 대한 일반해는 다음과 같다.

$$x \equiv 7,\ 16,\ 25,\ 34, 43,\ 52,\ 61 \pmod{63}$$

다음은 2변수 1차합동식의 해를 구하는 방법에 대하여 알아 보자.

정리 3.3.7 *양의 정수 n과 정수 a, b, c에 대하여 다음은 동치명제이다.*

$$ax+by \equiv c \pmod{n}\text{의 해가 존재} \iff \gcd(a, b, n) \mid c$$

※ $\gcd(a, n)=1$ 또는 $\gcd(b, n)=1$이면, $ax+by \equiv c \pmod{n}$의 해가 존재

(증명) 연습문제로 남긴다. ■

특히 $\gcd(a, n)=1$이면, 합동식 $ax+by \equiv c \pmod{n}$의 해가 존재한다. 해는 다음과 같이 구하면 된다. 합동식은

$$ax \equiv c-by \pmod{n}$$

과 동치이다. 따라서 모든 $y=0, 1, 2, \cdots, n-1$의 값에 대하여 유일한 해가 존재한다.

예 3.3.8 $7x+4y \equiv 5 \pmod{12}$의 해를 구하라.

(풀이) $\gcd(7, 12)=1$이므로 해가 존재한다. 법 12에 대한 7의 역원은 -5을 합동식 $7x \equiv 5-4y \pmod{12}$의 양변에 곱하면

$$(*)\ x \equiv -25+20y \equiv -1+8y \pmod{12}$$

이다.

먼저 $y \equiv 0 \pmod{12}$를 $(*)$에 대입하면 $x \equiv -1 \equiv 11 \pmod{12}$이므로,
$x \equiv 11,\ y \equiv 0 \pmod{12}$이 해이다.

$y \equiv 1 \pmod{12}$를 $(*)$에 대입하면 $x \equiv 7 \pmod{12}$이므로,
$x \equiv 7,\ y \equiv 1 \pmod{12}$이 해이다.

같은 방법으로 $y \equiv 2, 3, \cdots, 11 \pmod{12}$를 $(*)$에 대입하면 모든 해를 구할 수 있다. 법 12에 대한 모든 12쌍의 해는 다음과 같다.

$$\begin{aligned}(x, y) = &(11, 0), (7, 1), (3, 2),\\ &(11, 3), (7, 4), (3, 5),\\ &(11, 6), (7, 7), (3, 8),\\ &(11, 9), (7, 10), (3, 11)\end{aligned}$$

여기서 같은 x의 값이 4개씩 나오는 이유는 y에 대한 합동식 $4y \equiv 5-7x \pmod{12}$에서 $\gcd(4, 12)=4$이기 때문이다(정리 3.3.2).

다음은 2변수 연립1차합동식의 해를 구하는 방법에 대하여 알아 보자. 이는 선형대수에서의 Crammer 공식과 완전히 같은 형태이다.

정리 3.3.9 양의 정수 n과 정수 a, b, c, a', b', c'에 대하여, $\boxed{\gcd(ab'-a'b,\ n)=1}$ 일 때, 다음이 성립한다.

$$\begin{cases} ax+by\equiv c \pmod n \\ a'x+b'y\equiv c' \pmod n \end{cases}$$ 은 다음과 같은 유일한 해가 존재한다.

$$x\equiv \frac{\begin{vmatrix} c & b \\ c' & b' \end{vmatrix}}{\begin{vmatrix} a & b \\ a' & b' \end{vmatrix}} \equiv \frac{b'c-bc'}{ab'-a'b},\quad y\equiv \frac{\begin{vmatrix} a & c \\ a' & c' \end{vmatrix}}{\begin{vmatrix} a & b \\ a' & b' \end{vmatrix}} \equiv \frac{ac'-a'c}{ab'-a'b} \pmod n$$

(증명) 연립합동식에서 $\begin{cases} ab'x+bb'y\equiv b'c \pmod n \\ a'bx+bb'y\equiv bc' \pmod n \end{cases}$ 이므로,

$$(ab'-a'b)x\equiv b'c-bc' \pmod n$$

이다. 한편, $\gcd(ab'-a'b,\ n)=1$이므로, 따름정리 3.3.3 에 의하여 법 n에 대한 $ab'-a'b$의 역원 $(ab'-a'b)^{-1}$이 존재한다. 이것을 양변에 곱하면,

$$x\equiv (b'c-bc')(ab'-a'b)^{-1} \pmod n$$

이다. 같은 방법으로 y를 구할 수 있다.

$$y\equiv (ac'-a'c)(ab'-a'b)^{-1} \pmod n$$

■

예 3.3.10 다음 연립합동식을 풀어라.

$$\begin{cases} 7x+3y\equiv 8 \pmod{16} \\ 2x+5y\equiv 9 \pmod{16} \end{cases}$$

(풀이) $\gcd(7\cdot 5-2\cdot 3,\ 16)=\gcd(29,\ 16)=1$이므로, 연립합동식의 해가 존재한다. 한편, $29^{-1}\equiv(-3)^{-1}\equiv 5 \pmod{16}$이므로, 정리 3.3.9에 의하여

$$x\equiv \frac{\begin{vmatrix} 8 & 3 \\ 9 & 5 \end{vmatrix}}{\begin{vmatrix} 7 & 3 \\ 2 & 5 \end{vmatrix}} \equiv (40-27)29^{-1}\equiv 13\cdot 5\equiv 1 \pmod{16}$$

이고

$$y \equiv \frac{\begin{vmatrix} 7 & 8 \\ 2 & 9 \end{vmatrix}}{\begin{vmatrix} 7 & 3 \\ 2 & 5 \end{vmatrix}} \equiv (63-16)29^{-1} \equiv 47 \cdot 5 \equiv (-1) \cdot 5 \equiv 11 \pmod{16}$$

연 습 문 제 (3.3)

1. 정리 3.3.7을 증명하라.

2. 정수 2, 3, 4, ⋯ , 11에서 $ab \equiv 1 \pmod{13}$이 되는 쌍 a, b를 구하라.

3. 법 101에 대한 다음 수의 역원을 구하라.

(1) 55　　(2) 40　　(3) -21

4. 다음과 같은 정수 $r(1 \le r < 160)$을 구하라.

(1) $23r \equiv 1 \pmod{160}$　　(2) $101r \equiv 1 \pmod{160}$

5. $p = 4k+3$이 소수이고 $a^2 + b^2 \equiv 0 \pmod{p}$이면 $a \equiv b \equiv 0 \pmod{p}$임을 보여라. (참조 : $a \not\equiv 0 \pmod{p}$이면 $ac \equiv 1 \pmod{p}$인 정수 c가 존재한다.)

6. 다음 1차합동식의 정수해의 존재성을 판단하라.

(1) $27x \equiv 111 \pmod{33}$　　(2) $20x \equiv 25 \pmod{155}$

7. 다음 일차합동식을 풀어라.

(1) $12x \equiv 25 \pmod{97}$　　(2) $85x \equiv 2 \pmod{97}$

(3) $15x \equiv 10 \pmod{85}$　　(4) $-26x \equiv 38 \pmod{30}$

(5) $12x \equiv 6 \pmod{40}$　　(6) $5x \equiv -15 \pmod{40}$

(7) $25x \equiv 15 \pmod{29}$　　(8) $140x \equiv 133 \pmod{301}$

8. 일차합동식을 풀어라.

(1) $4x + 51y \equiv 7 \pmod{9}$　　(2) $8x - 25y \equiv 31 \pmod{11}$

9. 다음 연립합동식을 풀어라.

(1) $\begin{cases} x + 2y \equiv 2 \pmod{7} \\ 2x + 3y \equiv 2 \pmod{7} \end{cases}$　　(2) $\begin{cases} 2x + 3y \equiv 5 \pmod{11} \\ 4x + 2y \equiv 7 \pmod{11} \end{cases}$

(3) $\begin{cases} 5x + 2y \equiv 8 \pmod{13} \\ 2x + 5y \equiv 9 \pmod{13} \end{cases}$　　(4) $\begin{cases} 7x - 2y \equiv 10 \pmod{18} \\ 3x + 5y \equiv -8 \pmod{18} \end{cases}$

3.4 중국인의 나머지 정리

이 절에서는 법이 다른 연립일차합동식의 해에 대한 성질을 다룬다.

중국인의 나머지정리(Chinese remainder theorem, 中國人-定理)는 5세기 남북조 시대의 중국 수학서 ⟨⟨손자산경⟩⟩(孫子算經)에 최초로 등장하였다. ⟨⟨손자산경⟩⟩ 하권(下卷) 문제 26번은 다음과 같다.

"개수를 알지 못하는 것이 있다. 셋씩 센다면 두 개가 남고, 다섯씩 센다면 세 개가 남고, 일곱씩 센다면 두 개가 남는다. 질문: 총 몇 개인가?" (예 3.4.3)

정리 3.4.1 *자연수 $n_1, \cdots, n_r$ $(r \geq 2)$과 정수 a, b에 대하여 다음이 성립한다.*

$$a \equiv b \pmod{n_i},\ 1 \leq i \leq r \quad \Longleftrightarrow \quad a \equiv b \pmod{\operatorname{lcm}(n_1, n_2, \cdots, n_r)}$$

※ $n_1, \cdots, n_r$ $(r \geq 2)$가 쌍마다 서로소이면, $\boxed{a \equiv b \pmod{n_1 n_2 \cdots n_r}}$이다.

(증명) 합동과 최소공배수의 정의와 수학적 귀납법을 이용하면,

$$\begin{aligned} a \equiv b \pmod{n_i},\ 1 \leq i \leq r &\Longleftrightarrow n_i \mid (a-b),\ 1 \leq i \leq r \\ &\Longleftrightarrow \operatorname{lcm}(n_1, n_2, \cdots, n_r) \mid (a-b) \\ &\Longleftrightarrow a \equiv b \pmod{\operatorname{lcm}(n_1, n_2, \cdots, n_r)} \end{aligned}$$

이 성립한다. ■

정리 3.4.2 (중국인의 나머지정리)
$n_1, \cdots, n_r$이 쌍마다 서로소인 자연수$(r \geq 2)$ (즉, $\gcd(n_i, n_j) = 1$, $i \neq j$)일 때, 연립 1차 합동식

$$\begin{cases} x \equiv a_1 \pmod{n_1} \\ x \equiv a_2 \pmod{n_2} \\ \quad \vdots \\ x \equiv a_r \pmod{n_r} \end{cases}$$

은 법 $n_1 n_2 \cdots n_r$에 대하여 다음과 같은 유일한 공통 해가 존재한다.

$$\boxed{x \equiv N_1 N_1^{-1} a_1 + N_2 N_2^{-1} a_2 + \cdots + N_r N_r^{-1} a_r \pmod{n_1 n_2 \cdots n_r}}$$

$$\text{단, } N_i = \frac{n_1 n_2 \cdots n_i \cdots n_r}{n_i}, \quad N_i N_i^{-1} \equiv 1 \pmod{n_i}$$

(증명) $N_i = \dfrac{n_1 n_2 \cdots n_i \cdots n_r}{n_i} = n_1 n_2 \cdots n_{i-1} n_{i+1} \cdots n_r$라 하자. 가정에 의하여 n_i는 쌍마다 서로

소이므로 $\gcd(n_i,\ N_i) = \gcd(n_i,\ n_1n_2\cdots n_{i-1}n_{i+1}\cdots n_r) = 1$이다. 그러면 따름정리 3.3.3에 의하여, 법 n_i에 대한 N_i 의 역원 N_i^{-1}가 존재한다. 즉,

$$N_i \cdot N_i^{-1} \equiv 1 \pmod{n_i}\ (i = 1,\ 2,\ \cdots,\ r)$$

이다.

$$N = N_1N_1^{-1}a_1 + N_2N_2^{-1}a_2 + \cdots + N_rN_r^{-1}a_r$$

이라 하자. $x \equiv N \pmod{n_1n_2\cdots n_r}$이 유일한 해임을 보이자.

첨자 $i = 1,\ 2,\ \cdots,\ r$에 대하여, $N_j \equiv 0 \pmod{n_i}\ (i \neq j)$이므로,

$$N \equiv N_1N_1^{-1}a_1 + N_2N_2^{-1}a_2 + \cdots + N_rN_r^{-1}a_r \equiv 1 \cdot a_i \equiv a_i \pmod{n_i}$$

이다.

따라서 $N \equiv a_i \pmod{n_i}$, $i = 1,\ 2,\ \cdots,\ r$이다. 그러므로 $x \equiv N \pmod{n_1n_2\cdots n_r}$은 연립방정식의 공통해이다.

다음에 연립방정식의 해의 유일성을 보이자. $x \equiv N' \pmod{n_1n_2\cdots n_r}$이 연립방정식의 해라 하자. 그러면 $i = 1,\ 2,\ \cdots,\ r$에 대하여

$$N \equiv N' \pmod{n_i} \quad \Longleftrightarrow \quad n_i \mid (N - N')$$

이다. 최소공배수의 정의에 의하여 $\mathrm{lcm}(n_1,\ n_2,\ \cdots,\ n_r) \mid (N - N')$이고, $n_1,\ \cdots,\ n_r$이 쌍마다 서로소이므로, $n_1n_2\cdots n_r \mid (N - N')$이다 (정리 1.3.12 참조).

따라서 $N \equiv N' \pmod{n_1n_2\cdots n_r}$이다. ■

예 3.4.3 다음 연립합동식의 해를 구하라.

$$\begin{cases} x \equiv 2 \pmod{3} \cdots ① \\ x \equiv 3 \pmod{5} \cdots ② \\ x \equiv 2 \pmod{7} \cdots ③ \end{cases}$$

(풀이1) (중국인의 나머지정리 이용)

$5 \cdot 7 \cdot x \equiv 1 \pmod{3}$인 x를 구하자. $x \equiv -1 \pmod{3}$. 따라서 $35 \cdot (-1) \equiv 1 \pmod{3}$.

$3 \cdot 7 \cdot x \equiv 1 \pmod{5}$인 x를 구하자. $x \equiv 1 \pmod{5}$. 따라서 $21 \cdot 1 \equiv 1 \pmod{5}$.

$3 \cdot 5 \cdot x \equiv 1 \pmod{7}$인 x를 구하자. $x \equiv 1 \pmod{7}$. 따라서 $15 \cdot 1 \equiv 1 \pmod{7}$.

중국인의 나머지 정리에 의하여, 다음과 같은 연립합동식의 해를 갖는다.

$$x \equiv 35 \cdot (-1) \cdot 2 + 21 \cdot 1 \cdot 3 + 15 \cdot 1 \cdot 2 \ \equiv 23 \pmod{105}$$

(풀이2) **(축차 대입법)**. 연립일차합동식을 항상 쉽게 풀 수 있는 방법이다.

특히 법들이 서로소가 아닐 경우 에는 이 방법이 효과적이다.

①에서 $x = 3a + 2$ ($a \in \mathbb{Z}$)$\cdots$①$'$이다. ①$'$을 ②식에 대입하면,

$$3a + 2 \equiv 3 \pmod{5}, \quad 3a \equiv 1 \pmod{5}, \quad a \equiv 2 \pmod{5}$$

이므로, $a = 5b + 2$ ($b \in \mathbb{Z}$)을 얻는다. 이 식을 ①$'$에 대입하면

$$x = 15b + 8 \ (b \in \mathbb{Z}) \cdots ②'$$

이다. ②$'$을 ③식에 대입하면,

$$15b + 8 \equiv 2 \pmod{7}, \quad b \equiv -6 \equiv 1 \pmod{7}$$

이므로, $b = 7c + 1$ ($c \in \mathbb{Z}$)을 얻는다. 이식을 ②$'$에 대입하면

$$x = 15(7c + 1) + 8 = 105c + 23 \ (c \in \mathbb{Z})$$

이다. 그러므로 연립합동식의 해는 $x \equiv 23 \pmod{105}$이다.

예 3.4.4 합동식 $17x \equiv 9 \pmod{276}$의 해를 구하라.

(풀이1) (유클리드 호제법 이용)

$17x + 276y = 9$의 일반해 x를 구하자.

16	276	17	4
	272	16	
	4	1	

몫			16	4
$(276)y$	1	0	1	-4
$(17)x$	0	1	-16	65

위 표에서 $\gcd(17,\ 276) = 1$이므로 해는 1개이다.

또한 $17 \cdot 65 + 276 \cdot (-4) = 1$에서

$$17 \cdot 65 \equiv 1, \quad 17 \cdot (65 \cdot 9) \equiv 9 \pmod{276}$$

이므로, 연립합동식의 해는 $x \equiv 65 \cdot 9 \equiv 33 \pmod{276}$이다.

(풀이2) (정리 3.4.1과 축차 대입법을 이용)

276을 서로소인 인수들의 곱인 $3 \cdot 4 \cdot 23$로 인수분해하면, 정리 3.4.1에 의하여 다음 3개의 합동식은 동치이다.

$$17x \equiv 9 \pmod{3 \cdot 4 \cdot 23} \iff \begin{cases} 17x \equiv 9 \pmod{3} \\ 17x \equiv 9 \pmod{4} \\ 17x \equiv 9 \pmod{23} \end{cases} \iff \begin{cases} x \equiv 0 \pmod{3} \cdots ① \\ x \equiv 1 \pmod{4} \cdots ② \\ -6x \equiv 9 \pmod{23} \cdots ③ \end{cases}$$

①에서 $x = 3a$ ($a \in \mathbb{Z}$)$\cdots$①$'$이므로, 이 식을 ②에 대입하면

$$3a \equiv 1, \quad a \equiv -1 \pmod{4}$$

이므로 $a = 4b - 1$ ($b \in \mathbb{Z}$)이다. 이 식을 ①′에 대입하면

$$x = 12b - 3 \cdots ②'$$

이다. 이 식을 ③에 대입하면

$$-6(12b-3) \equiv 9, \quad -72b \equiv -9, \quad b \equiv 3 \pmod{23}$$

이다. 여기서 $b = 23c + 3$ ($c \in \mathbb{Z}$)을 ②′에 대입하면

$$x = 12(23c+3) - 3 = 276c + 33 \ (c \in \mathbb{Z})$$

이므로, 합동식의 해는 $x \equiv 33 \pmod{276}$이다.

(풀이3) (중국인의 나머지 정리)

(풀이2)에서 식 ③의 $-6x \equiv 9 \pmod{23}$의 해는 양변에 -4를 곱하면 $x \equiv -36 \equiv 10 \pmod{23}$ 이 된다. 따라서 주어진 합동식의 해는 다음 연립합동식의 해와 같다.

$$\begin{cases} x \equiv \ \ 0 \pmod{\ 3} \cdots ① \\ x \equiv \ \ 1 \pmod{\ 4} \cdots ② \\ x \equiv 10 \pmod{23} \cdots ③ \end{cases}$$

중국인의 나머지 정리를 이용하자.

$4 \cdot 23 \cdot x \equiv 1 \pmod 3$인 x를 구하자. $x \equiv -1 \pmod 3$. 따라서 $92 \cdot (-1) \equiv 1 \pmod 3$.

$3 \cdot 23 \cdot x \equiv 1 \pmod 4$인 x를 구하자. $x \equiv 1 \pmod 4$. 따라서 $69 \cdot 1 \equiv 1 \pmod 4$.

$3 \cdot 4 \cdot x \equiv 1 \pmod{23}$인 x를 구하자. $x \equiv 2 \pmod{23}$. 따라서 $12 \cdot 2 \equiv 1 \pmod{23}$.

그러므로 중국인의 나머지 정리에 의하여, 다음과 같은 연립합동식의 해를 갖는다.

$$x \equiv 92 \cdot (-1) \cdot 0 + 69 \cdot 1 \cdot 1 + 12 \cdot 2 \cdot 10 \ \equiv 33 \pmod{276}$$

예 3.4.5 x의 계수가 1이 아닌 연립합동식의 해를 구하는 방법을 살펴보자.

(방법1) 각 합동식의 해를 구하여 축차적으로 다른 합동식에 대입하여 구한다.

(방법2) 각 합동식의 해를 구하여 중국인의 나머지 정리 형태로 변환하여 구한다.

예를 들어, 다음 연립합동식의 해를 구하자.

$$\begin{cases} 3x \equiv 2 \pmod 4 \cdots ① \\ 4x \equiv 6 \pmod 7 \cdots ② \\ 2x \equiv 5 \pmod 9 \cdots ③ \end{cases}$$

(풀이1) 축차 대입법을 이용하여 해를 구하자. 합동식 ① 의 해는 $x \equiv 2 \pmod 4$이므로, $x = 4a + 2$ ($a \in \mathbb{Z}$)$\cdots$①′이다. 이 식을 ②에 대입하면,

$$4(4a+2) \equiv 6, \quad 2a \equiv 5, \quad a \equiv -1 \pmod 7$$

이다. 따라서 $a = 7b - 1$ $(b \in \mathbb{Z})$라 하고, 이 식을 ①′ 에 대입하면,

$$x = 4(7b-1)+2 = 28b-2 \ (b \in \mathbb{Z}) \cdots ②'$$

이다. 이 식을 ③에 대입하면,

$$2(28b-2) \equiv 5, \quad 56b \equiv 0, \quad b \equiv 0 \pmod 9$$

이다. 따라서 $b = 9c$ $(c \in \mathbb{Z})$라 하고, 이 식을 ②′에 대입하면,

$$x = 28(9c)-2 = 252c-2 \ (c \in \mathbb{Z})$$

이므로, 합동식의 해는 $x \equiv -2 \pmod{252}$이다.

(풀이2) 중국인의 나머지 정리를 이용하여 해를 구하자. 연립합동식에서 각 합동식의 해는 다음과 같다.

$$\begin{cases} x \equiv 2 \pmod 4 \\ x \equiv 5 \pmod 7 \\ x \equiv 7 \pmod 9 \end{cases}$$

$7 \cdot 9 \cdot x \equiv 1 \pmod 4$인 x를 구하자. $x \equiv -1 \pmod 4$. 따라서 $63 \cdot (-1) \equiv 1 \pmod 4$.

$4 \cdot 9 \cdot x \equiv 1 \pmod 7$인 x를 구하자. $x \equiv 1 \pmod 7$. 따라서 $36 \cdot 1 \equiv 1 \pmod 7$.

$4 \cdot 7 \cdot x \equiv 1 \pmod 9$인 x를 구하자. $x \equiv 1 \pmod 9$. 따라서 $28 \cdot 1 \equiv 1 \pmod 9$.

그러면 중국인의 나머지 정리에 의하여, 다음과 같은 연립합동식의 해를 갖는다.

$$x \equiv 63 \cdot (-1) \cdot 2 + 36 \cdot 1 \cdot 5 + 28 \cdot 1 \cdot 7 \equiv 250 \equiv -2 \pmod{252}$$

임용시험 출제 3.4.6 [2006학년도] K고등학교의 전체 학생을 같은 인원수의 9팀으로 나누면 1명이 남고, 같은 인원수의 10팀으로 나누면 2 명이 남으며, 같은 인원수의 11팀으로 나누면 10명이 남는다. K고등학교 전체 학생수 x가 $x \equiv a \pmod{990}$을 만족할 때 정수 a의 값을 구하시오 (단, $0 \le a < 990$)

임용시험 출제 3.4.7 [2003학년도]

$\begin{cases} 8x \equiv 4 \pmod{22} \\ 3x \equiv 5 \pmod{25} \end{cases}$ 의 해 구하라.

연 습 문 제 (3.4)

1. 다음 연립합동식의 해를 구하라.

(1) $\begin{cases} x \equiv 3 \pmod{11} \\ x \equiv 2 \pmod{13} \end{cases}$ (2) $\begin{cases} 4x \equiv 7 \pmod{11} \\ 7x \equiv 2 \pmod{17} \end{cases}$

(3) $\begin{cases} 10x \equiv 2 \pmod{13} \\ 6x \equiv 13 \pmod{17} \end{cases}$ (4) $\begin{cases} 8x \equiv 6 \pmod{22} \\ 3x \equiv 5 \pmod{25} \end{cases}$

2. 다음 연립합동식의 해를 구하라.

(1) $\begin{cases} x \equiv 1 \pmod{2} \\ x \equiv 2 \pmod{3} \\ x \equiv 3 \pmod{5} \end{cases}$ (2) $\begin{cases} x \equiv 3 \pmod{7} \\ x \equiv 7 \pmod{9} \\ x \equiv 0 \pmod{10} \end{cases}$

(3) $\begin{cases} 4x \equiv 5 \pmod{7} \\ 3x \equiv 2 \pmod{5} \\ 9x \equiv 3 \pmod{12} \end{cases}$ (4) $\begin{cases} 2x \equiv 3 \pmod{5} \\ 4x \equiv 2 \pmod{6} \\ 3x \equiv 2 \pmod{7} \end{cases}$

3. 두 자연수 2, 5로 나누었을 때의 나머지는 1이지만 3으로는 나누어 떨어지는 정수를 모두 구하라.

4. 두 일차합동식 $x \equiv 4 \pmod{6}$, $x \equiv 8 \pmod{12}$를 동시에 만족시키는 정수 x는 존재하지 않음을 밝혀라.

5. 두 양의 정수 n, m과 정수 a, b에 대하여, 연립일차합동식

$$\begin{cases} x \equiv a \pmod{n} \\ x \equiv b \pmod{m} \end{cases}$$

이 공통 해를 가질 필요충분조건은 $\gcd(n, m) \mid (a-b)$임을 증명하라. 만일 해가 존재하면 법 $\operatorname{lcm}(n, m)$에 대하여 유일함을 확인하라.

6. 다음 연립합동식의 해를 구하라.

(1) $\begin{cases} x \equiv 3 \pmod{8} \\ x \equiv 7 \pmod{12} \end{cases}$ (2) $\begin{cases} 10x \equiv 8 \pmod{12} \\ 7x \equiv -4 \pmod{15} \end{cases}$

7. 다음 연립합동식의 해를 구하라.

$$\begin{cases} x^2 + 2x + 2 \equiv 0 & \pmod{5} \\ 7x \equiv 3 & \pmod{11} \end{cases}$$

8. 다음을 만족하는 최소의 홀수 $n > 3$을 구하라.

$$3 \mid n,\ 5 \mid (n+2),\ 7 \mid (n+4)$$

9. 다음을 만족하는 가장 작은 정수 $a > 2$를 구하라.

$$2 \mid a,\ \ 3 \mid (a+1),\ \ 4 \mid (a+2),\ \ 5 \mid (a+3),\ \ 6 \mid (a+4)$$

10. 자연수 11의 배수 중에서 2, 3, 5, 7 로 나누었을 때의 나머지가 각각 1 인 최소의 양의 정수를 구하라.

11. (고대 중국 문제) 17명의 해적이 금화를 훔쳤다. 그들이 금화를 똑같은 비율로 나눌 때, 3개의 금화가 남는다. 남은 금화를 서로 갖겠다고 싸우는 바람에 한 명의 해적이 죽었다. 금화를 다시 분배하였지만 이번에는 10개의 금화가 남았다. 다시 싸움이 생기고 또 한 명의 해적이 죽었다. 그러자 모든 금화가 생존자끼리 똑같이 분배되었다. 훔친 금화의 최소의 개수는?

제 4 장

페르마 정리와 오일러 정리

프랑스의 페르마(Pierre de Fermat, 1601∼1665)는 변호사이지만 취미로 수학을 연구하여 아마추어 수학의 왕자로 불린다. 페르마는 미적분학에서 이용되는 여러 방법을 창안하는 등 많은 연구 성과를 남겼다. 또 현대 정수론과 확률론의 창시자로 알려졌고, 해석기하학을 확립하였다.

페르마는 1637년에 본인이 증명했다고 주장하는 "페르마의 마지막 정리"로 알려진 '2보다 큰 정수 n에 대하여 식 $x^n + y^n = z^n$을 만족하는 0이 아닌 정수해 x, y, z는 존재하지 않는다'를 예상했다. 이 정리는 수많은 수학자들이 이를 증명하기 위하여서 노력하였으나 실패하였다. 페르마가 자신의 추측을 기록한지 358년이 지난 1995년에 영국의 수학자 앤드루 와일스(Sir Andrew John Wiles, 1953년 영국 출생)이 증명했다.

이 정리를 증명하기 위한 노력의 결과, 19세기의 대수적 수론의 발전과 20세기 모듈러성 정리 증명이 촉진되었다.

스위스 출생 수학자, 물리학자, 천문학자 오일러(Leonhard Euler, 1707 ∼ 1783)는 순수수학을 창시한 사람 중의 하나로 미적분학을 발전시켰고, 변분학(극대 또는 극소의 성질을 가진 곡선을 발견하는 방법)을 창시하였고, 대수학, 정수론, 기하학, 위상기하학의 태동 등 여러 방면에 큰 업적을 남겼다. 그는 요한 베르누이(Johann Bernoulli, 1667∼1748, 스위스의 수학자)의 제자로 수학의 베토벤이라 불린다. 이유는 17년 동안이나 눈이 먼 상태에서도 수학연구를 계속했기 때문이다. 그리고 역사상 가장 많은 수학 책을 저술하였다.

또한 함수기호 f, 삼각함수 기호 sin, cos, tan, 초월수 e 와 복소수 i 등을 창안하였고, 1748년에 가장 아름다운 수식인

$$e^{\pi i} + 1 = 0$$

을 증명하였다.

4.1 잉여계와 오일러 정리

이 절에서는 잉여계(70쪽 잉여류 참조)와 오일러정리를 다룬다.

정의 4.1.1 [*오일러 함수(Euler's function, 一函數)의 정의*]

양의 정수 n에 대하여

$$\mathbb{Z}_n = \{0, 1, 2, \cdots, n-1\}, \quad \mathbb{Z}_n^* = \{x \in \mathbb{Z}_n \mid \gcd(x, n) = 1\}$$

이라 하고, 수론함수 $\phi : \mathbb{N} \to \mathbb{R}$ 일 때

ϕ가 **오일러 함수**	$\overset{\text{정의}}{\Longleftrightarrow}$	$\forall n \in \mathbb{N},\ \phi(n) = \lvert\mathbb{Z}_n^*\rvert$, 단, $\lvert\mathbb{Z}_n^*\rvert$은 $\mathbb{Z}_n^*$의 원소의 개수

예 4.1.2 오일러 함수의 예를 살펴 보자

$$\phi(1) = |\mathbb{Z}_1^*| = |\{0\}| = 1, \qquad \phi(2) = |\mathbb{Z}_2^*| = |\{1\}| = 1,$$
$$\phi(3) = |\mathbb{Z}_3^*| = |\{1, 2\}| = 2, \qquad \phi(4) = |\mathbb{Z}_4^*| = |\{1, 3\}| = 2,$$
$$\phi(5) = |\mathbb{Z}_5^*| = |\{1, 2, 3, 4\}| = 4, \qquad \phi(6) = |\mathbb{Z}_6^*| = |\{1, 5\}| = 2,$$
$$\phi(7) = |\mathbb{Z}_7^*| = |\{1, 2, 3, 4, 5, 6\}| = 6, \qquad \phi(8) = |\mathbb{Z}_8^*| = |\{1, 3, 5, 7\}| = 4,$$
$$\phi(9) = |\mathbb{Z}_9^*| = |\{1, 2, 4, 5, 7, 8\}| = 6, \qquad \phi(10) = |\mathbb{Z}_{10}^*| = |\{1, 3, 7, 9\}| = 4.$$

정의 4.1.3 [*완전잉여계(complete residue system, 完全剩餘係), 기약잉여계(reduced residue system, 既約一), 표준잉여계(standard residue system, 標準一), 표준기약잉여계(standard reduced residue system, 標準既約一) 의 정의*]

양의 정수 n과 n개의 정수 $a_1, a_2, \cdots, a_n$에 대하여,

$R_n = \{a_1, a_2, \cdots, a_n\}$이라 할 때

R_n이 법 n에 대한 **완전잉여계**	$\overset{\text{정의}}{\Longleftrightarrow}$	$a_i \not\equiv a_j \pmod{n} (i \neq j)$
R_n^*이 법 n에 대한 **기약잉여계**	$\overset{\text{정의}}{\Longleftrightarrow}$	① $R_n^* = \{x \in R_n \mid \gcd(x, n) = 1\}$ ② $\lvert R_n^*\rvert = \phi(n)$ ③ $a_i \not\equiv a_j \pmod{n}\ (i \neq j)$
$\mathbb{Z}_n$이 법 n에 대한 **표준잉여계 (최소 양의 잉여계)**	$\overset{\text{정의}}{\Longleftrightarrow}$	$\mathbb{Z}_n = \{0, 1, 2, \cdots, n-1\}$
$\mathbb{Z}_n^*$가 법 n에 대한 **표준기약잉여계**	$\overset{\text{정의}}{\Longleftrightarrow}$	$\mathbb{Z}_n^* = \{a \in \mathbb{Z}_n \mid \gcd(a, n) = 1\}$

※ 법 n에 대한 완전잉여계와 기약잉여계는 <u>여러 개 존재</u>하지만,

법 n에 대한 표준잉여계와 표준기약잉여계는 <u>유일하다</u>. 또한, $|R_n^*| = |\mathbb{Z}_n^*| = \phi(n)$

※ 법 n에 대한 완전잉여계 $S=\{a_1, a_2, \cdots, a_n\}$는 법 n에 대한 잉여류

$$\overline{0}, \overline{1}, \overline{2}, \cdots, \overline{n-1}$$

에서 각각 1개씩 정수를 선택하여 만든 집합이다. 예를 들어,

$$b_1 \in \overline{0}, \quad b_2 \in \overline{1}, \quad \cdots, \quad b_n \in \overline{n-1}$$

와 같이 선택하면, $\{b_1, b_2, \cdots, b_n\}$는 법 n에 대한 완전잉여계이다.

예 4.1.4 법 6에 대한 잉여계의 예를 살펴 보자.

(1) $R_6=\{-6, 1, 8, -3, 4, 17\}$은 법 6에 대한 완전잉여계이다.

(2) $R_6=\{-3, -2, -1, 0, 1, 2\}$는 법 6에 대한 완전잉여계이다.

(4) $R_6^*=\{7, -1\}$은 법 6에 대한 기약잉여계

(5) $\mathbb{Z}_6=\{0, 1, 2, 3, 4, 5\}$는 법 6 에 대한 표준잉여계이다.

(6) $\mathbb{Z}_6^*=\{1, 5\}$는 법 6에 대한 표준기약잉여계이다.

보조정리 4.1.5 *법 $n(\geq 2)$에 대한 기약잉여계가*

$$R_n^*=\{a_1, a_2, \cdots, a_{\phi(n)}\}$$

일 때, $gcd(a, n)=1$인 정수 a에 대하여, 다음이 성립한다.

> $aR_n^*=\{aa_1, aa_2, \cdots, aa_{\phi(n)}\}$도 법 n에 대한 기약잉여계이다.

(증명) $\gcd(a, n)=1$이고, $\gcd(a_i, n)=1$ $(1 \leq i \leq \phi(n))$이므로, $\gcd(aa_i, n)=1$이다. 또한,

$$aa_i \equiv aa_j \pmod{n} \quad \Longrightarrow \quad a_i \equiv a_j \pmod{n}$$

이다. 그러므로 $|aR_n^*|=|R_n^*|=\phi(n)$이 되어, aR_n^*는 법 n에 대한 기약잉여계이다. ■

예 4.1.6 다음 예를 살펴 보자.

(1) 법 6에 대한 기약잉여계 $R_6^*=\{7, -1\}$을 생각하자.
그러면 $\gcd(5, 6)=1$이므로, 정리 4.1.5에 의하여 $5R_6^*=\{35, -5\}$는 법 6에 대한 기약잉여계이다.

(2) 법 5에 대한 표준기약잉여계$\mathbb{Z}_5^*=\{1, 2, 3, 4\}$을 생각하자. 그러면 $\gcd(2, 5)=1$이므로, 정리 4.1.5 에 의하여 $2\mathbb{Z}_6^*=\{2, 4, 6, 8\}$은 법 5에 대한 기약잉여계이다.

정리 4.1.7 *오일러 함수 $\phi:\mathbb{N}\to\mathbb{R}$, $\phi(n)=|\mathbb{Z}_n^*|$와 소수 p 에 대하여, 다음이 성립한다.*

> 양의 정수 r에 대하여 $\boxed{\phi(p^r)=p^r-p^{r-1}}$이다. 특히, $\boxed{\phi(p)=p-1}$

(증명) $\mathbb{Z}_{p^r} = \{0,\ 1,\ 2,\ \cdots,\ p^r - 1\}$에서 p의 배수 전체의 부분집합은

$$A = \{1p,\ 2p,\ 3p,\ \cdots,\ p^{r-1}p = 0\}$$

이다. 따라서 $\phi(p^r) = |\mathbb{Z}_{p^r}^*| = |\mathbb{Z}_{p^r} - A| = |\mathbb{Z}_{p^r}| - |A| = p^r - p^{r-1}$이다. ■

보조정리 4.1.8 *양의 정수 $m,\ n$에 대하여 $\boxed{\gcd(m,\ n) = 1}$일 때, 다음이 성립한다.*

(1) 함수 $f : \mathbb{Z}_{mn} \to \mathbb{Z}_m \times \mathbb{Z}_m$을 $f(a) = (\langle a\rangle_m,\ \langle a\rangle_n)$라 정의하면, f는 전단사 함수이다. (단, $\langle a\rangle_m$은 a를 m으로 나눈 나머지)

$$\text{즉, } |\mathbb{Z}_{mn}| = |\mathbb{Z}_m \times \mathbb{Z}_n| = |\mathbb{Z}_m| \cdot |\mathbb{Z}_n|$$

(2) 함수 $f^* : \mathbb{Z}_{mn}^* \to \mathbb{Z}_m^* \times \mathbb{Z}_m^*$을 $f^*(a) = f(a) = (\langle a\rangle_m,\ \langle a\rangle_n)$라 정의하면, f^*는 전단사 함수이다.

즉, $|\mathbb{Z}_{mn}^*| = |\mathbb{Z}_m^* \times \mathbb{Z}_n^*| = |\mathbb{Z}_m^*| \cdot |\mathbb{Z}_n^*|$이다. 따라서

$$\boxed{\phi(mn) = \phi(m) \cdot \phi(n)}$$

※ (2)에 의하여 오일러 함수 ϕ는 곱셈함수이다.

※ $\boxed{n\text{을 표준분해}}$하여 정리 4.1.7과 보조정리 4.1.8를 이용하면, $\boxed{\text{오일러 함수 } \phi(n)}$을 쉽게 구할 수 있다.

(증명) (1) 나눗셈 정리에 의하여 f는 잘정의된다. f가 단사임을 보이자. 즉, $a,\ b \in \mathbb{Z}_{mn}$에 대하여 $f(a) = f(b)$라 하자. 그러면 정리 3.1.6에 의하여

$$(\langle a\rangle_m,\ \langle a\rangle_n) = (\langle b\rangle_m,\ \langle b\rangle_n) \Longrightarrow \begin{cases} \langle a\rangle_m = \langle b\rangle_m \\ \langle a\rangle_n = \langle b\rangle_n \end{cases} \Longrightarrow \begin{cases} a \equiv b \pmod{m} \\ a \equiv b \pmod{n} \end{cases}$$

$$\Longrightarrow \begin{cases} m \mid (a-b) \\ n \mid (a-b) \end{cases} \Longrightarrow \operatorname{lcm}(m,\ n) \mid (a-b) \Longrightarrow mn \mid (a-b)$$

$$\Longrightarrow a - b = mnk\ (k \in \mathbb{Z})$$

이다. 한편, $0 < a,\ b < mn$이므로, $-mn < (a-b) < mn$이고 $-1 < k < 1$이다. 따라서 $k = 0$이다. 즉, $a = b$가 되어 f는 단사함수이다.

다음에 f가 전사함수임을 보이자. 임의의 $(a,\ b) \in \mathbb{Z}_m \times \mathbb{Z}_n$에 대하여, 합동식 $\begin{cases} x \equiv a \pmod{m} \\ x \equiv b \pmod{n} \end{cases}$은 $\gcd(m,\ n) = 1$이므로, 중국인의 나머지 정리에 의하여, 해 $x \equiv u \pmod{mn}$가 존재한다. 따라서 $\langle u\rangle_m \equiv u \equiv a \pmod{m}$ 이고 $\langle u\rangle_n \equiv u \equiv b \pmod{n}$이다.

한편, 따름정리 3.1.8에 의하여 $u \equiv \langle u\rangle_{mn} \pmod{mn}$이므로, $u \in \mathbb{Z}_{mn}$이라 해도 좋다. 그러므

로

$$f(u) = (\langle u\rangle_m,\ \langle u\rangle_n) = (a,\ b)$$

가 되어 f는 전사함수이다. 즉, f는 전단사함수가 되어 정리가 성립한다.

(2) 임의의 $a \in \mathbb{Z}_{mn}^*$이라 하자. 즉, $\gcd(a,\ mn) = 1$이다. 한편,

$$\gcd(a,\ mn) = 1 \iff \begin{cases}\gcd(a,\ m) = 1 \\ \gcd(a,\ n) = 1\end{cases} \iff \begin{cases}\gcd(\langle a\rangle_m,\ m) = 1 \\ \gcd(\langle a\rangle_n,\ n) = 1\end{cases}$$

이다. 따라서 $a \in \mathbb{Z}_{mn}^*$일 필요충분조건은 $\langle a\rangle_m \in \mathbf{Z}_m^*$이고 $\langle a\rangle_n \in \mathbf{Z}_n^*$이다. 그러므로

$$f^*(a) = f(a) = (\langle a\rangle_m,\ \langle a\rangle_n) \in \mathbf{Z}_m^* \times \mathbf{Z}_n^*$$

이다. 따라서 f^*는 잘 정의된다. (1)과 같은 방법으로 증명하면, f^*는 전단사함수가 된다. ■

예 4.1.9 $\phi(100)$을 구하라.

$\phi(100) = \phi(2^2 \cdot 5^2) = \phi(2^2) \cdot \phi(5^2) = (2^2 - 2)(5^2 - 5) = 2 \cdot 20 = 40$

임용시험 출제 4.1.10 [2005학년도] 1~1008 자연수 중에서 1008과 서로소인 자연수의 갯수를 구하라.

정리 4.1.11 $n = p_1^{a_1} \cdots p_r^{a_r}$(표준분해)에 대하여 다음이 성립한다.

$$\begin{aligned}\phi(n) &= (p_1^{a_1} - p_1^{a_1-1}) \cdots (p_r^{a_r} - p_r^{a_r-1}) \\ &= p_1^{a_1}\left(1 - \tfrac{1}{p_1}\right) \cdots p_r^{a_r}\left(1 - \tfrac{1}{p_r}\right) \\ &= \frac{n(p_1 - 1)(p_2 - 1)\cdots(p_r - 1)}{p_1 p_2 \cdots p_r}\end{aligned}$$

(증명) 보조정리 4.1.8 (2)에 의하여

$$\begin{aligned}\phi(n) &= \phi(p_1^{a_1} p_2^{a_2} \cdots p_r^{a_r}) = \phi(p_1^{a_1}) \cdots \phi(p_r^{a_r}) \\ &= (p_1^{a_1} - p_1^{a_1-1}) \cdots (p_r^{a_r} - p_r^{a_r-1}) = p_1^{a_1}\left(1 - \frac{1}{p_1}\right) \cdots p_r^{a_r}\left(1 - \frac{1}{p_r}\right) \\ &= \frac{n(p_1 - 1)(p_2 - 1)\cdots(p_r - 1)}{p_1 p_2 \cdots p_r}\end{aligned}$$

이 성립한다. ■

정리 4.1.12 *양의 정수 $n(\geq 3)$에 대하여 다음이 성립한다.*

$\phi(n)$은 짝수이다.

(증명) 먼저 n에 홀수 소인수가 없을 때, 즉, $n = 2^k$ $(k \geq 2)$인 경우에는

$$\phi(n) = \phi(2^k) = 2^k - 2^{k-1} = 2^{k-1}(2-1) = 2^{k-1}$$

이므로, $\phi(n)$은 짝수이다. 다음에 홀수 소인수 p가 있는 경우에는 $n = p^r q$ (단, $\gcd(p,\ q) = 1,\ r \geq 1$)인 정수 q가 존재한다. 따라서

$$\phi(n) = \phi(p^r q) = \phi(p^r)\phi(q) = (p^r - p^{r-1})\phi(q) = p^{r-1}(p-1)\phi(q)$$

에서 $p-1$이 짝수이므로, $\phi(n)$은 짝수이다. ■

정리 4.1.13 *양의 정수 n에 대하여 다음이 성립한다.*

$$\sum_{d|n,\ d\geq 1} \phi(d) = n$$

(증명) d를 n의 양의 약수라 하고, S_d를 $\gcd(a,\ n) = d$인 n의 양의 약수 a들의 집합이라 하자. 그러면 정리 1.3.4에 의하여

$$\begin{aligned} S_d &= \{a \in \mathbb{Z}_n \mid \gcd(a,\ n) = d\} \\ &= \left\{\frac{a}{d} \in \mathbb{Z}_{\frac{n}{d}} \;\middle|\; \gcd\left(\frac{a}{d},\ \frac{n}{d}\right) = 1\right\} \end{aligned}$$

이므로, $|S_d| = \left|\mathbb{Z}^*_{\frac{n}{d}}\right| = \phi\left(\frac{n}{d}\right)$ 이다. 한편, $\mathbb{Z}_n = \bigcup_{d|n} S_d$이고, 또한 n의 서로 다른 양의 약수 $d,\ d'$에 대하여 $S_d \cap S_{d'} = \varnothing$이다. 그러면, d는 n의 모든 양의 약수에서 선택되므로

$$|\mathbb{Z}_n| = \left|\bigcup_{d|n} S_d\right| = \sum_{d|n} |S_d| = \sum_{d|n} \phi\left(\frac{n}{d}\right) = \sum_{d|n} \phi(d)$$

이다. 따라서 $\sum_{d|n} \phi(d) = n$이다. ■

예 4.1.14 정리 4.1.13에 대한 예를 살펴 보자.

12의 양의 약수는 1, 2, 3, 4, 6, 12이다. 또한

$|S_1| = |\{1,\ 5,\ 7,\ 11\}| = 4 = \phi(12)$

$|S_2| = |\{2, 10\}| = 2 = \phi(6)$
$|S_3| = |\{3, 9\}| = 2 = \phi(4)$
$|S_4| = |\{4, 8\}| = 2 = \phi(3)$
$|S_6| = |\{6\}| = 1 = \phi(2)$
$|S_{12}| = |\{12\}| = 1 = \phi(1)$이다. 그러므로

$$\phi(1)+\phi(2)+\phi+(3)+\phi(4)+\phi(6)+\phi(12) = 1+1+2+2+2+4 = 12$$

정리 4.1.15 *양의 정수 $n(\geq 2)$에 대하여, 법 n에 대한 표준기약잉여계를 $\mathbb{Z}_n^* = \{a_1, a_2, \cdots, a_{\phi(n)}\}$이라 할 때, 다음이 성립한다.*

$$\sum_{a\in\mathbb{Z}_n^*} a = \frac{1}{2}\, n\, \phi(n)$$

(증명) $a \in \mathbb{Z}_n^*$이라 하자. 그러면 $1 = \gcd(a, n)$이고 $1 \leq a < n$이므로

$$1 = \gcd(a, n) = \gcd(-a, n) = \gcd(n-a, n)\text{이고 } 1 \leq (n-a) < n$$

이다. 따라서 $n-a \in \mathbb{Z}_n^*$이다. 그러면

$$\mathbb{Z}_n^* = \{a_1, a_2, \cdots, a_{\phi(n)}\} = \{n-a_1, n-a_2, \cdots, n-a_{\phi(n)}\}$$

이다. 따라서

$$a_1+a_2+\cdots+a_{\phi(n)} = (n-a_1)+(n-a_2)+\cdots+(n-a_{\phi(n)})$$
$$2(a_1+a_2+\cdots+a_{\phi(n)}) = n\cdot\phi(n)$$
$$\sum_{a\in\mathbb{Z}_n^*} a = \frac{1}{2}n\phi(n)$$

■

예 4.1.16 위 정리의 특수한 경우로 법 6에 대한 표준잉여계 $\mathbb{Z}_6^* = \{1, 5\}$에 대한 예를 살펴보자.

$$1+5 = \frac{1}{2}\cdot 6\cdot\ \phi(6) = 3\cdot\ 2 = 6$$

정리 4.1.17 (오일러 정리(Euler's Theorem))
양의 정수 $n(\geq 2)$과 정수 a에 대하여 다음이 성립한다.

$$\gcd(a, n) = 1 \quad \Longrightarrow \quad \boxed{a^{\phi(n)} \equiv 1 \pmod{n}}$$

(증명) $R_n^* = \{a_1, a_2, \cdots, a_{\phi(n)}\}$을 법 n에 대한 기약잉여계라 하자.
정리 4.1.5에 의하여, $a \cdot R_n^* = \{aa_1, \cdots, aa_{\phi(n)}\}$은 법 n에 대한 기약잉여계이다.

$$\begin{aligned} a_1a_2\cdots a_{\phi(n)} &\equiv (aa_1)(aa_2)\cdots(aa_{\phi(n)}) \\ &\equiv a^{\phi(n)}(a_1a_2\cdots a_{\phi(n)}) \pmod n \end{aligned}$$

따라서 $\gcd(a_1a_2\cdots a_{\phi(n)}, n) = 1$이므로, $a^{\phi(n)} \equiv 1 \pmod n$ ■

예 4.1.18 다음 예를 살펴 보자. $5^{\phi(6)} \equiv 5^2 \equiv 25 \equiv 1 \pmod 6$

예 4.1.19 개 3^{256}의 끝 2자리를 구하라.
(풀이) $\phi(100) = \phi(2^2 \cdot 5^2) = \phi(2^2)\cdot\phi(5^2) = 2\cdot 20 = 40$.
$\gcd(3, 100) = 1$이므로, Euler 정리에 의하여, $3^{\phi(100)} \equiv 3^{40} \equiv 1 \pmod{100}$이다. 따라서

$$3^{256} \equiv (3^{40})^6 \cdot 3^{16} \equiv 3^{16} \equiv 21 \pmod{100}$$

정리 4.1.20 *양의 정수 $n(\geq 2)$과 정수 a, b에 대하여* $\boxed{\gcd(a, n) = 1}$ *일 때, 1차합동식 $ax \equiv b \pmod n$의 해는 다음과 같다.*

$$x \equiv a^{\phi(n)-1}b \pmod n$$

(증명) 합동식의 양 변에 $a^{\phi(n)-1}$ 을 곱하면 오일러 정리에 의하여

$$a^{\phi(n)}x \equiv a^{\phi(n)-1}b \pmod n, \quad x \equiv a^{\phi(n)-1}b \pmod n$$

이다. ■

예 4.1.21 합동식 $2x \equiv 13 \pmod{35}$의 해를 구하라.
(풀이) 오일러 정리에 의하여

$$2^{\phi(35)} \equiv 2^{\phi(5)\phi(7)} \equiv 2^{4\cdot 6} \equiv 2^{24} \equiv 1 \pmod{35}$$

$\gcd(2, 35) = 1$이므로 합동식의 유일한 해는

$$x \equiv 2^{23} \cdot 13 \pmod{35}$$

이다. 중국인의 나머지 정리를 이용하자.

$$\begin{cases} x \equiv 2^{23}\cdot 13 \equiv (2^4)^5 \cdot 2^3 \cdot 3 \equiv 4 \pmod 5 \\ x \equiv 2^{23}\cdot 13 \equiv (2^6)^3 \cdot 2^5 \cdot (-1) \equiv 3 \pmod 7 \end{cases}$$

에서 합동식의 해는 다음과 같다.

$$x \equiv 7\cdot(-2)\cdot 4+5\cdot 3\cdot 3 \equiv -11 \equiv 24 \pmod{35}$$

임용시험 출제 4.1.22 [2014학년도] 10과 서로소인 양의 정수 m에 대하여 m^{18}의 마지막 두 자리 수가 21이다. m^{294}의 마지막 두 자리 수를 구하시오.

연 습 문 제 (4.1)

1. 다음 집합 중에서 법 5에 대한 기약잉여계인 것을 찾아라.

(1) $\{1, 2, 3, 4\}$ (2) $\{-1, -2, 1, 2\}$

(3) $\{2, 2^2, 2^3, 2^4\}$ (4) $\{3, 3^2, 3^3, 3^4\}$

2. 다음 집합 중에서 법 6에 대한 기약잉여계인 것을 찾아라.

(1) $\{1, 5\}$ (2) $\{2, 2^4\}$ (3) $\{7, 7^2\}$ (4) $\{-1, 1\}$

3. 다음을 만족하는 법 7에 대한 완전잉여계 $\{s_1, s_2, \cdots, s_7\}$ 하나만 구하라.

(1) 각각의 s_i가 홀수

(2) 각각의 s_i가 짝수

(3) 각각의 s_i가 소수

(4) 각각의 s_i가 제곱수일 때, 법 7에 대한 완전잉여계가 존재하는가?
존재하지 않으면 이유를 밝히고, 존재하면 하나만구하라.

4. 집합 $S=\{s_1, s_2, \cdots, s_n\}$가 법 n에 대한 완전잉여계일 때, $\gcd(a, n)=1$인 정수 a와 임의의 정수 b에 대하여 $T=\{as_1+b, as_2+b, \cdots, as_n+b\}$도 법 n에 대한 완전잉여계임을 증명하라.

5. 다음 명제를 증명하라.

(1) $\gcd(a, n)=1$이면 정수

$$c,\ c+a,\ c+2a,\ c+3a, \cdots,\ c+(n-1)a$$

은 모든 c에 대하여서 법 n에 대한 완전잉여계를 형성한다.

(2) 모든 연속인 n개의 정수는 법 n에 대한 완전잉여계를 형성한다.

(3) 모든 n개의 연속인 정수의 곱은 n의 배수이다.

6. 법 5에 대한 완전잉여계 $S=\{-2, -1, 0, 1, 2\}$를 이용하여 모든 정수 a에 대하여 $a^5 \equiv a$ (mod 5) 임을 증명하라.

7. 법 8에 대한 완전잉여계 $S = \{-3,\ -2,\ -1,\ 0,\ 1,\ 2,\ 3,\ 4\}$를 이용하여 다음 물음에 답하라.

(1) 임의의 정수 a에 대하여 다음 중 하나가 성립한다.

$$a^2 \equiv 0 \pmod 8,\ a^2 \equiv 1 \pmod 8,\ a^2 \equiv 4 \pmod 8$$

(2) 모든 홀수 a에 대하여 $a^2 \equiv 1 \pmod 8$이다.

(3) 방정식 $x^2 + y^2 + z^2 = 1007$의 정수해는 존재하지 않는다.

8. 법 3에 대한 완전잉여계 $S = \{-1,\ 0,\ 1\}$을 이용하여 방정식

$$x^2 + y^2 + z^2 = xyz$$

의 정수해가 존재하면, 해는 모두 3의 배수임을 밝혀라.

9. p가 홀수인 소수이면 정수

$$-\frac{p-1}{2}, \cdots,\ -2,\ -1,\ 1,\ 2, \cdots,\ \frac{p-1}{2}$$

은 법 p에 대한 기약잉여계임을 보여라.

10. 법 n에 대한 기약잉여계 $R_n^* = \{r_1,\ r_2,\ \cdots,\ r_{\phi(n)}\}$ 과 $\gcd(k,\ \phi(n)) = 1$인 양의 정수 k에 대하여, 다음이 성립함을 밝혀라. (정리 4.1.15 의 일반화)

(1) $r_1 + r_2 + \cdots + r_{\phi(n)} \equiv 0 \pmod n$

(2) $T = \{r_1^k,\ r_2^k,\ \cdots,\ r_{\phi(n)}^k\}$는 법 n에 대한 기약잉여계이다. 따라서

$$r_1^k + r_2^k + \cdots + r_{\phi(n)}^k \equiv 0 \pmod n$$

(3) 정수 p가 홀수인 소수일 때, $\gcd(k,\ p-1) = 1$인 양의 정수 k에 대하여

$$1^k + 2^k + \cdots + (p-1)^k \equiv 1 + 2 + \cdots + (p-1) \equiv 0 \pmod p$$

임을 밝혀라.

11. 다음 정수 m에 대하여 $\phi(m)$의 값을 구하라.

(1) $m = 110$　　　(2) $m = 210$　　　(3) $m = 2^4 \cdot 3^2 \cdot 5 \cdot 7^3$

12. 정수 7^{1001}을 계산했을 때의 끝 자리의 수는 7임을 밝혀라. 그리고, 정수 3^{100}을 계산했을 때의 끝 자리의 수는 1임을 밝혀라.

13. 다음 물음에 답하라.

(1) $11^{104} + 1$은 17의 배수임을 보여라.

(2) 2^{100}을 19로 나누었을 때 나머지를 구하라.

(3) 2^{2005}을 17로 나누었을 때 나머지를 구하라.

(4) $2^{36} - 1$은 15로 나누어짐을 증명하시오.

14. 오일러 정리를 이용하여 다음을 증명하라.

(1) 모든 정수 a에 대하여 $a^3 - a$는 6의 배수이다.

(2) 모든 정수 a에 대하여 $a^{37} \equiv a \pmod{1729}$ (참조 : $1729 = 7 \cdot 13 \cdot 19$)

(3) 모든 홀수 a에 대하여 $a^{33} \equiv a \pmod{4080}$ (참조 : $4080 = 15 \cdot 16 \cdot 17$)

15. $\gcd(a,\ 2145) = 1$이면 2145가 $a - a^{60}$을 나눔을 보여라.

16. $\gcd(a,\ 42) = 1$인 정수 a에 대하여 $a^6 \equiv 1 \pmod{84}$임을 보여라.

17. 27^{1922}을 이진법으로 전개할 때, 마지막 8개의 자리를 구하라.

18. 오일러함수 ϕ와 양의 정수 $m,\ n$에 대하여 다음을 구하라.

(1) $\phi(n) = 6$를 만족하는 n을 모두 구하라.

(2) $\phi(n) = 10$인 모든 양의 정수 n을 구하라.

(3) $m \mid n$이면, $\phi(mn) = m\phi(n)$임을 증명하라.

(4) n이 짝수이면 $\phi(2n) = 2\phi(n)$임을 보여라.

(5) n이 홀수이면 $\phi(2n) = \phi(n)$임을 보여라.

(6) $m,\ n$이 1보다 큰 정수일 때, $\phi(mn) = \phi(n)$이면,
$m = 2$이고, n은 홀수임을 증명하라.

(7) $2\phi(n) = n$가 성립하는 양의 정수 n은 2^a $(a \in \mathbb{N})$ 인 형태임을 증명하라.

19. 홀수인 소수 p에 대하여 $2\phi(p-1) = p-1$이기 위한 필요충분조건은 p가 페르마 소수임을 증명하라.

20. 양의 정수 n의 서로 다른 홀수인 소인수가 r개 존재할 때, 2^r은 $\phi(n)$의 약수임을 밝혀라.

21. m과 n이 서로소인 양의 정수일 때, 다음을 증명하라.

$$m^{\phi(n)} + n^{\phi(m)} \equiv 1 \pmod{mn}$$

22. 정수 a에 대한 부정방정식 $ax + 693y = 2$의 정수해가 존재하도록 하는 693 보다 작은 자연수 a의 개수를 구하라.

23. 메르센 수 $M_{80} = 2^{80} - 1$은 17 의 배수임을 밝혀라. 그리고, $M_{29} = 2^{29} - 1$을 17 로 나누었을 때의 나머지를 구하라.

4.2 페르마 정리와 윌슨 정리

이 절에서는 소수의 성질에 대한 페르마와 윌슨 정리에 대하여 다룬다. 페르마 정리는 오일러 정리의 특수한 경우로 소수에 대하여 성립한다.

정리 4.2.1 (페르마 정리(Fermat's Theorem))
소수 p와 정수 a에 대하여 다음이 성립한다.

(1) $\gcd(a,\ p) = 1\ (p \nmid a) \implies \boxed{a^{p-1} \equiv 1 \pmod{p}}$

(2) $\boxed{a^p \equiv a \pmod{p}}$

※ (2)의 대우명제로 $\boxed{a^p \not\equiv a \pmod{p} \Longrightarrow p\text{는 합성수}}$가 성립한다.

(증명) (1) $\phi(p) = p - 1$이므로, 오일러 정리에 의하여

$$a^{p-1} \equiv a^{\phi(p)} \equiv 1 \pmod{p}$$

(2) (1)에 의하여 성립한다. ■

예 4.2.2 소수 5일 때, $\phi(5) = 4$이므로, 페르마 정리에 의하여

$$2^4 \equiv 1 \pmod{5}, \quad 3^4 \equiv 1 \pmod{5}, \quad 4^4 \equiv 1 \pmod{5}$$

예 4.2.3 111은 소수가 아니다. 실제로 111이 소수라면, 페르마 정리에 의하여

$$2^{\phi(111)} \equiv 2^{110} \equiv 1 \pmod{111}$$

이어야 한다. 하지만

$$2^7 \equiv 128 \equiv 17 \pmod{111}, \qquad 2^{10} \equiv 17 \cdot 8 \equiv 25 \pmod{111},$$
$$2^{12} \equiv 100 \equiv -11 \pmod{111}, \qquad 2^{24} \equiv 121 \equiv 10 \pmod{111},$$
$$2^{36} \equiv (-11) \cdot 10 \equiv -110 \equiv 1 \pmod{111}$$

따라서

$$2^{110} \equiv \left(2^{36}\right)^3 \cdot 2^2 \equiv 4 \not\equiv 1 \pmod{111}$$

실제로 $111 = 3 \cdot 37$은 합성수이다.

※ 위 방법으로 소수를 판정할 수 있지만, 거듭제곱이 매우 큰 수가 되어 효용성이 별로 없다.

예 4.2.4 모든 정수 a에 대하여 $a^{21} \equiv a \pmod{15}$임을 보이자.

3과 5는 15의 서로소인 소인수이고, 페르마 정리(정리 4.2.1) 에 의하여 $a^3 \equiv a \pmod 3$, $a^5 \equiv a \pmod 5$이다. 그러므로 다음이 성립한다.

$$a^{21} \equiv (a^3)^7 \equiv a^7 \equiv (a^3)^2 a \equiv a^3 \equiv a \pmod 3,$$
$$a^{21} \equiv (a^5)^4 a \equiv a^4 a \equiv a^5 \equiv a \pmod 5,$$

따라서 정리 3.4.1에 의하여

$$a^{21} \equiv a \pmod{3 \cdot 5}$$

정리 4.2.5 *서로 다른 소수 p, q와 정수 a에 대하여*

$$a^p \equiv a \pmod q \text{ 이고 } a^q \equiv a \pmod p$$

일 때, 다음이 성립한다.

$$a^{pq} \equiv a \pmod{pq}$$

(증명) 페르마 정리에 의하여

$$\begin{cases} a^{pq} \equiv (a^p)^q \equiv a^q \equiv a \pmod p \\ a^{pq} \equiv (a^q)^p \equiv a^p \equiv a \pmod q \end{cases}$$

이다. 그러면 정리 3.4.1에 의하여

$$a^{pq} \equiv a \pmod{\mathrm{lcm}(p,\ q)}, \quad a^{pq} \equiv a \pmod{pq},$$

이다. ■

다음 윌슨 정리는 영국의 수학자 웨어링(Edward Waring, 1736~1798)의 책 ⟨⟨대수학 고찰⟩⟩(1770)에서 언급된 정리 중에서 가장 중요한 정리(p가 소수이면 $(p-1)!+1$은 p의 배수)로 그의 제자 윌슨(John Wilson, 1741 ~ 1793)이 제기한 문제이다. 그 책에서 증명을 하지 못하는 자신의 무능함을 고백하면서 증명하기 매우 어려울 것이라 예측하였다. 하지만 1771년에 프랑스 수학자 라그랑주(Joseph-Louis Lagrange, 1736~1813)가 윌슨 정리라 이름을 붙여 증명하였고, 그 역도 성립함을 보였다.

정리 4.2.6 (Wilson 정리)
양의 정수 $p(\geq 2)$에 대하여 다음은 동치이다.

$$p\text{가 소수} \iff (p-1)! \equiv -1 \pmod p$$

(증명) ($\Rightarrow$)$p=2$인 경우에는 $1! \equiv 1 \equiv -1 \pmod 2$

$p=3$인 경우에는 $2! \equiv 2\cdot 1 \equiv -1 \pmod 3$

$p \geq 5$인 경우에는, $\gcd(a,\ p)=1$인 원소 $a \in \mathbb{Z}_p^*$에 대하여 역원 a^{-1}가 유일하게 존재한다 (따름정리 3.3.3). 이 중에서 자기 자신이 역원인 것을 구하자. 즉, $a^2 \equiv 1 \pmod p$인 a를 구하자.

$$(a-1)(a+1) \equiv 0 \pmod p, \quad a \equiv 1 \text{ 또는 } p-1 \pmod p$$

즉, $a \not\equiv 1$이고 $a \not\equiv p-1 \pmod p$이면 $a^{-1} \not\equiv a \pmod p$이다. 따라서 $2,\ 3,\ \cdots,\ p-2$에서 $a \neq b$이고 $ab \equiv 1 \pmod p$인 쌍 $a,\ b$가 존재한다. 그러면

$$(p-1)! \equiv (p-1)(p-2)\cdots 2\cdot 1 \equiv (p-1) \equiv -1 \pmod p$$

($\Leftarrow$) p가 합성수라 하자. 그러면 $1<d<p$인 p의 약수 d가 존재한다. 즉, $d|(p-1)!$이다. 한편, $(p-1)! \equiv -1 \pmod p$이므로, $(p-1)!+1=pk$인 정수 k가 존재한다. 즉,

$$1 = pk-(p-1)!$$

이다. $d \mid p$이고 $d \mid (p-1)!$이므로, $d \mid 1$이다. 즉, $d=1$이므로 모순이다. 따라서 p는 소수이다. ■

예 4.2.7 윌슨 정리의 예를 살펴 보자.

소수 11에 대하여 $2,\ 3,\ \cdots,\ 9$에서 법 11에 대한 역원이 되는 쌍은 $\dfrac{11-3}{2}=4$ 쌍이 존재하고, 다음과 같다.

$$2\cdot 6 \equiv 1 \pmod{11}$$
$$3\cdot 4 \equiv 1 \pmod{11}$$
$$5\cdot 9 \equiv 1 \pmod{11}$$
$$7\cdot 8 \equiv 1 \pmod{11}$$

그러므로

$$(11-1)! \equiv 10\cdot(2\cdot 6)(3\cdot 4)(5\cdot 9)(7\cdot 8)\cdot 1 \equiv 10 \equiv -1 \pmod{11}$$

정리 4.2.8 *p가 홀수인 소수일 때, 다음은 동치이다.*

합동식 $x^2 \equiv -1 \pmod p$의 해가 존재 $\iff$ $p \equiv 1 \pmod 4$

(증명) ($\Rightarrow$) a를 $x^2 \equiv -1 \pmod p$의 해라 하면, $a^2 \equiv -1 \pmod p$이다.

$\gcd(a,\ p)=1$이므로 페르마 정리에 의하여

$$1 \equiv a^2 \equiv (a^2)^{\frac{p-1}{2}} \equiv (-1)^{\frac{p-1}{2}} \pmod p$$

이다. 따라서 $p > 2$이므로, $1 \not\equiv -1 \pmod{p}$이고, $\frac{p-1}{2} = 2k\ (k \in \mathbb{Z})$이다. 즉, $p = 4k+1$의 형태이다.

($\Leftarrow$) $p \equiv 1 \pmod 4$라 하면, $\frac{p-1}{2} = 2k\ (k \in \mathbb{Z})$이다.

윌슨 정리를 생각하자. 그러면

$$\begin{aligned}
-1 &\equiv (p-1)! \\
&\equiv 1\cdot 2\cdots\left(\frac{p-1}{2}\right)\cdot\left(\frac{p+1}{2}\right)\cdots(p-2)\cdots(p-1) \pmod{p} \\
&\equiv 1\cdot 2\cdots\left(\frac{p-1}{2}\right)\cdot\underline{\left(p-\frac{p-1}{2}\right)\cdots(p-2)\cdots(p-1)} \pmod{p} \\
&\equiv (-1)^{\frac{p-1}{2}}\left(1\cdot 2\cdots\left(\frac{p-1}{2}\right)\right)^2 \pmod{p} \\
&\equiv \left(1\cdot 2\cdots\left(\frac{p-1}{2}\right)\right)^2 \pmod{p}
\end{aligned}$$

이므로, $x \equiv 1\cdot 2\cdots\left(\frac{p-1}{2}\right) \pmod{p}$는 $x^2 \equiv -1 \pmod{p}$의 해이다. ■

페르마 정리에 의하면, 정수 $n(\geq 2)$에 대하여 $b^n \not\equiv b \pmod{n}$인 정수 b가 존재하면 n은 합성수이다. 그러나 그 역은 성립하지 않는다. 즉, n은 합성수이면서 $b^n \equiv b \pmod{n}$인 정수 b가 존재한다. 이러한 합성수 n을 **유사소수**라 한다.

예 4.2.9 유사소수와 관련된 다음 예를 살펴 보자.

(1) 합성수 6에 대하여, $2^6 \equiv 64 \equiv 4 \not\equiv 2 \pmod 6$이다.

(2) 합성수 $341 = 11\cdot 31$에 대하여

$$\begin{cases} 2^{341} \equiv (2^{10})^{34}\cdot 2 \equiv 1^{34}\cdot 2 \equiv 2 \pmod{11} \\ 2^{341} \equiv (2^{5})^{68}\cdot 2 \equiv 1^{68}\cdot 2 \equiv 2 \pmod{31} \end{cases}$$

이므로 $2^{341} \equiv 2 \pmod{341}$이다.

정의 4.2.10 *[유사소수(pseudoprime, 類似素數)의 정의]*

합성수 $n(\geq 4)$과 양의 정수 b에 대하여

n이 밑수 b에 대한 **유사소수**	$\overset{\text{정의}}{\Longleftrightarrow}$	$b^n \equiv b \pmod{n}$

문제 4.2.11 (1) 합성수 $645 = 3\cdot 5\cdot 43$은 밑이 2 인 유사소수임을 보여라.

(2) 합성수 $341 = 11\cdot 31$은 밑수 7에 대한 유사소수가 아님을 보여라.

절대유사소수는 소수의 판정에 유용하게 쓰이며 1910년 미국의 수학자 카마이클(Robert Carmichael)이 발견하여 그의 이름을 따 카마이클수라고도 한다. 1992년에 알퍼드(Red Alford),

그랜빌(Andrew Granville), 포머런스(Carl Pomerance)가 카마이클 수는 무수히 많음을 증명하였다. 처음 몇 개의 카마이클 수는 다음과 같다.

$$561 = 3 \cdot 11 \cdot 17, \quad 1105 = 5 \cdot 13 \cdot 17, \quad 1729 = 7 \cdot 13 \cdot 19$$
$$2465 = 5 \cdot 17 \cdot 29, \quad 2821 = 7 \cdot 13 \cdot 31$$

정의 4.2.12 *[카마이클수(절대유사소수)(Carmichael number) 정의]*
합성수 $n(\geq 4)$과 $\gcd(a, n) = 1$인 모든 양의 정수 a에 대하여

n이 **카마이클수(절대유사소수)**	$\overset{\text{정의}}{\Longleftrightarrow}$	$a^n \equiv a \pmod{n}$

문제 4.2.13 합성수 $561 = 3 \cdot 11 \cdot 17$은 카마이클수임을 보여라.

정리 4.2.14 *서로 다른 소수 $p_1, p_2, \cdots, p_r \ (r \geq 2)$일 때,*
제곱인수가 없는 합성수 $n = p_1 p_2 \cdots p_r$에 대하여 다음이 성립한다.

모든 $i \ (1 \leq i \leq r)$에 대하여 $(p_i - 1) \mid (n-1)$이면,
n은 카마이클수(절대유사소수)이다.

(증명) a를 $\gcd(a, n) = 1$인 양의 정수 a라 하자. 그러면 모든 $i \ (1 \leq i \leq r)$에 대하여 $\gcd(a, p_i) = 1$이므로(정리 1.3.12), 페르마 정리에 의하여 $a^{p_i - 1} \equiv 1 \pmod{p_i}$이다. 또한, 가정에 의하여 $(n-1) = (p_i - 1)k_i \ (1 \leq i \leq r)$인 정수 k_i가 존재하므로 다음이 성립한다.

$$a^{n-1} \equiv (a^{p_i - 1})^{k_i} \equiv 1^{k_i} \equiv 1 \pmod{p_i}$$

따라서, 정리 3.4.1에 의하여

$$a^{n-1} \equiv 1 \pmod{p_1 p_2 \cdots p_r} \quad \text{즉} \quad a^n \equiv a \pmod{n}$$

이므로, n은 카마이클수이다. ■

임용시험 출제 4.2.15 [2011학년도] 소수(prime number)에 대한 다음 명제중 옳은 것만 고르시오.

ㄱ. p가 소수일 때, $p! + 1$을 나누는 소수는 p보다 크다.
ㄴ. 홀수인 소수 p는 합동식 $(p-2)! \equiv 1 \pmod{p}$ 를 만족 시킨다.
ㄷ. 홀수인 소수 $p(p \neq 3)$은 합동식 $3^{p-1} \equiv 1 \pmod{2p}$ 를 만족시킨다.

연 습 문 제 (4.2)

1. 소수 p와 모든 양의 정수 n에 대하여 $n^p \equiv n \pmod{p}$임을 수학적 귀납법을 이용하여 증명하라.

2. 페르마의 정리를 이용하여 다음이 성립함을 확인하라.

(1) 999999는 7의 배수이다.

(2) $2^{50}+3^{50}$은 13의 배수이다.

3. 3^{91}을 23으로 나눈 나머지를 구하라.

4. p, q가 서로 다른 소수일 때, 다음을 증명하라.

(1) 모든 정수 a에 대하여하여 $pq|(a^{pq}-a^p-a^q+a)$이다.

(2) $(p-1)|(q-1)$이면, $\gcd(a, pq)=1$인 정수 a에 대하여, $a^{q-1} \equiv 1 \pmod{pq}$이다.

5. p가 소수이고 $\gcd(p, ab)=1$일 때, 다음을 증명하라.

(1) $a^p \equiv b^p \pmod{p}$이면 $a \equiv b \pmod{p}$.

(2) $a^p \equiv b^p \pmod{p}$이면 $a^p \equiv b^p \pmod{p^2}$.
(참조 : $a=b+pk$라 놓고 $a^p-b^p=(b+pk)^p-b^p$)

6. 페르마의 정리를 이용하여 다음이 성립함을 증명하라.

(1) 모든 정수 a에 대하여 $a^7 \equiv a \pmod{42}$이다.

(2) $\gcd(a, 42)=1$인 정수 a에 대하여 $a^6 \equiv 1 \pmod{168}$이다.

(3) 모든 정수 a에 대하여 $a^{13}-a$는 273의 배수이다.

(4) $\gcd(a, 6)=1$인 정수 a에 대하여 $a^2 \equiv 1 \pmod{24}$이다.

7. 모든 양의 정수 a에 대하여 a^2+1의 소인수 중에는 $4k+3$의 꼴의 홀수인 소인수가 존재하지 않음을 밝혀라.

8. $\gcd(a, 30)=1$이면 60은 a^4+59를 나눔을 보여라.

9. p가 홀수인 소수이고 k는 $1 \le k \le p-1$인 정수이면 다음 이항계수가 성립함을 증명하라.

$$\binom{p-1}{k} \equiv (-1)^k \pmod{p}$$

10. 정수 $n(\ge 6)$이 합성수이면, $(n-1)! \equiv 0 \pmod{n}$임을 증명하라.

11. 윌슨의 정리를 이용하여 16!을 19로 나누었을 때의 나머지를 구하라.

12. 윌슨의 정리를 이용하여 p가 홀수인 소수일 때, 다음을 증명하라.

(1) $(p-2)! \equiv 1 \pmod{p}$

(2) $2 \cdot (p-3)! \equiv -1 \pmod{p}$

(3) $(p-3)! \equiv \frac{p-1}{2} \pmod{p}$

(4) $p \geq 5$일 때, $6(p-4)! \equiv 1 \pmod{p}$

(5) 모든 정수 a에 대하여 $p \mid a^p + (p-1)!\, a$이고 $p \mid (p-1)!\, a^p + a$

13. 홀수인 소수 p에 대하여 다음을 증명하라.

(1) $1^{p-1} + 2^{p-1} + \cdots + (p-1)^{p-1} \equiv -1 \pmod{p}$

(2) $1^2 \cdot 3^2 \cdot \cdots \cdot (p-4)^2 \cdot (p-2)^2 \equiv (-1)^{\frac{p+1}{2}} \pmod{p}$

(3) $2^2 \cdot 4^2 \cdot \cdots \cdot (p-3)^2 \cdot (p-1)^2 \equiv (-1)^{\frac{p+1}{2}} \pmod{p}$
(참조 : $k \equiv -(p-k) \pmod{p}$ 와 윌슨 정리)

(4) $1 \leq r \leq p-1$일 때, $(p-r)!(r-1)! \equiv (-1)^r \pmod{p}$

14. 집합 $\mathbb{Z}_7^* = \{1,\ 2,\ 3,\ 4,\ 5,\ 6\}$의 원소 중에서 각 합동식

$$a^{\frac{7-1}{2}} \equiv 1 \pmod{7}, \quad a^{\frac{7-1}{2}} \equiv -1 \pmod{7}$$

를 만족시키는 원소 a를 모두 구하라.

15. $p = 4k+3$인 형태의 소수에 대하여 다음을 증명하라.

(1) 다음 두 합동식 중 하나가 성립한다.

$$\left(\frac{p-1}{2}\right)! \equiv 1 \pmod{p} \text{ 또는 } \left(\frac{p-1}{2}\right)! \equiv -1 \pmod{p}$$

따라서 $\left(\frac{p-1}{2}\right)!$은 이차합동식 $x^2 \equiv 1 \pmod{p}$를 만족한다.

(2) p보다 작은 모든 짝수의 곱은 법 p에 대하여 1 또는 -1 과 합동이다.
(참조 : 정리 4.2.8의 증명)

16. 모든 페르마 수 F_n은 소수 또는 유사소수임을 보여라.
(참조 : 합동식 $2^{2^n} \equiv -1 \pmod{F_n}$을 2^{2^n-n} 제곱하라.)

17. $p \mid 2^p + 1$인 모든 소수 p를 찾아라. 또, $p \mid 2^p - 1$ 인 모든 소수 p를 찾아라.

4.3 라그랑주 정리

이 절에서는 고차합동식에 대한 성질을 다룬다.

예 3.3.1에서 1차합동식 $f(x) \equiv 2x \pmod 4$의 해는 $x \equiv 0$, $x \equiv 2 \pmod 4$로 2개를 갖는다. 하지만 법이 소수인 경우에는 n차의 합동식의 해의 개수는 n(합동식의 차수)개 이하이다.

정수 계수 다항식 전체의 집합을 $\mathbb{Z}[x]$라 정의 한다. 즉, 다음과 같다.

$$\mathbb{Z}[x] = \{f(x) \mid f(x) = a_n x^n + \cdots + a_1 x + a_0,\ a_0,\ a_1,\ \cdots,\ a_n \in \mathbb{Z}\}$$

보조정리 4.3.1 *양의 정수 n일 때, 정수 계수 다항식 $f(x)$와 정수 a에 대하여 다음은 동치이다.*

$$f(a) \equiv 0 \pmod n \quad \Longleftrightarrow \quad f(x) \equiv (x-a)g(x) \pmod n,\ g(x) \in \mathbb{Z}[x]$$

(증명) (⇒) 다항식의 나눗셈 정리에 의하면, n차의 다항식 $f(x)$를 $x-a$로 나누면

$$f(x) = (x-a)g(x) + r, \quad r \in \mathbb{Z},\ g(x) \in \mathbb{Z}[x]$$

인 정수 r (나머지)과 $n-1$차의 정수 계수 다항식 $g(x)$ (몫)가 존재한다. 그러면

$$0 \equiv f(a) \equiv (a-a)g(a) + r \equiv r \pmod n$$

이므로 다음식이 성립한다.

$$f(x) \equiv (x-a)g(x) \pmod n,\ g(x) \in \mathbb{Z}[x]$$

(⇐) $f(x) \equiv (x-a)g(x) \pmod n$인 정수 계수 다항식 $g(x)$가 존재한다고 하자. 그러면 다음이 성립한다.

$$f(a) \equiv (a-a)g(a) \equiv 0 \pmod n$$

■

정리 4.3.2 (라그랑주 정리(Lagrange's Theorem)) *소수 p와 n차의 합동식*

$$f(x) = a_n x^n + \cdots + a_1 x + a_0 \in \mathbb{Z}[x], \quad a_n \not\equiv 0 \pmod p$$

에 대하여 다음이 성립한다.

$f(x)$는 법 p에 대한 n개 이하의 해가 존재한다.

※ p가 소수가 아니면 라그랑주 정리가 성립하지 않는다.

예를 들어, $f(x) \equiv 2x \pmod 4$의 해는 2개 $x \equiv 0,\ 2 \pmod 4$이다.

(증명) n에 대한 귀납법을 이용하자. $n=1$인 경우에는 따름정리 3.3.3에 의하여 1차합동식

$$a_1x+a_0 \equiv 0 \pmod{p}, \quad a_1 \not\equiv 0 \pmod{p}$$

은 단 한개의 해가 존재한다.

$n \geq 2$일 때, $n-1$차의 합동식의 해의 개수가 $n-1$이하라 하자.

$f(x) \equiv a_nx^n+\cdots+a_1x+a_0 \pmod{p}$의 해가 존재하지 않으면 정리가 성립한다.

$f(x)$의 한 해 $x \equiv a \pmod{p}$가 존재하면 $f(a) \equiv 0 \pmod{p}$이다. 한편, 보조정리 4.3.1에 의하여

$$f(x) \equiv (x-a)g(x) \pmod{p}$$

는 $n-1$차 정수 계수 다항식 $g(x)$가 존재한다. 그러면 수학적 귀납법 가정에 의하여 $g(x)$는 $(n-1)$개 이하의 해가 존재한다.

$f(x)$의 해 중 $x \equiv a \pmod{p}$와 다른 해를 $x \equiv b \pmod{p}$라 하자.

그러면 $f(b) \equiv 0 \pmod{p}$이므로,

$$0 \equiv f(b) \equiv (b-a)g(b) \pmod{p}$$

이다. 한편, $b-a \not\equiv 0 \pmod{p}$이므로, $\gcd(b-a,\ p)=1$이다. 또한, p가 소수이므로, 따름정리 3.1.17 (1)에 의하여 $g(b) \equiv 0 \pmod{p}$이다. 그러므로 $x \equiv b \pmod{p}$는 $g(x) \pmod{p}$의 해이다. 즉, $f(x)$의 해 중 $x \equiv a \pmod{p}$와 다른 해는 모두 $g(x) \pmod{p}$의 해이다. 따라서 $f(x)$는 n개 이하의 해가 존재한다. ■

예 4.3.3 3차 합동식 $f(x)=x^3+1 \pmod{3}$의 해를 구해 보면,

$$f(0) \equiv 1 \not\equiv 0 \pmod{3}$$
$$f(1) \equiv 2 \not\equiv 0 \pmod{3}$$
$$f(2) \equiv 9 \equiv 0 \pmod{3}$$

이므로, 해는 $x \equiv 2 \pmod{3}$뿐으로 1개이다.

예 4.3.4 소수 p에 대하여, 합동식의 차수와 합동이 아닌 해의 개수와의 관계에 대한 예를 살펴보자.

(1) p차 합동식 $f(x) \equiv x^p - x \pmod{p}$는 $\boxed{p\text{개의 해가 존재}}$한다.
왜냐하면, 페르마 정리(정리 4.2.1 (2))에 의하면, 모든 정수 a에 대하여 $a^p \equiv a \pmod{p}$이므로, 다음과 같은 p개의 해가 존재한다.

$$x \equiv 0 \pmod{p}, \quad x \equiv 1 \pmod{p}, \quad \cdots, \quad x \equiv p-1 \pmod{p}$$

따라서 $\boxed{x^p - x \equiv x(x-1)\cdots(x-(p-1)) \pmod{p}}$이다.

(2) $(p-1)$차 합동식 $f(x) \equiv x^{p-1}-1 \pmod p$는 페르마 정리(정리 4.2.1 (1)) 에 의하여, 다음과 같은 $(p-1)$개의 해가 존재한다.

$$x \equiv 1 \pmod p, \quad \cdots, \quad x \equiv p-1 \pmod p$$

따라서 $\boxed{x^{p-1}-1 \equiv (x-1)\cdots(x-(p-1)) \pmod p}$이다.

(3) p차 합동식 $f(x) \equiv x^p - a \pmod p$은 이항정리에 의하여

$$\boxed{x^p - a \equiv x^p - a^p \equiv (x-a)^p \pmod p}$$

이므로, 합동이 아닌 서로 다른 해는 1개 $x \equiv a \pmod p$가 존재한다.

따름정리 4.3.5 *소수 p와 양의 정수 d에 대하여 $d \mid (p-1)$일 때, 다음이 성립한다.*

$$x^d \equiv 1 \pmod p \text{는 정확히 } d\text{개의 해가 존재}$$

(증명) $d \mid (p-1)$이므로 $p-1=dk$인 정수 k가 존재한다. 그러면

$$x^{p-1}-1 \equiv (x^d)^k - 1 \equiv (x^d-1)(x^{d(k-1)}+\cdots+x^d+1) \pmod p$$

인 $d(k-1)$차 다항식 $g(x)=x^{d(k-1)}+\cdots+x^d+1$이 존재한다.

한편, 예 4.3.4에 의하여 $x^{p-1} \equiv 1 \pmod p$의 법 p에 대한 해는 $(p-1)$개 존재한다. 또한 라그랑주 정리(정리 4.3.2)에 의하여 x^d-1의 법 p에 대한 해의 개수를 i라 하면 i는 d이하이고, $d(k-1)$차 다항식 $g(x)$는 법 p에 대한 해의 개수를 j라 하면 j는 $d(k-1)$이하이다.

p가 소수이므로, 따름정리 3.1.17에 의하여 $x^{p-1}-1 \equiv 0 \pmod p$의 해는 $x^d-1 \equiv 0 \pmod p$의 해이거나 $g(x) \equiv 0 \pmod p$의 해이다. 따라서

$$p-1 \le i+j \le d+d(k-1) = dk = p-1$$

이다. 또한,

$$0 \le i \le d,\ 0 \le j \le d(k-1) \quad \text{이고} \quad i+j=d+d(k-1)$$

이므로, $i=d$, $j=d(k-1)$이어야 한다. 따라서 $x^d-1 \equiv 0 \pmod p$의 해의 수는 d개이다. ■

예 4.3.6 (1) 소수 13에 대하여 $6 \mid (13-1)$이다.
6차 합동식 $x^6 \equiv 1 \pmod{13}$의 해는 6개이다. $\phi(13)=12=2\cdot 6$이므로 페르마 정리를 적용하면 해는 다음과 같다.

$$x \equiv \pm 1^2 \pmod{13}, \quad x \equiv \pm 2^2 \pmod{13}, \quad x \equiv \pm 3^2 \pmod{13}$$

(2) 소수 17에 대하여 $4 \mid (17-1)$이다.
4차 합동식 $x^4 \equiv 1 \pmod{17}$의 해는 4개이다. $\phi(17) = 16 = 4 \cdot 4$이므로 페르마 정리를 적용하면 해는 다음과 같다.

$$x \equiv \pm 1^4 \pmod{17}, \quad x \equiv \pm 2^4 \pmod{17}$$

정리 4.3.7 *서로소인 양의 정수 m, n에 대하여 다음이 성립한다.*

$$x^2 \equiv a \pmod{mn}\text{의 해가 존재} \iff \begin{cases} x^2 \equiv a \pmod{m}\text{의 해가 존재} \\ x^2 \equiv a \pmod{n}\text{의 해가 존재} \end{cases}$$

(증명) (1) 정리 3.4.1에 의하여 정리가 성립한다. ■

연 습 문 제 (4.3)

1. 다항식 $f(x) = x^3 - x + 1$은 정수해를 갖지 않음을 보여라.

2. 다항식 $f(x) = 5x^3 - 7x^2 + 3x - 1$에 대하여 다음이 성립함을 확인하라.

(1) $f(0) \equiv 4 \pmod{5}$　　(2) $f(2) \equiv 2 \pmod{5}$

(3) $f(18) \equiv 0 \pmod{5}$　　(4) $f(-4) \equiv 0 \pmod{5}$

3. 다항식 $f(x) = 13x^4 - 8x^3 + 4x^2 + 5x + 2$에 대하여 $f(2)$와 $f(15)$를 각각 7로 나누었을 때의 나머지를 구하라.

4. 법 31에 대한 다음 합동식의 해의 개수를 말하라.

(1) $x^3 \equiv 1 \pmod{31}$　　(2) $x^5 \equiv 1 \pmod{31}$

(3) $x^{10} \equiv 1 \pmod{31}$　　(3) $x^{30} \equiv 1 \pmod{31}$

5. 다음 2차합동식을 풀어라.

(1) $x^2 + x \equiv 2 \pmod{13}$　　(2) $2x^2 - 6x + 5 \equiv 0 \pmod{17}$

(3) $x^2 \equiv 4 \pmod{11 \cdot 19}$　　(4) $5x^2 \equiv 4 \pmod{7 \cdot 11}$

(5) $x^2 - 7x \equiv 4 \pmod{35}$　　(6) $2x^2 - 35 \equiv 12 \pmod{55}$

6. 다음 합동식의 해를 구하라.

(1) $x^5 \equiv 1 \pmod{11}$　　(2) $x^5 \equiv -1 \pmod{13}$

7. 법 35에 대한 3차 합동식 $x^3 + 2x + 2 \equiv 0 \pmod{35}$ 의 해를 구하라.

8. p가 홀수인 소수일 때, 다음을 증명하라.

(1) $x^2 \equiv 1 \pmod{p}$의 서로 합동이 아닌 해는 1 과 $p-1$ 뿐이다.

(2) 합동식 $x^{p-2} + \cdots + x^2 + x + 1 \equiv 0 \pmod{p}$는 정확히 $p-2$개의 서로 합동이 아닌 해가 존재하고 그 해들은 $2, 3, \cdots, p-1$이다.

9. 합동식 $x^2 \equiv 1 \pmod{15}$, $x^2 \equiv -1 \pmod{65}$ 그리고 $x^2 \equiv -2 \pmod{33}$들은 각기 네 개의 서로 합동이 아닌 해를 가짐을 보여라. 따라서 법이 합성수 일 때, 라그랑주의 정리는 성립하지 않는다.

제 5 장

원시근과 이산로그

가우스는 1801년에 저술한 ⟨⟨수론연구(數論硏究), Disquistiones arithmeticae⟩⟩에서 원시근을 정의하였다. 원시근을 이용하여 이산로그(discrete logarithm, 지수, 원시근을 밑으로 하는 로그 형태)를 정의하다.

일반적으로 거듭제곱은 빠른 시간에 계산할 수 있지만, 밑과 기듭제곱한 결과를 알 때, 빠른 시간 내에 지수를 구하는 효율적 이산로그 알고리즘은 아직 존재하지 않는다. 오늘날 사용되는 암호시스템들 중에서 많은 것들이 계산하기 어려운 이산로그(discrete logarithm) 문제를 이용하여 만들어졌다. 특히, 암호학에서 디피-헬만 키 교환(Diffie-Hellman key exchange scheme)은 이러한 이산로그 문제를 이용하여 개발되었다.

한편 종이에 하는 서명 대신에 키보드 입력을 통해 디지털 파일에 서명(디지털 서명(digital signature)이라 한다)을 하면 여러가지로 편리한데 보안성이 문제가 된다. 디지털 서명에는 소인수분해의 어려움을 이용한 RSA서명(또는 암호)과 이산대수 계산의 어려움을 이용한 엘가말(ElGamal) 서명과 디지털 서명 표준(DSS : Digital Signature Standard) 등이 있다.

소인수분해하는 것과 이산로그를 찾는것은 매우 어렵다고 알려져있다. 수학적으로 이산로그를 찾는 것과 소인수분해를 하는 것의 계산 시간은 거의 비슷하다고 한다.

였RSA암호나 ElGamal암호보다 짧은 키를 사용하면서도 비슷한 수준의 안전성을 제공할 수 있는 타원곡선 암호(楕圓曲線暗號, Elliptic curve cryptography, 1985년)는 유한체 위에서 정의된 타원 곡선의 순환 부분군의 이산 로그 문제를 사용한다.

5.1 위수

이 절에서는 법 n에 대한 정수의 위수를 다룬다.

오일러 정리(정리 4.1.17)에 의하면,

양의 정수 $n(\geq 2)$과 서로소인 정수 a에 대하여 $a^{\phi(n)} \equiv 1 \pmod{n}$

이다. 그러므로 정수의 정렬성에 의하여 $a^r \equiv 1 \pmod{n}$인 양의 정수 r이 항상 유일하게 존재하고 $1 \leq r \leq \phi(n)$이다.

정의 5.1.1 *[위수(order, 位數)의 정의]*
양의 정수 $n(\geq 2)$과 $\gcd(a, n) = 1$인 정수 a에 대하여,

r이 법 n에 대한 a의 **위수** $\overset{\text{정의}}{\Longleftrightarrow}$ $r = \min\{t \in \mathbb{N} \mid a^t \equiv 1 \pmod{n}\}$

※ 법 n에 대한 a의 위수 r을 기호로 $r = \text{ord}_n a$ 라 쓴다.

예 5.1.2 법 7에 대한 위수를 구해 보자.

(1) $1^1 \equiv 1 \pmod{7}$이므로, $\text{ord}_7 1 = 1$

(2) $2^1 \equiv 2 \pmod{7}$, $2^2 \equiv 4 \pmod{7}$, $2^3 \equiv 1 \pmod{7}$ 이므로, $\text{ord}_7 2 = 3$

(3) $3^1 \equiv 3 \pmod{7}$, $3^2 \equiv 2 \pmod{7}$, $3^3 \equiv 6 \pmod{7}$, $3^4 \equiv 4 \pmod{7}$,
$3^5 \equiv 5 \pmod{7}$, $3^6 \equiv 1 \pmod{7}$ 이므로, $\text{ord}_7 3 = 6 = \phi(7)$

정리 5.1.3 *양의 정수 $n(\geq 2)$과 $\gcd(a, n) = \gcd(b, n) = 1$인 정수 a, b에 대하여 다음이 성립한다.*

(1) $a \equiv b \pmod{n} \quad \Longrightarrow \quad \text{ord}_n a = \text{ord}_n b$

(2) $a \equiv 1 \pmod{n} \quad \Longleftrightarrow \quad \text{ord}_n a = 1$

(증명) (1) $a \equiv b \pmod{n}$이면, 임의의 양의 정수에 대하여
$a^k \equiv b^k \pmod{n}$이므로 $\text{ord}_n a = \text{ord}_n b$이다.

(2) 정의에 의하여 다음이 성립한다.

$a \equiv 1 \pmod{n} \quad \Longleftrightarrow \quad a^1 \equiv 1 \pmod{n} \quad \Longleftrightarrow \quad \text{ord}_n a = 1$ ■

정리 5.1.4 *양의 정수 $n(\geq 2)$과 $\gcd(a, n) = 1$인 정수 a에 대하여,*

$$r = \mathrm{ord}_n a$$

일 때, 양의 정수 i, j, k에 대하여 다음이 성립한다.

(1) $a^k \equiv 1 \pmod{n} \iff \mathrm{ord}_n a \mid k$
(2)[2008학년 임용시험 출제] $a^i \equiv a^j \pmod{n} \iff i \equiv j \pmod{r}$
(3) $a^1, a^2, \cdots, a^r (= a^0)$은 법 n에 대하여 쌍마다 합동이 아니다.

※ 오일러 정리에 의하여 $a^{\phi(n)} \equiv 1 \pmod{n}$이므로, $\mathrm{ord}_n a \mid \phi(n)$ 이다.
즉, 위수 r은 항상 $\phi(n)$의 약수 이다.

(증명) (1) ($\Rightarrow$) 나눗셈 정리에 의하여 $k = rq + s$인 정수 q, s $(0 \leq s < k)$가 존재한다. 그러면

$$1 \equiv a^k \equiv a^{rq+s} = (a^r)^q \cdot a^s \equiv 1^q \cdot a^s \equiv a^s \pmod{n}$$

이므로, r의 최소성에 의하여 $s = 0$이다. 따라서 $r \mid k$이다.

($\Leftarrow$) $r \mid k$일 때, $k = rq$라 하자. 그러면

$$a^k \equiv a^{rq} \equiv (a^r)^q \equiv 1^q \equiv 1 \pmod{n}$$

이다.

(2) $\gcd(a, n) = 1$이므로, 정리 3.1.15과 (1)에 의하여 다음이 성립한다.

$$\begin{aligned} a^i \equiv a^j \pmod{n} &\iff a^{i-j} \equiv 1 \pmod{n} \\ &\iff r \mid i - j \\ &\iff i \equiv j \pmod{r} \end{aligned}$$

(3) $1 \leq i, j \leq r$이고 $i \equiv j \pmod{r}$이면, $i = j$이므로, (2)에 의하여 (3)이 성립한다. ■

예 5.1.5 법 9에 대한 위수를 구해 보자.

$\phi(9) = \phi(3^2) = 3^2 - 3 = 6$이므로, 정리 5.1.4 (1)에 의하여 $\gcd(a, 9) = 1$인 정수 a의 법 9에 대한 위수는 $\phi(9) = 6$의 약수 1, 2, 3, 6 에서 정해진다.

(1) $2^1 \equiv 2 \pmod{9}$, $2^2 \equiv 4 \pmod{9}$, $2^3 \equiv 8 \pmod{9}$ 이므로, $\mathrm{ord}_9 2 = 6$

(2) $4^1 \equiv 4 \pmod{9}$, $4^2 \equiv 7 \pmod{9}$, $4^3 \equiv 1 \pmod{9}$ 이므로, $\mathrm{ord}_9 4 = 3$

(3) $8^1 \equiv 8 \pmod{9}$, $8^2 \equiv 1 \pmod{9}$ 이므로, $\mathrm{ord}_9 8 = 2$

위의 예에서 $\mathrm{ord}_9 2 \mid \phi(9)$, $\mathrm{ord}_9 4 \mid \phi(9)$, $\mathrm{ord}_9 8 \mid \phi(9)$임을 알 수 있다.

정리 5.1.6 양의 정수 $n(\geq 2)$과 $\gcd(a, n) = 1$ 인 정수 a에 대하여,

$$r = \mathrm{ord}_n a$$

일 때, 양의 정수 k에 대하여 다음이 성립한다.

(1) $\boxed{\mathrm{ord}_n a^k = \dfrac{r}{gcd(k,\ r)}}$

(2) $\gcd(k,\ r) = 1 \iff \mathrm{ord}_n a^k = r$

(3) $a^1,\ a^2, \cdots,\ a^r(= a^0)$에서 위수가 r인 것의 개수는 $\phi(r)$

(증명) (1) $\mathrm{ord}_n a^k = r'$, $\gcd(k,\ r) = d$이라 하고, $r' = \dfrac{r}{d}$임을 보이자. 정리 5.1.4 (1)과 $\gcd\left(\dfrac{k}{d},\ \dfrac{r}{d}\right) = 1$에 의하여 다음이 성립한다.

$$1 \equiv (a^k)^{r'} \equiv a^{kr'} \pmod n \implies r \mid kr' \implies \frac{r}{d} \,\Big|\, \frac{k}{d} r' \implies \frac{r}{d} \,\Big|\, r' \cdots ①$$

한편, 정리 5.1.4 (1)과 $\mathrm{ord}_n a^k = r'$에 의하여 다음이 성립한다.

$$(a^k)^{\frac{r}{d}} \equiv (a^r)^{\frac{k}{d}} \equiv 1^{\frac{k}{d}} \equiv 1 \pmod n \implies r' \,\Big|\, \frac{r}{d} \cdots ②$$

따라서 ①, ②에 의하여 $\mathrm{ord}_n a^k = r' = \dfrac{r}{d} = \dfrac{r}{\gcd(k,\ r)}$

(2)~(3) 위의 (1)에 의하여 (2), (3)이 성립한다. ■

예 5.1.7 법 7에 대한 위수의 예를 살펴 보자.

$\phi(7) = 6$이고, 예 5.1.2 (3)에 의하여

$$3^1 \equiv 3 \pmod 7,\quad 3^2 \equiv 2 \pmod 7,\quad 3^3 \equiv 6 \pmod 7,$$
$$3^4 \equiv 4 \pmod 7,\quad 3^5 \equiv 5 \pmod 7,\quad 3^6 \equiv 1 \pmod 7$$

이므로, $\mathrm{ord}_7 3 = 6 = \phi(7)$이다. 또한,

$$\mathbb{Z}_7^* = \{1,\ 2,\ 3,\ 4,\ 5,\ 6\} = \{3^1,\ 3^2,\ 3^3,\ 3^4,\ 3^5,\ 3^6\}$$

이다. 정리 5.1.6 (1)에 의하여 $\mathbb{Z}_7^*$의 원소의 위수를 구해보자. 법 7 에 대한 위수는 $\phi(7)=6$의 약수 1, 2, 3, 6 중의 하나이다.

$$\text{ord}_7 2 = \text{ord}_7 3^2 = \frac{6}{\gcd(2,\ 6)} = \frac{6}{2} = 3$$
$$\text{ord}_7 3 = \text{ord}_7 3^1 = \frac{6}{\gcd(1,\ 6)} = \frac{6}{1} = 6$$
$$\text{ord}_7 4 = \text{ord}_7 3^4 = \frac{6}{\gcd(4,\ 6)} = \frac{6}{2} = 3$$
$$\text{ord}_7 5 = \text{ord}_7 3^5 = \frac{6}{\gcd(5,\ 6)} = \frac{6}{1} = 6$$
$$\text{ord}_7 6 = \text{ord}_7 3^3 = \frac{6}{\gcd(3,\ 6)} = \frac{6}{3} = 2$$

에서, 법 7에 대한 같은 위수를 갖는 원소의 개수는 다음과 같다.

위수 1인 것은 1로 $\phi(1)=1$개, 위수 2인 것은 6으로 $\phi(2)=1$개,

위수 3인 것은 2, 4로 $\phi(3)=2$개, 위수 6인 것은 3, 5로 $\phi(6)=2$개.

이를 표로 만들면 오른쪽 표와 같다.

a	1	2	3	4	5	6
$\text{ord}_7 a$	1	3	6	3	6	2

예 5.1.8 법 13에 대한 2의 위수에 대하여 알아 보자. 법 13에 대한 2의 위수는 $\phi(13)=12$의 약수에서 존재한다. 따라서 12 의 약수 1, 2, 3, 4, 6에 대한 거듭제곱을 계산하면 위수를 구할 수 있다.

$$2^1 \equiv 2 \not\equiv 1 \pmod{13},\quad 2^2 = 4 \not\equiv 1 \pmod{13},\quad 2^3 \equiv 8 \not\equiv 1 \pmod{13},$$
$$2^4 \equiv 3 \not\equiv 1 \pmod{13},\quad 2^6 \equiv 13 \not\equiv 1 \pmod{13},$$

이므로, 법 13에 대한 2의 위수는 12이다.

정리 5.1.9 *양의 정수 $n(\geq 2)$과 $\gcd(a,\ n)=\gcd(b,\ n)=1$인 정수 a, b에 대하여 다음이 성립한다.*

(1) $\text{ord}_n a$와 $\text{ord}_n b$가 서로소이면, $\text{ord}_n(ab) = (\text{ord}_n a)(\text{ord}_n b)$

(2) $ab \equiv 1 \pmod{n}$이면, $\text{ord}_n a = \text{ord}_n b$

(증명) (1) $\text{ord}_n a = r$와 $\text{ord}_n b = s$가 서로소라 하고, $\text{ord}_n(ab) = t$라 하자.
그러면 $(ab)^t \equiv 1 \pmod{n}$이므로

$$\begin{cases} 1 \equiv ((ab)^t)^r \equiv (a^r)^t b^{tr} \equiv 1^t \cdot b^{tr} \equiv b^{rt} \pmod{n} \\ 1 \equiv ((ab)^t)^s \equiv a^{ts}(b^s)^t \equiv a^{ts} \cdot 1^t \equiv a^{st} \pmod{n} \end{cases}$$

이다. 따라서 $r \mid st$, $s \mid rt$이다(정리 5.1.4). 가정에서 $\gcd(r, s) = 1$이므로, $r \mid t$, $s \mid t$이다(정리 1.3.12). 따라서 $rs \mid t$이다(정리 1.3.20).

한편,

$$(ab)^{rs} \equiv a^{rs}b^{rs} \equiv (a^r)^s(b^s)^r \equiv 1^s \cdot 1^r \equiv 1 \pmod{n}$$

따라서 $t \mid rs$이다(정리 5.1.4). 그러므로 $\mathrm{ord}_n(ab) = t = rs = (\mathrm{ord}_n a)(\mathrm{ord}_n b)$이다

(2) $ab \equiv 1 \pmod{n}$일 때, $\mathrm{ord}_n a = r$, $\mathrm{ord}_n b = s$라 하자. 그러면

$$\begin{cases} 1 \equiv 1^s \equiv (ab)^s \equiv a^s b^s \equiv a^s \pmod{n} \\ 1 \equiv 1^r \equiv (ab)^r \equiv a^r b^r \equiv b^r \pmod{n} \end{cases}$$

이다. 따라서 $r \mid s$, $s \mid r$이다(정리 5.1.4). 그러므로 $\mathrm{ord}_n a = r = s = \mathrm{ord}_n b$이다. ■

예 5.1.10 법 7에 대하여 다음이 성립한다.

(1) $\mathrm{ord}_7 4 = 3$, $\mathrm{ord}_7 6 = 2$이고(예 5.1.7), $\gcd(3, 2) = 1$이므로,

$$\mathrm{ord}_7(4 \cdot 6) = \mathrm{ord}_7 3 = 6 = 3 \cdot 2 = (\mathrm{ord}_7 4)(\mathrm{ord}_7 6)$$

이다.

(2) $2 \cdot 4 \equiv 3^2 \cdot 3^4 \equiv 3^6 \equiv 1 \pmod{7}$이고(예 5.1.7),

$\mathrm{ord}_7 2 = 3 = \mathrm{ord}_7 4$이다.

임용시험 출제 5.1.11 [2008학년도 모의고사] $\begin{cases} r = \mathrm{ord}_5 3 \\ s = \mathrm{ord}_7 3 \\ t = \mathrm{ord}_{35} 3 \end{cases}$ 일 때 r, s, t를 구하라.

연 습 문 제 (5.1)

1. 법 25에 대한 2의 위수가 20임을 이용하여 다음을 구하라.

(1) $\mathrm{ord}_{25} 2^5$ (2) $\mathrm{ord}_{25} 2^7$ (3) $\mathrm{ord}_{25} 2^{10}$ (4) $\mathrm{ord}_{25} 2^{30}$

2. 법 17에 대한 3의 위수를 구하고, 이 결과를 이용하여 다음을 구하라.

(1) $\mathrm{ord}_{17} 3^4$ (2) $\mathrm{ord}_{17} 10$ (3) $\mathrm{ord}_{17} 13$ (4) $\mathrm{ord}_{17} 15$

3. 양의 정수 $n(\geq 2)$과 $\gcd(a, n) = 1$인 정수 a에 대하여 다음을 증명하라.

(1) $\mathrm{ord}_n a = hk$이면, $\mathrm{ord}_n a^h = k$이다.

(2) $\mathrm{ord}_n a = n - 1$이면, n은 소수이다.

(3) n이 홀수인 소수이고 $\mathrm{ord}_n a = 2k$이면, $a^k \equiv -1 \pmod{n}$이다.

4. 법 n에 대하여 a의 위수는 h이고 b의 위수는 k라 가정하자. 법 n에 대한 ab의 위수는 hk를 나눔을 보여라.

5. 방정식 $3^x = 2^y - 1$의 양의 정수해는 $x = 1,\ y = 2$ 뿐임을 밝혀라.
(참조 : $2^y \equiv 1 \pmod 3$과 $\text{ord}_3 2 = 2$이용)

6. 방정식 $2^x = 3^y - 1$의 양의 정수해는 $x = 1,\ y = 1$ 과 $x = 3,\ y = 2$뿐임을 밝혀라.

7. 홀수인 소수 p와 $\gcd(a,\ p) = 1$ 인 정수 a에 대하여 $\text{ord}_p a = 3$이라고 할 때, $p \equiv 1 \pmod 3$이고 또 $\text{ord}_p(a+1) = 6$임을 증명하라.
(참조 : $\text{ord}_p a \mid \phi(p)$이고 $0 \equiv a^2 + a + 1 \equiv (a+1)^2 - a \pmod p$)

8. 홀수인 소수 p와 $\gcd(a,\ p) = 1$인 정수 a에 대하여 $\text{ord}_p a = 4$라고 할 때, $p \equiv 1 \pmod 4$임을 보이고, 합동식 $x^4 \equiv 1 \pmod p$의 4개의 해를 구하라.

9. 정수 a에 대하여 $a^4 + 1$의 홀수인 소인수 p가 존재하면, $p \equiv 1 \pmod 8$임을 증명하라. 그리고, 이 사실을 이용하여 $8k + 1$의 꼴인 소수는 무수히 많이 존재함을 증명하라.

10. 정수 p가 $p \equiv 1 \pmod 8$인 소수일 때, 법 p에 대한 위수가 8인 정수 a가 존재하고 또 합동식 $x^4 \equiv -1 \pmod p$의 해가 존재함을 밝혀라.

11. 정수 $n^2 + 1$의 홀수인 소인수는 $4k + 1$ 꼴임을 증명하라.

12. 자연수 n에 대하여 $n \mid (2^n - 1)$일 때 $n = 1$임을 증명하라.

5.2 원시근

이 절에서는 법 n에 대한 위수가 $\phi(n)$인 정수의 성질에 대하여 다룬다.

정리 5.1.4에 의하면, 양의 정수 $n(\geq 2)$과 $\gcd(a, n) = 1$인 정수 a의 법 n에 대한 위수는 $\phi(n)$의 약수이다. 여기서 위수가 $\phi(n)$인 특별한 정수에 대하여 알아보자.

정의 5.2.1 *[원시근(primitive root, 原始根)의 정의]*
양의 정수 $n(\geq 2)$과 $\gcd(g, n) = 1$인 정수 g에 대하여

g가 법 n에 대한 **원시근**	$\overset{\text{정의}}{\Longleftrightarrow}$	$\text{ord}_n a = \phi(n)$

※ 원시근에 대하여 언급을 할 때, '법 n에 대한 원시근 g'라는 말 대신에 'n의 원시근 g'라고도 한다.

예 5.2.2 원시근에 대한 다음 예를 살펴 보자

(1) 예 5.1.7에서 법 7에 대한 위수는 다음과 같다.

a	1	2	3	4	5	6
$\text{ord}_7 a$	1	3	6	3	6	2

따라서 법 7에 대한 위수가 $\phi(7) = 6$인 정수 3, 5는 법 7에 대한 원시근이다.

(2) 법 8에 대한 원시근은 없다. 왜냐하면 $\phi(8) = 4$이지만 법 8의 표준기약잉여계 $\mathbb{Z}_8^* = \{1, 3, 5, 7\}$의 모든 원소의 위수는 4가 아니다. 즉,

$$\text{ord}_8 1 = 1, \quad \text{ord}_8 3 = 2, \quad \text{ord}_8 5 = 2, \quad \text{ord}_8 7 = 2$$

a	1	3	5	7
$\text{ord}_8 a$	1	2	2	2

다음 정리는 원시근의 정의와 정리 5.1.3에 의하여 성립한다.

정리 5.2.3 *법 $n(\geq 2)$에 대한 원시근 g가 존재할 때, 다음이 성립한다.*

$$g \equiv h \pmod{n} \quad \Longrightarrow \quad h\text{는 법 } n\text{에 대한 원시근}$$

다음 정리는 정리 5.1.4와 5.1.6에 의하여 성립한다.

정리 5.2.4 *법 $n(\geq 2)$에 대한 원시근 g가 존재할 때, 양의 정수 $i,\ j,\ k$에 대하여 다음이 성립한다.*

(1) $\boxed{g^k \equiv 1 \pmod{n} \iff \phi(n) \mid k}$

(2) $g^i \equiv g^j \pmod{n} \iff i \equiv j \pmod{\phi(n)}$ [2009 학년도 임용 시험 출제]

(3) $\boxed{\text{ord}_n g^k = \dfrac{\phi(n)}{gcd(k,\ \phi(n))}}$

(4) $\gcd(k,\ \phi(n)) = 1 \iff \text{ord}_n g^k = \phi(n) \iff g^k$가 원시근

(5) $g^1,\ g^2, \cdots,\ g^{\phi(n)}(\equiv g^0)$은 법 n에 대하여 기약잉여계이다.

(6) 법 n에 대한 $\boxed{\text{원시근의 개수는 } \phi(\phi(n))}$

예 5.2.5 예 5.2.2에서 3은 법 7의 원시근이다. 따라서

$$R_7^* = \{3^1,\ 3^2,\ 3^3,\ 3^4,\ 3^5,\ 3^6(\equiv 3^0)\}$$

은 법 7에 대한 기약잉여계이다.

또한, $\gcd(5,\ \phi(7)) = 1$이므로, $3^5 \equiv 5 \pmod{7}$은 법 7에 대한 원시근이다. 한편, 법 7에 대한 원시근의 개수는 $\phi(\phi(7)) = \phi(6) = 2$이다. 실제로 법 7에 대한 원시근은 3, 5이다.

예 5.2.6 예 5.1.8에 의하여 법 13에 대한 2의 위수는 12이다. 따라서 2는 13 의 원시근이다. 한편, 법 13 의 기약잉여계 R_{13}^*를 구해보자.

$$\begin{array}{lll} 2^1 \equiv 2 \pmod{13}, & 2^2 \equiv 4 \pmod{13}, & 2^3 \equiv 8 \pmod{13}, \\ 2^4 \equiv 3 \pmod{13}, & 2^5 \equiv 6 \pmod{13}, & 2^6 \equiv 13 \pmod{13}, \\ 2^7 \equiv 11 \pmod{13}, & 2^8 \equiv 9 \pmod{13}, & 2^9 \equiv 5 \pmod{13}, \\ 2^{10} \equiv 10 \pmod{13}, & 2^{11} \equiv 7 \pmod{13}, & 2^{12} \equiv 1 \pmod{13} \end{array}$$

이므로, 13의 표준기약잉여계 $\mathbb{Z}_{13}^*$와 기약잉여계 R_{13}^*(원소 순서는 $\mathbb{Z}_{13}^*$의 원소와 법 13에 관해 합동인 원소의 순서) 는

$$\mathbb{Z}_{13}^* = \{1,\ 2,\ 3,\ 4,\ 5,\ 6,\ 7,\ 8,\ 9,\ 10,\ 11,\ 12\}$$
$$R_{13}^* = \{2^0,\ 2^1,\ 2^4,\ 2^2,\ 2^9,\ 2^5,\ 2^{11},\ 2^3,\ 2^8,\ 2^{10},\ 2^7,\ 2^6\}$$

이다. 따라서 정리 5.1.6 (1)을 이용하면, 법 13에 대한 위수에 대한 다음 표를 얻는다. 단, $a \equiv b$ (mod 13)이다.

a	1	$\boxed{2}$	3	4	5	$\boxed{6}$	$\boxed{7}$	8	9	10	$\boxed{11}$	12
b	2^0	$\boxed{2^1}$	2^4	2^2	2^9	$\boxed{2^5}$	$\boxed{2^{11}}$	2^3	2^8	2^{10}	$\boxed{2^7}$	2^6
$\text{ord}_{13}a$	1	12	3	6	4	12	12	4	3	6	12	2

법 13에 대한 원시근의 개수는 정리 5.2.4 (6)에 의하여

$$\phi(\phi(13)) = \phi(12) = \phi(3)\phi(4) = 4 \text{ 개}$$

이다. 실제로 정리 5.2.4 (4)에 의하여, $\boxed{2^1,\ 2^5,\ 2^7,\ 2^{11}}$ 은 법 13의 원시근이고, 법 13에 대하여 13 보다 작은 양의 정수인 원시근은 다음과 같다.

$$2^1 \equiv 2 \pmod{13},\ 2^5 \equiv 6 \pmod{13},\ 2^7 \equiv 11 \pmod{13},\ 2^{11} \equiv 7 \pmod{13}$$

임용시험 출제 5.2.7 [2012학년도] 정수 x_0와 27은 서로소이고, 모든 자연수 n에 대하여

$$x_n \equiv 16x_{n-1} \pmod{27}\ ,\ \ (0 < x_n < 27)$$

이 성립할 때, $x_n \equiv x_0 \pmod{27}$인 최소 자연수 n을 구하라. (단, 2 는 27의 원시근이다.)

연 습 문 제 (5.2)

1. 법 101에 대한 원시근의 개수와 법 107 에 대한 원시근의 개수를 구하라.

2. 2는 법 19의 원시근이다. 법 19에 대한 모든 원시근을 구하라.

3. 2가 법 11의 원시근임을 보이고, 법 11의 원시근을 모두 구하라.

4. 3이 법 17의 원시근임을 보이고, 법 17의 원시근을 모두 구하라.

5. 3이 43의 원시근이다. 이를 이용하여 다음을 구하라.

(1) 법 43의 위수 6을 갖는 43 보다 작은 모든 양의 정수.

(2) 법 43의 위수 21을 갖는 43 보다 작은 모든 양의 정수.

6. 다음과 같은 $a,\ b,\ c \in \mathbb{Z}_7^*$를 구하라.

$$3 \cdot a \equiv 1 \pmod 7, \quad 3^2 \cdot b \equiv 1 \pmod 7, \quad 3^3 \cdot c \equiv 1 \pmod 7$$

7. 정수 $n(\geq 3)$에 대하여 법 n에 대한 원시근 g 가 존재하는 경우에 다음이 성립함을 밝혀라.

(1) $g + g^2 + \cdots + g^{\phi(n)} \equiv 0 \pmod n$

(2) $gg^2 \cdots g^{\phi(n)} \equiv -1 \pmod n$

(3) 법 n에 대한 임의의 기약잉여계 $R = \{r_1,\ r_2,\ \cdots,\ r_{\phi(n)}\}$에 대하여
$r_1 r_2 \cdots r_{\phi(n)} \equiv -1 \pmod n$이다.

8. g가 홀수인 소수 p의 원시근일 때, 다음을 증명하라.

(1) 합동식 $g^{\frac{p-1}{2}} \equiv -1 \pmod p$이 성립한다.

(2) g'이 p의 또 다른 원시근이면 gg'은 p 의 원시근이 아니다.
(참조 : (1)에 의하여 $(gg')^{\frac{p-1}{2}} \equiv 1 \pmod p$)

9. 법 n이 8과 15일 때, 법 n에 대한 기약잉여계 $R = \{r_1, r_2, \cdots, r_{\phi(n)}\}$에 대하여 $r_1 r_2 \cdots r_{\phi(n)} \equiv 1 \pmod n$임을 밝혀라.

10. 정수 $n(\geq 3)$과 $\gcd(a, n) = 1$인 정수 a에 대하여 합동식 $x^2 \equiv a \pmod n$의 해가 존재하면, a는 법 n에 대한 원시근이 아님을 밝혀라.

11. 홀수인 소수 p에 대하여 g가 법 p에 대한 원시근일 때, 다음이 성립함을 밝혀라.

(1) $p \equiv 1 \pmod 4$이면, $-g$는 법 p에 대한 원시근이다.

(2) $p \equiv 3 \pmod 4$이면, $\mathrm{ord}_p(-g) = \frac{p-1}{2}$ 이다.

12. 소수 7에 대하여 합동식 $6^{\frac{7-1}{2}} \equiv -1 \pmod 7$을 만족시키지만, 6은 법 7에 대한 원시근은 아님을 확인하라.

13. g가 소수 $p \equiv 1 \pmod 4$의 원시근이면, $g^{\frac{(p-1)}{4}}$은 합동식 $x^2 \equiv -1 \pmod p$의 해임을 보여라.

5.3 원시근을 갖는 정수

이 절에서는 원시근을 갖는 정수에 대하여 다룬다.

정리 5.3.1 *소수 p에 대하여 d가 $p-1$의 양의 약수라 하자. 또 법 p에 대한 기약잉여계 $R_p^* = \{a_1, a_2, \cdots, a_{p-1}\}$의 원소 중에 위수가 d인 원소 전체의 집합을 S_d라 하면, 다음이 성립한다.*

$$|S_d| = \phi(d)$$

(증명) 임의의 $a \in R_p^*$에 대하여, 정리 5.1.4에 의하여 $\mathrm{ord}_p a$는 $\phi(p) = p-1$의 약수이다. 그러므로

$$\sum_{d|\phi(p)} |S_d| = |R_p^*| = p-1$$

이다. 한편, 정리 4.1.13에 의하여

$$\sum_{d|\phi(p)} \phi(d) = \phi(p) = p-1$$

이다. 그러므로 $\sum\limits_{d|\phi(p)} |S_d| = \sum\limits_{d|\phi(p)} \phi(d)$이다. 여기서 $0 \le |S_d| \le \phi(d)$임을 보이면 $|S_d| = \phi(d)$가 되어 정리가 성립한다.

$|S_d| = 0$이면 분명히 $0 \le |S_d| \le \phi(d)$이다. 다음에 $|S_d| \ge 1$이라 가정하자. 그러면 $\mathrm{ord}_p a = d$인 원소 $a \in \mathbb{Z}_p^*$가 존재한다. 그러면 정리 5.1.4 (3)에 의하여

$$a^1,\ a^2,\ \cdots,\ a^d$$

는 법 p에 대하여 합동이 아니다. 또한 a는 위수가 d이므로 합동식

$$x^d \equiv 1 \ (\bmod p) \cdots (*)$$

의 해이고, $a^1, a^2, \cdots, a^d$도 $(*)$의 해이다. 따름정리 4.3.5에 의하여 $(*)$는 정확히 d개의 법 p에 대하여 합동이 아닌 해가 존재한다. 따라서

$$a^1,\ a^2,\ \cdots,\ a^d \text{는 } (*)\text{의 모든 해}$$

이다. 한편, R_p^*의 원소 중에서 위수가 d인 것은 모두 $(*)$의 해가 되므로, a^k, $\gcd(k, d) = 1$인 형태와 합동이다(정리 5.1.6). 따라서 $|S_d| = \phi(d)$이다.

그러므로 $p-1$의 임의의 양의 약수 d에 대하여 $0 \le |S_d| \le \phi(d)$이므로,
등식 $\sum\limits_{d|\phi(p)} |S_d| = \sum\limits_{d|\phi(p)} \phi(d)$에 의하여 $|S_d| = \phi(d)$이다. ■

예 5.3.2 법 13에 대한 원시근 2에서 얻은 다음과 같은 기약잉여계 R^*_{13}과 위수에 관련된 표를 생각하자(예 5.2.6).

$$R^*_{13} = \{2^0,\ 2^1,\ 2^2,\ \cdots,\ 2^{11}\}$$

a	1	2	3	4	5	6	7	8	9	10	11	12
b	2^0	2^1	2^4	2^2	2^9	2^5	2^{11}	2^3	2^8	2^{10}	2^7	2^6
$\text{ord}_{13}a$	1	12	3	6	4	12	12	4	3	6	12	2

(단, $a \equiv b \pmod{13}$)

기약잉여계 R^*_{13}의 원소 중에서 위수가 d인 원소 전체의 집합을 S_d라 하면, 12의 약수는 1, 2, 3, 4, 6, 12이므로, S_d는 다음과 같다.

$$S_1 = \{2^h \in R^*_{13} \mid \text{ord}_{13}2^h = 1\} = \{2^0\}$$
$$S_2 = \left\{2^h \in R^*_{13}\ \middle|\ \text{ord}_{13}2^h = 2 = \frac{12}{\gcd(h,\ 12)}\right\} = \{2^6\}$$
$$S_3 = \left\{2^h \in R^*_{13}\ \middle|\ \text{ord}_{13}2^h = 3 = \frac{12}{\gcd(h,\ 12)}\right\} = \{2^4,\ 2^8\}$$
$$S_4 = \left\{2^h \in R^*_{13}\ \middle|\ \text{ord}_{13}2^h = 4 = \frac{12}{\gcd(h,\ 12)}\right\} = \{2^3,\ 2^9\}$$
$$S_6 = \left\{2^h \in R^*_{13}\ \middle|\ \text{ord}_{13}2^h = 6 = \frac{12}{\gcd(h,\ 12)}\right\} = \{2^2,\ 2^{10}\}$$
$$S_{12} = \left\{2^h \in R^*_{13}\ \middle|\ \text{ord}_{13}2^h = 12 = \frac{12}{\gcd(h,\ 12)}\right\} = \{2^1,\ 2^5,\ 2^7,\ 2^{11}\}$$

그러면 정리 5.1.6 (3)에 의하여 S_d의 원소수는 다음과 같다.

$$|S_1| = \phi(1) = 1, \quad |S_2| = \phi(2) = 1, \quad |S_3| = \phi(3) = 2$$
$$|S_4| = \phi(4) = 2, \quad |S_6| = \phi(6) = 2, \quad |S_{12}| = \phi(12) = 4$$

이므로 $\sum_{d\,|\phi(13)} \phi(d) = 1+1+2+2+2+4 = \phi(13) = 12$이다.

또한, 위의 표에서 13의 원시근은 2, 6, 7, 11로 $\phi(\phi(13)) = \phi(12) = 4$개이다.

소수 p의 원시근의 존재성은 정리 5.3.1에 의하여 보장이 된다.

따름정리 5.3.3 *소수 p의 원시근은* $\boxed{\phi(\phi(p)) = \phi(p-1)}$ *개 존재*

소수는 항상 원시근을 갖고 있다. 다음에 합성수에 대한 원시근의 존재성에 대하여서 알아보자.

합성수 8은 원시근을 갖지 않는다(예 5.2.2 (2)).

하지만 합성수 9는 원시근 2를 갖는다. 실제로 법 9에 대한 2의 위수를 구하자. 2의 위수는 $\phi(9) = 6$의 약수에서 가지므로, 거듭제곱을 살펴보면,

$$2^1 \equiv 2 \not\equiv 1 \pmod 9, \quad 2^2 \equiv 4 \not\equiv 1 \pmod 9, \quad 2^3 \equiv -1 \not\equiv 1 \pmod 9$$

이므로, 법 9에 대한 2의 위수는 $\phi(9) = 6$이다. 따라서 2는 9의 원시근이다.

원시근을 갖는 합성수에 대하여 알아 보자. 먼저 2^k $(k \geq 2)$인 형태의 합성수에 대하여 알아 보자.

$k = 2$일 때에는, $\mathrm{ord}_4 3 = 2 = \phi(4)$이므로, 4의 원시근이 존재하지만, $k \geq 3$인 경우에는 원시근이 존재하지 않는다.

정리 5.3.4 *$k \geq 3$에 대하여 다음이 성립한다.*

$$\gcd(a, 2^k) = 1 \implies a^{\frac{\phi(2^k)}{2}} \equiv 1 \pmod{2^k}$$

※ $\mathrm{ord}_{2^k} a \leq \frac{\phi(2^k)}{2} < \phi(2^k)$이므로, 2^k $(k \geq 3)$는 원시근을 갖지 않는다.

(증명) a가 홀수일 때, $k \geq 3$인 양의 정수 k에 대하여

$$a^{2^{k-2}} \equiv 1 \pmod{2^k} \cdots (*)$$

임을 보이자.

$k = 3$인 경우에는 a가 홀수이므로, $a \equiv \pm 1 \pmod 8$ 또는 $a \equiv \pm 3 \pmod 8$이다. 따라서

$$a^2 \equiv (\pm 1)^2 \equiv (\pm 3)^2 \equiv 1 \pmod{2^3}$$

이므로, $k = 3$일 때 성립한다.

다음에 $k \geq 3$일 때, $(*)$가 성립한다고 하자. 즉, $a^{\frac{\phi(2^k)}{2}} \equiv a^{2^{k-2}} \equiv 1 \pmod{2^k}$라 하면, $a^{2^{k-2}} = 1 + 2^k b$인 정수 b가 존재한다. 그러면

$$a^{\frac{\phi(2^{k+1})}{2}} \equiv a^{2^{k-1}} \equiv (a^{2^{k-2}})^2 \equiv (1 + 2^k b)^2 \equiv 1 + 2^{k+1} b + 2^{2k} b^2 \equiv 1 \pmod{2^{k+1}}$$

이다. 따라서 $k \geq 3$인 모든 양의 정수 k에 대하여 $a^{\frac{\phi(2^k)}{2}} \equiv a^{2^{k-2}} \equiv 1 \pmod{2^k}$이다. ■

정리 5.3.5 *정수 $m \geq 3$, $n \geq 3$이 $\gcd(m, n) = 1$일 때, $\gcd(a, mn) = 1$인 정수 a에 대하여 다음이 성립한다.*

$$a^{\frac{\phi(mn)}{2}} \equiv 1 \pmod{mn}$$

※ $\mathrm{ord}_{mn} a \leq \frac{\phi(mn)}{2} < \phi(mn)$이므로, mn은 원시근을 갖지 않는다.

(증명) $\gcd(a, mn) = 1$이라 하자. 정리 1.3.12 (3) 에 의하여 $\gcd(a, m) = 1$이고 $\gcd(a, n) = 1$이다. $m \geq 3$, $n \geq 3$이므로, 정리 4.1.12에 의하여 $\phi(mn)$, $\phi(m)$과 $\phi(n)$은 짝수이다. 그러면 오일러 정리에 의하여

$$\begin{cases} a^{\frac{\phi(mn)}{2}} \equiv a^{\frac{\phi(m)\phi(n)}{2}} \equiv \left(a^{\phi(m)}\right)^{\frac{\phi(n)}{2}} \equiv 1^{\frac{\phi(n)}{2}} \equiv 1 \pmod{m} \\ a^{\frac{\phi(mn)}{2}} \equiv a^{\frac{\phi(m)\phi(n)}{2}} \equiv \left(a^{\phi(n)}\right)^{\frac{\phi(m)}{2}} \equiv 1^{\frac{\phi(m)}{2}} \equiv 1 \pmod{n} \end{cases}$$

이므로, 정리 3.4.1에 의하여 $a^{\frac{\phi(mn)}{2}} \equiv 1 \pmod{mn}$이다. ■

따름정리 5.3.3, 정리 5.3.4 와 정리 5.3.5에 의하여 원시근을 가질 수 있는 양의 정수는 다음과 같은 형태로 제한된다.

$$\boxed{2,\ 4,\ p^k,\ 2p^k\ (p\text{가 홀수인 소수},\ k \geq 1)}$$

실제로 이러한 형태의 정수는 항상 원시근을 가짐을 보이자. 앞의 논의에서 4와 소수는 원시근이 존재하는 것을 알고 있다. 나머지는 p가 홀수인 소수일 때, $p^k (k \geq 2)$, $2p^k (k \geq 1)$인 경우에 원시근이 존재함을 증명하면 된다.

정리 5.3.6 *홀수인 소수 p의 원시근을 g라 할 때, 다음이 성립한다.*

(1) $\text{ord}_{p^2} g = \phi(p^2) = p(p-1)$ 또는 $\text{ord}_{p^2} g = \phi(p) = p-1$
(2) $\text{ord}_{p^2} g = \phi(p^2) \implies g$ 가 p와 p^2의 원시근
(3) $\text{ord}_{p^2} g = \phi(p) \implies (g+p)$가 p와 p^2의 원시근

※ p^2은 원시근을 갖는다.

(증명) (1) $\text{ord}_{p^2} g = r$이라 하자. 정리 5.1.4에 의하여

$$r \mid \phi(p^2) \quad \text{즉} \quad r \mid p(p-1)$$

이다. 또한, $g^r \equiv 1 \pmod{p^2}$이므로 $g^r \equiv 1 \pmod{p}$이다. 한편, g가 p의 원시근이므로 정리 5.2.4에 의하여 $(p-1) \mid r$이다. 따라서

$$r = p-1 = \phi(p) \text{ 또는 } r = p(p-1) = \phi(p^2)$$

(2) $\text{ord}_{p^2} g = \phi(p^2)$이면 분명히 g가 p^2의 원시근이다.

(3) $\text{ord}_{p^2} g = \phi(p)$이라 하고, $h = g + p$라 하자. 그러면 $h \equiv g \pmod{p}$이므로, 정리 5.2.3에 의하여 h는 p의 원시근이다. 따라서 (1)에 의하여

$$\text{ord}_{p^2} h = \phi(p) \text{ 또는 } \text{ord}_{p^2} h = \phi(p^2)$$

이다. $\text{ord}_{p^2}g = \phi(p)$이므로, $g^{p-1} \equiv 1 \pmod{p^2}$이다. 그러면 이항정리에 의하여

$$\begin{aligned}
h^{p-1} &\equiv (g+p)^{p-1} \\
&\equiv g^{p-1} + (p-1)g^{p-2}p + \binom{p-1}{2}g^{p-3}p^2 + \cdots + p^{p-1} \\
&\equiv g^{p-1} + (p-1)g^{p-2}p \\
&\equiv 1 - pg^{p-2} \pmod{p^2}
\end{aligned}$$

이다. 또한 $0 \not\equiv g^{p-2} \pmod{p}$이므로, $0 \not\equiv pg^{p-2} \pmod{p^2}$이다.

그러므로 $h^{p-1} \equiv 1 - pg^{p-2} \not\equiv 1 \pmod{p^2}$이고, 즉, $\text{ord}_{p^2}h \neq \phi(p)$이므로 $\text{ord}_{p^2}h = \phi(p^2)$이다. 따라서 $h = g + p$가 p^2의 원시근이다. ■

예 5.3.7 3은 법 7에 대한 원시근이다. $\phi(7) = 6$이고

$$3^6 \equiv 3^4 \cdot 9 \equiv 43 \not\equiv 1 \pmod{7^2}$$

이므로, $\text{ord}_{7^2}3 = \phi(7^2) = 42$이다. 따라서 3은 49 의 원시근이다.

정리 5.3.8 *홀수인 소수 p일 때,* g*가* p^2*의 원시근* *이면 다음이 성립한다.*

임의의 양의 정수 $k(\geq 2)$에 대하여 g는 p^k의 원시근

(증명) g가 p^k의 원시근임을 보이기 위하여 먼저 $g^{p^{k-2}(p-1)} \not\equiv 1 \pmod{p^k}$임을 보이자. k에 대한 수학적 귀납법을 이용하자.

먼저 $k = 2$인 경우에는 g가 p^2의 원시근이므로 $g^{(p-1)} \not\equiv 1 \pmod{p^2}$이다. 다음에 $k(\geq 2)$에 대하여

$$g^{p^{k-2}(p-1)} \not\equiv 1 \pmod{p^k}$$

이라 가정하자. $\gcd(g,\ p^k) = 1$, $(k \geq 2)$이므로, 오일러 정리에 의하여

$$g^{p^{k-2}(p-1)} \equiv g^{\phi(p^{k-1})} \equiv 1 \pmod{p^{k-1}}$$

이다. 따라서

$$g^{p^{k-2}(p-1)} = 1 + p^{k-1}b$$

인 정수 b가 존재한다. 양변을 p 제곱하고 이항정리를 사용하면

$$\begin{aligned}
g^{p^{k-1}(p-1)} &\equiv (1 + p^{k-1}b)^p \\
&\equiv 1 + pp^{k-1}b + \binom{p}{2}(p^{k-1}b)^2 + \cdots + (p^{k-1}b)^p \\
&\equiv 1 + p^k b \pmod{p^{k+1}}
\end{aligned}$$

이다. 한편, 귀납 가정에 의하여 $p \nmid b$이므로

$$g^{p^{k-1}(p-1)} \equiv 1 + p^k b \not\equiv 1 \pmod{p^{k+1}}$$

이다. 따라서 수학적 귀납법에 의하여

$$g^{p^{k-2}(p-1)} \not\equiv 1 \;(\bmod\; p^k) \cdots (*)$$

이 성립한다.

다음에 $\mathrm{ord}_{p^k} g = \phi(p^k) = p^{k-1}(p-1)$임을 보이자. $\mathrm{ord}_{p^k} g = r$이라 하자. 그러면

$$r \mid \phi(p^k) \quad \text{즉} \quad r \mid p^{k-1}(p-1)$$

이다. 또한 $\mathrm{ord}_{p^k} g = r$이므로, $g^r \equiv 1 \pmod{p^k}$이고 $g^r \equiv 1 \pmod{p}$이다. 따라서 $(p-1) \mid r$이다. 그러면 적당한 정수 t $(0 \le t \le k-1)$이 존재해서 $r = p^t(p-1)$이다. 만약 $t < k-1$이면

$$g^{p^{k-2}(p-1)} \equiv (g^{p^t(p-1)})^{p^{k-2-t}} \equiv 1^{p^{k-2-t}} \equiv 1 \;(\bmod\; p^k)$$

이다. 이것은 $(*)$에 모순이다. 따라서 $r = p^{k-1}(p-1) = \phi(p^k)$이므로, g는 p^k의 원시근이다.

■

정리 5.3.9 *임의의 양의 정수 k와 홀수인 소수 p일 때,*
홀수 g가 p^k의 원시근이면 다음이 성립한다.

g는 $2p^k$의 원시근

※ p^k의 원시근 g가 짝수이면, 홀수 $g + p^k$을 p^k의 원시근으로 취하면 된다.

(증명) 홀수 g를 p^k의 원시근이라 하고, $\mathrm{ord}_{2p^k} g = r$이라 하자. 한편, p가 홀수이므로 $\gcd(2, p^k) = 1$이다. 그러면

$$r \mid \phi(2p^k) \quad \text{즉} \quad r \mid \phi(p^k)$$

이다. 또한, $\mathrm{ord}_{2p^k} g = r$이므로, $g^r \equiv 1 \pmod{2p^k}$이고 $g^r \equiv 1 \pmod{p^k}$이다. 그러면 g가 p^k의 원시근이므로, 정리 5.2.4 (1) 에 의하여

$$\phi(p^k) \mid r$$

이다. 따라서 $\mathrm{ord}_{2p^k} g = r = \phi(p^k) = \phi(2p^k)$이므로, g는 $2p^k$의 원시근이다. ■

예 5.3.10 예 5.3.7에 의하여 3은 법 7과 7^2에 대한 원시근이다. 위 정리에 의하여, 임의의 양의 정수 k에 대하여, 3은 7^k, $2 \cdot 7^k$의 원시근이다.

지금까지 논의한 것을 종합하면 다음과 같다.

정리 5.3.11 *양의 정수 $n(\geq 2)$에 대하여 다음이 성립한다.*

n의 원시근 존재 $\iff$ $n = 2,\ 4,\ p^k,\ 2p^k$ (p가 홀수인 소수, $k \geq 1$)

임용시험 출제 5.3.12 [2009학년도] 다음 중 옳은 것을 모두 고르시오.

ㄱ. 19는 원시근 존재

ㄴ. 3은 8의 원시근

ㄷ. g가 m의 원시근($m \geq 2$)일 때
$g^i \equiv g^j \pmod{m} \Rightarrow i \equiv j \pmod{\phi(m)}$

연 습 문 제 (5.3)

1. 다음 물음에 답하라.

(1) 2는 19의 원시근이나 17의 원시근이 아님을 증명하라.

(2) 법 15에 대한 2, 4, 7, 8, 11, 13 그리고 14의 위수를 계산하여 15의 원시근이 존재하지 않음을 보여라.

2. p가 홀수인 소수에 대하여 다음 물음에 답하라.

(1) $2p^n$의 원시근의 개수와 p^n의 원시근의 개수는 같다.

(2) $\mathrm{ord}_p g = r$이면, $g^{pr} \equiv 1 \pmod{p^2}, \cdots, g^{p^{n-1}r} \equiv 1 \pmod{p^n}$임을 보여라.

(3) g가 법 p^n에 대한 원시근이면, 법 p에 대한 원시근임을 보여라.
(참조 : (2)를 이용.)

3. 다음 물음에 답하라.

(1) 26의 네 개의 원시근, 25의 8개의 원시근을 구하라.

(2) 3^2, 3^3 그리고 3^4의 모든 원시근을 결정하라.

4. p가 홀수인 소수일 때, g가 p^2의 원시근이면 합동식 $x^{p-1} \equiv 1 \pmod{p^2}$의 해는 정확히 정수 $g^p, g^{2p}, \cdots, g^{(p-1)p}$ 임을 보여라.

5. k는 양의 정수가 양의 정수일 때, 다음 물음에 답하라.

(1) 3은 17^k 꼴의 모든 정수의 원시근임을 증명하라.

(2) 17^k 꼴의 모든 정수의 원시근을 구하라.

5.4 이산로그와 고차합동식

이 절에서는 고차 합동식을 구하기 위한 이산로그에 대하여 다룬다.

단, 원시근을 갖는 정수 $n = 2,\ 4,\ p^k,\ 2p^k$ (p가 홀수인 소수, $k \geq 1$)에 대하여서만 다루기로 한다.

g가 정수 n의 원시근이라 하면,

$$R_n^* = \{g^0,\ g^1,\ g^2,\ \cdots,\ g^{\phi(n)-1}\}$$

은 법 n에 대한 기약잉여계이다(정리 5.2.4). 따라서 $\gcd(a,\ n) = 1$인 정수 a는 적당한 i $(0 \leq i < \phi(n))$에 대하여

$$a \equiv g^i \pmod{n}$$

이다.

정의 5.4.1 [*지수(index, 指數), 이산로그(discrete logarithm, 離散로그)의 정의*]
g가 n의 원시근일 때, $\gcd(a,\ n) = 1$ *인 정수 a에 대하여*

i가 법 n에 대한 g를 밑수로 갖는 a의 **지수** 또는 **이산로그**	$\overset{\text{정의}}{\Longleftrightarrow}$	$a \equiv g^i \pmod{n}$ $(0 \leq i < \phi(n))$ 인 가장 작은 정수 i

※ 기호로 $i = \mathrm{ind}_g\, a$ 또는 $i = \mathrm{ind}\, a$라 표기. 즉, $g^{\mathrm{ind}_g a} \equiv a \pmod{n}$

$$i = \mathrm{ind}_g\, a \iff a \equiv g^i \pmod{n},\ 0 \leq i < \phi(n)$$

예 5.4.2 3은 7의 원시근이므로, 법 7에 대한 기약잉여계(정리 5.2.4)

$$\{3^0,\ 3^1,\ 3^2,\ 3^3,\ 3^4,\ 3^5\} \pmod{7}$$

에 대하여, 밑수 3에 대한 표준잉여계의 원소의 지수를 구하면 다음과 같다.

$$3^0 \equiv 1 \pmod{7} \Longrightarrow \mathrm{ind}_3 1 = 0, \qquad 3^1 \equiv 3 \pmod{7} \Longrightarrow \mathrm{ind}_3 3 = 1,$$
$$3^2 \equiv 2 \pmod{7} \Longrightarrow \mathrm{ind}_3 2 = 2, \qquad 3^3 \equiv 6 \pmod{7} \Longrightarrow \mathrm{ind}_3 6 = 3,$$
$$3^4 \equiv 4 \pmod{7} \Longrightarrow \mathrm{ind}_3 4 = 4, \qquad 3^5 \equiv 5 \pmod{7} \Longrightarrow \mathrm{ind}_3 5 = 5$$

정리 5.4.3 *g, h가 $n(\geq 2)$의 원시근일 때, $\gcd(a, n) = \gcd(b, n) = 1$인 정수 a, b와 양의 정수 k에 대하여 다음이 성립한다.*

(1) $\text{ind}_g\ 1 = 0, \quad \text{ind}_g\ g = 1$
(2) $a \equiv b \pmod n \Leftrightarrow \text{ind}_g\ a \equiv \text{ind}_g\ b \pmod{\phi(n)} \Leftrightarrow \text{ind}_g\ a = \text{ind}_g\ b$
(3) $\boxed{\text{ind}(ab) \equiv \text{ind}\ a + \text{ind}\ b \pmod{\phi(n)}}$
(4) $\boxed{\text{ind}(a^k) \equiv k \cdot \text{ind}\ a \pmod{\phi(n)}}$
(5) $\text{ind}_h\ a \equiv (\text{ind}_h\ g) \cdot (\text{ind}_g\ a) \pmod{\phi(n)}$ (밑 변환 공식)
(6) $(\text{ind}_g\ h) \cdot (\text{ind}_h\ g) \equiv 1 \pmod{\phi(n)}$

(증명) (1) $g^0 \equiv 1 \pmod n$이고 $g^1 \equiv g \pmod n$이므로 지수의 정의에 의하여 $\text{ind}_g\ 1 = 0$이고 $\text{ind}_g\ g = 1$이다.

(2) $a \equiv g^{\text{ind}_g a} \pmod n$, $b \equiv g^{\text{ind}_g b} \pmod n$이므로, 정리 5.2.4 (2)와 $0 \leq \text{ind}_g\ a$, $\text{ind}_g\ b < \phi(n)$에 의하여

$$
\begin{aligned}
a \equiv b \pmod n &\Longleftrightarrow g^{\text{ind}_g a} \equiv g^{\text{ind}_g b} \pmod n \\
&\Longleftrightarrow \text{ind}_g\ a \equiv \text{ind}_g\ b \pmod{\phi(n)} \\
&\Longleftrightarrow \text{ind}_g\ a = \text{ind}_g\ b
\end{aligned}
$$

(3) $g^{\text{ind}_g ab} \equiv ab \equiv (g^{\text{ind}_g a}) \cdot (g^{\text{ind}_g b}) \equiv g^{\text{ind}_g a + \text{ind}_g b} \pmod n$이므로, 정리 5.2.4 (2)에 의하여

$$\text{ind}_g\ ab \equiv \text{ind}_g\ a + \text{ind}_g\ b \pmod{\phi(n)}$$

(4) $g^{\text{ind}_g a^k} \equiv a^k \equiv (g^{\text{ind}_g a})^k \equiv g^{k \cdot \text{ind}_g a} \pmod n$이므로, 정리 5.2.4 (2)에 의하여

$$\text{ind}_g\ a^k \equiv k \cdot \text{ind}_g\ a \pmod{\phi(n)}$$

(5) $h^{\text{ind}_h a} \equiv a \equiv g^{\text{ind}_g a} \equiv (h^{\text{ind}_h g})^{\text{ind}_g a} \equiv h^{(\text{ind}_h g) \cdot (\text{ind}_g a)} \pmod n$이므로, 정리 5.2.4 (2)에 의하여

$$\text{ind}_h\ a \equiv (\text{ind}_h\ g) \cdot (\text{ind}_g\ a) \pmod{\phi(n)}$$

(6) (5)에서 $a = h$라 하면 (1)에 의하여 (6)이 성립한다. ■

정리 5.4.4 *g가 n(≥ 2)의 원시근일 때, 정수 h에 대하여 다음이 성립한다.*

(1) $\gcd(g, h) = 1$이면,

$$\gcd(\text{ind}_g h, \phi(n)) = 1 \iff h\text{는 법 } n\text{에 대한 원시근}$$

(2) $gh \equiv 1 \pmod{n} \implies h$는 법 n에 대한 원시근

(증명) (1) $\text{ind}_g h = r$이라 하자. 그러면 $h \equiv g^r \pmod{n}$이므로, 정리 5.2.4 (4) 에 의하여 (1)이 성립한다.

(2) $1 \equiv 1^{\text{ord}_n h} \equiv (gh)^{\text{ord}_n h} \equiv (g^{\text{ord}_n h}) \cdot (h^{\text{ord}_n h}) \equiv (g^{\text{ord}_n h}) \cdot 1 \equiv g^{\text{ord}_n h} \pmod{n}$이고, g가 원시근이므로, $\text{ord}_n h = \phi(n)$이다. 즉, h는 법 n에 대한 원시근이다. ■

예 5.4.5 법 13에 대한 원시근 2에 대하여, 법 13에 대한 2를 밑수로 갖는 지수에 관련된 다음 표를 생각하자(예 5.2.6).

a	1	2	3	4	5	6	7	8	9	10	11	12
b	2^0	2^1	2^4	2^2	2^9	2^5	2^{11}	2^3	2^8	2^{10}	2^7	2^6
$\text{ind}_2 a$	0	1	4	2	9	5	11	3	8	10	7	6

(단, $a \equiv b \pmod{13}$)

위 표에서 $\gcd(\text{ind}_2\, a, \phi(13)) = 1$인 $a = 2, 6, 7, 11$이 법 13에 대한 원시근이다(정리 5.4.4 (1)).

한편, 정리 5.4.4 (2)에서 역은 성립하지 않는다. 예를 들어 13 의 원시근 2에 대하여, $2 \cdot 7 \equiv 1 \pmod{13}$이 되어 7은 13의 원시근이다. 하지만 6은 13의 원시근이지만, $2 \cdot 6 \equiv 12 \not\equiv 1$ (mod 13)이다.

정리 5.4.3 (5)를 이용하여, 법 13에 대한 밑수가 6 인 지수를 구해보자. $\text{ind}_2 6 = 5$이므로,

$$1 \equiv (\text{ind}_2 6) \cdot (\text{ind}_6 2) \equiv 5 \cdot (\text{ind}_6 2) \pmod{\phi(13)}$$

에서 $\text{ind}_6 2 = 5$이다. 따라서 $\gcd(a, 13) = 1$인 정수 a에 대하여

$$\text{ind}_6\, a \equiv (\text{ind}_6 2) \cdot (\text{ind}_2\, a) \equiv 5 \cdot (\text{ind}_2\, a) \pmod{12}$$

이므로, 다음 표를 얻는다.

a	1	2	3	4	5	6	7	8	9	10	11	12
$\text{ind}_2 a$	0	1	4	2	9	5	11	3	8	10	7	6
$\text{ind}_6 a$	0	5	8	10	9	1	7	3	4	2	11	6

법 n에 대한 원시근이 존재할 때, 다음과 같은 형태의 합동식의 해를 이산로그를 이용하여 구할 수 있다.

$$\begin{cases} ax^k \equiv b \pmod{n}, & \gcd(a,\ n) = \gcd(b,\ n) = 1 \\ a^x \equiv b \pmod{n}, & \gcd(a,\ n) = \gcd(b,\ n) = 1 \end{cases}$$

예 5.4.6 2가 법 13에 대한 원시근일 때, 예 5.4.5 의 이산로그표를 이용하여, 다음 합동식의 해를 구하라.

(1) $9x^8 \equiv 3 \pmod{13}$의 해를 구하라.

(2) $9x^8 \equiv 5 \pmod{13}$의 해를 구하라.

(3) $7^x \equiv 5 \pmod{13}$의 해를 구하라.

(4) $3^x \equiv 5 \pmod{13}$의 해를 구하라.

(풀이) (1) 합동식 (1)에 법 13에 대한 밑수 2에 대한 이산로그를 취하면

$$\text{ind}\, 9 + 8\ \text{ind}\, x \equiv \text{ind}\, 3 \pmod{12}$$

이 되고, 합동식 (1)과 동치이다. 이산로그표에 의하여서

$$\begin{aligned} 8 + 8\ \text{ind}\, x &\equiv 4 \pmod{12} \\ 8\ \text{ind}\, x &\equiv -4 \equiv 8 \pmod{12} \\ 2\ \text{ind}\, x &\equiv 2 \pmod{3} \\ \text{ind}\, x &\equiv 1 \pmod{3} \end{aligned}$$

이다. 따라서 법 12에 대한 합동식으로 고쳐 쓰면

$$\text{ind}\, x \equiv 1,\ 4,\ 7,\ 10 \pmod{12}$$

이다. 그러므로 구하는 합동식의 해는

$$x \equiv 2^1,\ 2^4,\ 2^7,\ 2^{10} \pmod{13}$$

이다. 직접 계산하거나 이산로그표를 참조하면, 다음 4개의 합동식의 해를 얻는다.

$$x \equiv 2,\ 3,\ 11,\ 10 \pmod{13}$$

(2) 이 합동식에 법 13에 대한 밑수 2에 대한 이산로그를 취하면

$$\text{ind}\, 9 + 8\ \text{ind}\, x \equiv \text{ind}\, 5 \pmod{12}$$

은 합동식 (1)과 동치이다. 이산로그표에 의하여서

$$\begin{aligned} 8 + 8\ \text{ind}\, x &\equiv 9 \pmod{12} \\ 8\ \text{ind}\, x &\equiv 1 \pmod{12} \end{aligned}$$

이다. 하지만 $\gcd(8,\ 12) \nmid 1$이므로 해가 없다(정리 3.3.2).

(3) 합동식 (3)은 $x \text{ ind } 7 \equiv \text{ind } 5 \pmod{12}$와 동치이다. 그러므로 이산로그표에서

$$11x \equiv 9 \pmod{12}, \quad -x \equiv 9 \pmod{12}$$

이므로 구하는 해는 $x \equiv -9 \equiv 3 \pmod{12}$이다.

(4) 합동식 (4)는 $x \text{ ind } 3 \equiv \text{ind } 5 \pmod{12}$와 동치이다. 그러므로 이산로그표에서

$$4x \equiv 9 \pmod{12}$$

이다. 하지만 $\gcd(4,\ 12) \nmid 9$이므로 해가 없다(정리 3.3.2).

다음은 합동식 $x^k \equiv a \pmod{n}$의 형태의 해의 존재성에 대한 정리이다.

정리 5.4.7 *$n(\geq 2)$의 원시근 g가 존재할 때, $\gcd(a,\ n) = 1$인 정수 a와 양의 정수 k에 대하여 $d = \gcd(k,\ \phi(n))$라 하자. 이 때, 다음은 동치이다.*

$$\boxed{x^k \equiv a \pmod{n}\text{의 해가 존재}} \iff \boxed{\gcd(k,\ \phi(n)) \mid \text{ind}_g\ a} \iff a^{\frac{\phi(n)}{d}} \equiv 1 \pmod{n}$$

※ 해가 존재하면, 꼭 $\boxed{d = \gcd(k,\ \phi(n))\text{개 존재}}$한다.

(증명) 정리 3.3.2에 의하여 다음이 성립한다.

$$\begin{aligned} & x^k \equiv a \pmod{n}\text{의 해가 존재} \\ \Leftrightarrow\ & \text{ind}_g\ x^k \equiv \text{ind}_g\ a \pmod{\phi(n)}\text{의 해가 존재} \\ \Leftrightarrow\ & k \cdot \text{ind}_g\ x \equiv \text{ind}_g\ a \pmod{\phi(n)}\text{의 해가 존재} \\ \Leftrightarrow\ & \gcd(k,\ \phi(n)) \mid \text{ind}_g\ a \end{aligned}$$

이 때, 해는 꼭 $d = \gcd(k,\ \phi(n))$개 존재한다(정리 3.3.2).

한편 $\phi(n) = de$라 하면, 정리 5.4.3 (2)에 의하여 다음은 동치이다.

$$\begin{aligned} & d \mid \text{ind } a \Leftrightarrow de \mid e \text{ ind } a \Leftrightarrow e \text{ ind } a \equiv 0 \pmod{\phi(n)} \\ \Leftrightarrow\ & \text{ind } a^e \equiv \text{ind } 1 \pmod{\phi(n)} \\ \Leftrightarrow\ & a^e \equiv 1 \pmod{n} \Leftrightarrow a^{\frac{\phi(n)}{d}} \equiv 1 \pmod{n} \end{aligned}$$

■

따름정리 5.4.8 *소수 p와 $\gcd(a, n) = 1$인 정수 a에 대하여 다음이 성립한다.*

$$x^k \equiv a \pmod{p}\text{의 해 존재} \iff a^{\frac{p-1}{\gcd(k,\, p-1)}} \equiv 1 \pmod{p}$$

예 5.4.9 $4x^9 \equiv 9 \pmod{11 \cdot 13}$의 해를 구하라.

단, 11과 13의 원시근 2에 대한 이산로그표는 다음과 같다.

지수 \ a	1	2	3	4	5	6	7	8	9	10	11	12
$\text{ind}_2 a \pmod{11}$	0	1	8	2	4	9	7	3	6	5	＼	＼
$\text{ind}_2 a \pmod{13}$	0	1	4	2	9	5	11	3	8	10	7	6

(풀이) 합동식 $4x^9 \equiv 9 \pmod{11 \cdot 13}$은 다음 연립합동식과 동치이다.

$$\begin{cases} 4x^9 \equiv 9 \pmod{11} \\ 4x^9 \equiv 9 \pmod{13} \end{cases}$$

먼저 합동식 $4x^9 \equiv 9 \pmod{11}$의 해를 구하자.

법 11에 대한 밑수 2에 대한 이산로그를 취하면

$$\text{ind}\, 4 + 9\, \text{ind}\, x \equiv \text{ind}\, 9 \pmod{10}$$

이다. 법 11에 대한 이산로그표에 의하여서

$$\begin{aligned} 2 + 9\, \text{ind}\, x &\equiv 6 \pmod{10} \\ 9\, \text{ind}\, x &\equiv 4 \pmod{10} \\ -\text{ind}\, x &\equiv 4 \pmod{10} \\ \text{ind}\, x &\equiv 6 \pmod{10} \end{aligned}$$

이다. 그러므로 구하는 합동식의 해는 이산로그표에 의하여서 다음과 같다.

$$x \equiv 2^6 \equiv 9 \pmod{11}$$

다음에 합동식 $4x^9 \equiv 9 \pmod{13}$의 해를 구하자.

법 13에 대한 밑수 2에 대한 이산로그를 취하면

$$\text{ind}\, 4 + 9\, \text{ind}\, x \equiv \text{ind}\, 9 \pmod{12}$$

이다. 법 13에 대한 이산로그표에 의하여서

$$2+9\,\text{ind}\,x \equiv 8 \pmod{12}$$

$$9\,\text{ind}\,x \equiv 6 \pmod{12}$$

$$3\,\text{ind}\,x \equiv 2 \pmod{4}$$

$$-\text{ind}\,x \equiv 2 \pmod{4}$$

이다. 따라서 법 12에 대한 합동식으로 고쳐 쓰면

$$\text{ind}\,x \equiv 2,\ 6,\ 10 \pmod{12}$$

이다. 그러므로 구하는 합동식의 해는

$$x \equiv 2^2,\ 2^6,\ 2^{10} \pmod{13}$$

이다. 이산로그표를 참조하면, 다음 3개의 합동식의 해를 얻는다.

$$x \equiv 4,\ 12,\ 10 \pmod{13}$$

마지막으로 중국인의 나머지 정리를 이용하여 해를 구하자.

① $\begin{cases} x \equiv 9 \pmod{11} \\ x \equiv 4 \pmod{13} \end{cases}$ ② $\begin{cases} x \equiv 9 \pmod{11} \\ x \equiv 12 \pmod{13} \end{cases}$ ③ $\begin{cases} x \equiv 9 \pmod{11} \\ x \equiv 10 \pmod{13} \end{cases}$

①, ②, ③식에 의하여 구하는 해는 다음과 같다.

$$x \equiv 108 \pmod{11 \cdot 13}, \quad x \equiv 64 \pmod{11 \cdot 13}, \quad x \equiv 75 \pmod{11 \cdot 13}$$

임용시험 출제 5.4.10 [2010학년도] 정수 2는 29의 원시근이다. 1보다 크거나 같고 28보다 작거나 같은 정수 중 합동식 $x^4 \equiv 1 \pmod{29}$의 해를 곱한 값을 m이라 할 때, $2^k \equiv m \pmod{29}$를 만족시키는 최소 양의 정수 k를 구하라.

임용시험 출제 5.4.11 [2013학년도] 정수 3는 법 50에 대한 원시근이다. 1보다 크거나 같고 25보다 작거나 같은 정수 중 합동식

$$x^{12} \equiv -9 \pmod{50}$$

의 해를 모두 더한 값을 구하라.

임용시험 출제 5.4.12 [2015학년도] 다음 삼차 합동방정식에 대하여 $\mathbb{Z}_{2015}$에 속하는 해의 개수를 풀이 과정과 함께 쓰시오.

$$x^3 - 8 \equiv 0 \pmod{2015} \quad (\text{참고 : } 2015 = 5 \times 13 \times 31)$$

임용시험 출제 5.4.13 [2016학년도] 정수 23은 법(modulo) 89에 대한 원시근 (primitive root)이고, 89는 소수이다. 정수 $a = 23^{41}$에 대하여 $a^n = 23 \pmod{89}$를 만족하는 가장 작은 양의 정수 n의 값을 풀이 과정과 함께 쓰시오.

연 습 문 제 (5.4)

1. 법 11에 대한 다음 물음에 답하라.

(1) 2가 법 11에 대한 원시근임을 밝혀라.

(2) 2를 밑으로 가지는 법 11에 대한 이산로그표를 구하라.

(3) 위 (2)의 이산로그표를 이용하여 법 11에 대한 원시근을 모두 구하라.

(4) 위 (3)의 원시근을 밑으로 가지는 법 11에 대한 이산로그표를 구하라.

2. 법 31에 대한 이산로그표를 이용하여 다음 물음에 답하라.

(1) 법 31에 대한 원시근을 모두 구하라.

(2) $3 \cdot b \equiv 1 \pmod{31}$, $1 < b < 31$인 정수 b를 구하라.
그리고, 법 31 에 대한 b를 밑으로 가지는 이산로그표를 구하라.

3. 2가 13에 대한 원시근일 때, 13의 원시근을 모두 구하고, 다음을 구하라.

(1) $\text{ind}_2 6$ (2) $\text{ind}_6 2$ (3) $\text{ind}_2 11$ (4) $\text{ind}_{11} 2$

(5) $\text{ind}_6 16$ (6) $\text{ind}_6 3 + \text{ind}_6 9$

4. 양의 정수 n이 원시근 g를 가질 때, 다음을 증명하라.

$$\boxed{\text{ind}_g(-1) = \text{ind}_g(n-1) = \frac{\phi(n)}{2}}$$

5. 이산로그표를 이용하여 다음 합동식의 해가 존재하는지를 결정하라.

(1) $x^5 \equiv 13 \pmod{23}$ (2) $x^7 \equiv 15 \pmod{29}$

6. 2는 29의 원시근이다. 이 때, 다음을 구하라.

(1) 29에 대한 모든 원시근을 2^a의 형태로 구하라.

(2) $\text{ind}_2 3$를 구하라.

(3) 합동식 $x^5 \equiv 3 \pmod{29}$의 해를 구하라.

(4) 합동식 $6x^{11} \equiv -8 \pmod{29}$ 의 해를 구하라.
(참조 : $\text{ind}_2 6 = 6$, $\text{ind}_g(-1) = \frac{\phi(n)}{2}$ 과 원시근에 대한 오일러 정리 이용)

7. 2는 11과 19의 원시근이다. 이 때, 다음을 구하라.

(1) $\begin{cases} 2^7 \equiv a \pmod{11} \\ 2^6 \equiv b \pmod{19} \\ 2^7 \equiv c \pmod{19} \end{cases}$ 를 만족하는 가장 작은 양의 정수 a, b, c를 구하라.

(2) 합동식 $x^7 \equiv 7 \pmod{11 \cdot 19}$ 의 해를 구하라.

8. 2가 법 59에 대한 원시근임을 이용하여 합동식 $5x^5 \equiv -16 \pmod{59}$의 정수해를 2^a의 형태로 구하라.

9. 3이 17의 원시근이고 $3^{14} \equiv 2 \pmod{17}$, $3^8 \equiv 16 \pmod{17}$이다. 이 때, 양의 정수 n에 대하여 $2^n + 3^n$ 이 17 의 배수이면, $n \equiv 8 \pmod{16}$임을 증명하라.

10. p가 홀수인 소수일 때, 따름정리 5.4.8을 이용하여 다음을 증명하라.

(1) $x^2 \equiv -1 \pmod{p}$의 해가 존재할 필요충분조건은 $p \equiv 1 \pmod{4}$이다.

(2) $x^4 \equiv -1 \pmod{p}$의 해가 존재할 필요충분조건은 $p \equiv 1 \pmod{8}$이다.

11. 2는 11, 13, 25, 37의 원시근이다. 이 때 합동방정식의 모든 해를 2^a의 형태로 나타내라.

(1) $x^5 \equiv 7 \pmod{25}$ (2) $x^7 \equiv -4 \pmod{37}$

(3) $x^3 \equiv x \pmod{11 \cdot 13}$

12. 정수 $n(\geq 3)$에 대하여 법 n에 대한 원시근 g가 존재할 때, 다음을 풀어라.

$\boxed{a^x \equiv b \pmod{n}\text{의 해가 존재}} \iff \boxed{\gcd(\text{ind}_g a,\ \phi(n)) \mid \text{ind}_g b}$

이 경우 법 n에 대하여 $\gcd(\text{ind}_g a,\ \phi(n))$개의 합동이 아닌 해가 존재한다.

13. 이산로그표를 이용하여 다음 합동식의 해를 구하라.

(1) $4^x \equiv 13 \pmod{17}$ (2) $5^x \equiv 4 \pmod{19}$

(3) $17^x \equiv 31 \pmod{19}$ (4) $27x^{22} \equiv 3 \pmod{19}$

(5) $7x^3 \equiv 3 \pmod{11}$ (6) $2x^{11} \equiv 7 \pmod{25}$

(7) $7^x \equiv 6 \pmod{13}$

14. 이산로그표를 이용하여 다음 합동식의 해를 구하라.

(1) $(x+10)^{21} \equiv 4 \pmod{31}$ (2) $2^x - x \equiv 0 \pmod{13}$

(3) $10^{x^2} + 12 \equiv 0 \pmod{23}$ (4) $13x^{18} \equiv 3 \pmod{23 \cdot 25}$

제 6 장

이차잉여

일반적으로 2차합동식의 해가 존재하면 2차잉여라 하는데 이를 판별하는 문제는 쉽지 않다. 이때 이차잉여의 상호법칙(정리 6.2.1)을 이용하면 이차잉여인지 아닌지를 쉽게 판별할 수 있다. 르장드르 기호(Legendre symbol)는 어떤 수가 이차잉여인지 아닌지를 나타내는 함수이다.

이차잉여의 상호법칙에 대하여서는 독일 수학자 오일러(Leonhard Euler, 1707~1783)와 프랑스 수학자 르장드르(Adrien-Marie Legendre, 1752~1833)는 참이라 추측하였으나 증명하지 못하였다. 독일 수학자 가우스(Carolus Fridericus Gauss, 1777~1855)가 ⟨⟨산술연구, Disquisitiones arithmeticae, 1801년⟩⟩에서 최초로 이차잉여의 상호법칙을 증명하였다. 가우스는 평생에 걸쳐 이차잉여의 상호법칙에 대한 8가지 다른 증명을 제시하였다. 가우스 이후, 현재까지 발표된 이차잉여의 상호법칙의 증명들은 200여 개에 이르며, 최근까지도 꾸준히 새로운 증명들이 발표되고 있다.

2008년에 Chen 등은 태그 인증 시 서버의 전수조사를 막기 위하여 제곱근을 구하는 어려움에 기반한 이차잉여를 이용한 상호인증기법을 제안하였다.

이차잉여는 음향의 사운드 확산 연구에 활용되고 있고, 그래프 이론에서 Paley digraphs 구성, 암호학에서 Goldwasser-Micali 암호, Solovay-Strassen 소수판별법, Miller-Rabin 소수판별법, 인수분해 알고리즘 등에 활용되고 있다. (참조 [6])

6.1 이차잉여와 르장드르 기호

5.4절에서 원시근을 갖는 정수 n에 대하여 합동식 $x^k \equiv a \pmod{n}$의 해의 존재성 판별(정리 5.4.7)과 이산로그를 이용하여 해를 구하는 방법을 알아 보았다. 이 절에서는 2차합동식 $x^2 \equiv a \pmod{n}$의 해의 존재성에 대하여 다룬다. 그리고 2차합동식 경우에는 해의 존재성을 쉽게 판정하는 르장드르 기호에 대하여 알아 본다.

먼저 원시근을 갖는 홀수인 정수 $n(\geq 3)$과 정수 a, b, c에 대하여, 일반적인 형태의 2차합동식

$$ax^2 + bx + c \equiv 0 \pmod{n}, \quad \gcd(a,\ n) = 1$$

의 해를 구하는 방법에 대하여 알아 보자. 핵심은 완전제곱식을 만드는 것이다.

(방법 1) x^2항을 완전제곱을 만들기 위하여 $4a$를 양변에 곱한다.

$$\begin{aligned}
&(4a)ax^2 + (4a)bx + (4a)c \equiv 0 \pmod{n} \\
\Rightarrow\ &(2ax)^2 + 2(2ab)x + 4ac \equiv 0 \pmod{n} \\
\Rightarrow\ &(2ax+b)^2 - b^2 + 4ac \equiv 0 \pmod{n} \\
\Rightarrow\ &(2ax+b)^2 \equiv b^2 - 4ac \pmod{n}
\end{aligned}$$

여기서 $X = 2ax+b$, $\alpha = b^2 - 4ac$라 하면,

$$X^2 \equiv \alpha \pmod{n}$$

의 해를 구하는 문제로 귀착된다.

(방법 2) $\gcd(a,\ n) = 1$이므로, 따름정리 3.3.3에 의하여 법 n에 대한 a의 역원 a^{-1}가 존재하므로 이것을 양변에 곱한다.

이 때 x항의 계수 $a^{-1}b$가 홀수이면 $a^{-1}b \equiv a^{-1}b + n \pmod{n}$으로 변환하여 짝수로 만든다.

$$x^2 + a^{-1}bx + a^{-1}c \equiv 0 \pmod{n} \text{ 또는 } x^2 + (a^{-1}b+n)x + a^{-1}c \equiv 0 \pmod{n}$$

위 식을 완전제곱식을 만들면 마찬가지로

$$X^2 \equiv \alpha \pmod{n}$$

의 형태의 합동식의 해를 구하는 문제로, 우선 법이 소수인 p인 이차합동식을 생각하자. 법이 합성수인 이차합동식은 6.3절에서 다룬다.

예 6.1.1 $2x^2 + 3x + 1 \equiv 0 \pmod{7}$의 해를 구하라.

(방법 1) 양변에 8을 곱한다.

$$\begin{aligned}
16x^2 + 24x + 8 &\equiv 0 \pmod{7} \\
(4x+3)^2 + 8 - 9 &\equiv 0 \pmod{7} \\
(4x+3)^2 &\equiv 1 \pmod{7}
\end{aligned}$$

따라서 $4x+3 \equiv \pm 1 \pmod 7$이고, 구하는 해는 다음과 같다.

$$x \equiv 3 \pmod 7, \quad x \equiv -1 \pmod 7$$

(방법 2) $(-3)\cdot 2 \equiv 1 \pmod 7$이므로 $2^{-1} \equiv -3 \pmod 7$을 양변에 곱하자.

$$\begin{aligned}(-3)2x^2+(-3)\cdot 3x+(-3)\cdot 1 &\equiv 0 \pmod 7\\ x^2-9x-3 &\equiv 0 \pmod 7\\ x^2-2x-3 &\equiv 0 \pmod 7\\ (x-1)^2 &\equiv 4 \pmod 7\end{aligned}$$

따라서 $x-1 \equiv \pm 2 \pmod 7$이고, 구하는 해는 다음과 같다.

$$x \equiv 3 \pmod 7, \quad x \equiv -1 \pmod 7$$

정의 6.1.2 [*이차잉여(quadratic residue, 二次非剩餘), 이차비잉여(quadra- tic nonresidue, 二次非剩餘)의 정의*]

홀수인 소수 p와 $\gcd(a,\ p)=1$인 정수 a에 대하여

a는 p의 **이차잉여**	$\overset{\text{정의}}{\Longleftrightarrow}$	$x^2 \equiv a \pmod p$의 해가 존재
a는 p의 **이차비잉여**	$\overset{\text{정의}}{\Longleftrightarrow}$	$x^2 \equiv a \pmod p$의 해가 없음

※ a는 p의 이차잉여를 'a는 법 p에 대한 이차잉여'라고도 한다.

※ p가 짝수 소수 2인 때는 자명하므로 생략한다.

예 6.1.3 7의 이차잉여와 이차비잉여를 구하라.

(풀이) 7의 기약잉여계 $R_7^* = \{\pm 1,\ \pm 2,\ \pm 3\}$을 생각하자.

$$(\pm 1)^2 \equiv 1 \pmod 7, \quad (\pm 2)^2 \equiv 4 \pmod 7, \quad (\pm 3)^2 \equiv 2 \pmod 7$$

이므로, 7의 이차잉여는 $\{1,\ 2,\ 4\}$이고, 7의 이차비잉여는 $\{3,\ 5,\ 6\}$이다.

예 6.1.4 8의 이차잉여와 이차비잉여를 구하라.

(풀이) 8의 표준기약잉여계 $\mathbb{Z}_8^* = \{1,\ 3,\ 5,\ 7\}$을 생각하자.

$$1^2 \equiv 3^2 \equiv 5^2 \equiv 7^2 \equiv 1 \pmod 8$$

이므로, 8의 이차잉여는 $\{1\}$이고, 8의 이차비잉여는 $\{3,\ 5,\ 7\}$이다.

보조정리 6.1.5 *홀수인 소수 p와 $\gcd(a, p) = 1$인 정수 a에 대하여 다음이 성립한다.*

$\boxed{a^{\frac{p-1}{2}} \equiv 1 \pmod{p}}$ 이거나 $\boxed{a^{\frac{p-1}{2}} \equiv -1 \pmod{p}}$ 이다.

(증명) 페르마 정리(정리 4.2.1)에 의하여,

$$0 \equiv a^{p-1} - 1 \equiv \left(a^{\frac{p-1}{2}}\right)^2 - 1 \equiv \left(a^{\frac{p-1}{2}} - 1\right)\left(a^{\frac{p-1}{2}} + 1\right) \pmod{p}$$

이다. 한편, p가 소수이므로 따름정리 3.1.17(2)에 의하여,
$a^{\frac{p-1}{2}} \equiv 1 \pmod{p}$이거나 $a^{\frac{p-1}{2}} \equiv -1 \pmod{p}$이다. ■

정리 6.1.6 (오일러 판정기준)
홀수인 소수 p와 $\gcd(a, p) = 1$인 정수 a에 대하여 다음이 성립한다.

(1) a가 p의 이차잉여 $\iff$ $\boxed{a^{\frac{p-1}{2}} \equiv 1 \pmod{p}}$
(2) a가 p의 이차비잉여 $\iff$ $a^{\frac{p-1}{2}} \equiv -1 \pmod{p}$
(3) g가 p의 원시근 $\implies$ $g^{\frac{p-1}{2}} \equiv -1 \pmod{p}$

※ 원시근은 p의 이차비잉여이다.

(증명) (1) p가 홀수인 소수이므로, $\gcd(2, \phi(p)) = \gcd(2, p-1) = 2$이다. 그러면 따름정리 5.4.8에 의하여, 다음이 성립한다.

$$a\text{가 } p\text{의 이차잉여} \iff x^2 \equiv a \pmod{p}\text{의 해가 존재}$$
$$\iff a^{\frac{p-1}{2}} \equiv 1 \pmod{p}$$

(2) 보조정리 6.1.5와 (1)의 대우에 의하여 (2)가 성립한다.

(3) g가 p의 원시근이라 하자. 그러면 $\gcd(g, p) = 1$이고, g의 법 p 에 대한 위수가 $p-1$이므로

$$g^{\frac{p-1}{2}} \not\equiv 1 \pmod{p}$$

이다. 따라서 보조정리 6.1.5에 의하여

$$g^{\frac{p-1}{2}} \equiv -1 \pmod{p}$$

이 성립한다. ■

예 6.1.7 7의 이차잉여와 이차비잉여를 구하라.

(풀이) 오일러 판정기준을 이용하여 구해보자.

$$1^{\frac{7-1}{2}} \equiv 1^3 \equiv 1 \pmod 7, \qquad 2^{\frac{7-1}{2}} \equiv 2^3 \equiv 1 \pmod 7,$$
$$3^{\frac{7-1}{2}} \equiv 3^3 \equiv -1 \pmod 7, \qquad 4^{\frac{7-1}{2}} \equiv (-3)^3 \equiv 1 \pmod 7,$$
$$5^{\frac{7-1}{2}} \equiv (-2)^3 \equiv -1 \pmod 7, \qquad 6^{\frac{7-1}{2}} \equiv (-1)^3 \equiv -1 \pmod 7$$

이므로, 7의 이차잉여는 $\{1, 2, 4\}$이고, 7의 이차비잉여는 $\{3, 5, 6\}$이다.

프랑스 수학자인 르장드르(Adrien-Marie Legendre, 1752~1833)는 정역학, 정수론, 추상대수학, 해석학 분야에서 중요한 공헌을 했다. 1830년에 $n=5$의 경우일 때의 페르마의 대정리를 증명했다.

정의 6.1.8 [*르장드르 기호(Legendre symbol)의 정의*]

홀수인 소수 p와 $\gcd(a, p)=1$인 정수 a에 대하여

르장드르 기호 $\left(\frac{a}{p}\right)$ $\overset{정의}{\Longleftrightarrow}$ $\left(\frac{a}{p}\right) = \begin{cases} 1, & a\text{는 } p\text{의 이차잉여} \\ -1, & a\text{는 } p\text{의 이차비잉여} \end{cases}$

예 6.1.9 7의 이차잉여는 $\{1, 2, 4\}$이고, 7의 이차비잉여는 $\{3, 5, 6\}$이므로

$$\left(\frac{1}{7}\right)=1, \quad \left(\frac{2}{7}\right)=1, \quad \left(\frac{3}{7}\right)=-1, \quad \left(\frac{4}{7}\right)=1, \quad \left(\frac{5}{7}\right)=-1, \quad \left(\frac{6}{7}\right)=-1$$

정리 6.1.10 *홀수인 소수 p와 $\gcd(ab, p)=1$인 정수 a, b에 대하여 다음이 성립한다.*

(1) $a \equiv b \pmod p \implies \left(\frac{a}{p}\right) = \left(\frac{b}{p}\right)$ 즉, $\left(\frac{ap+r}{p}\right) = \left(\frac{r}{p}\right)$

(2) $\left(\frac{a^2}{p}\right) = 1, \quad \left(\frac{1}{p}\right) = 1$

(3) $\left(\frac{a}{p}\right) \equiv a^{\frac{p-1}{2}} \pmod p$

(4) $\left(\frac{ab}{p}\right) = \left(\frac{a}{p}\right)\left(\frac{b}{p}\right)$

(5) $\left(\frac{-1}{p}\right) = (-1)^{\frac{p-1}{2}}$

(증명) (1) $a \equiv b \pmod p$이면, 다음 합동식은 서로 동치이다.

$$x^2 \equiv a \pmod p, \quad x^2 \equiv b \pmod p$$

위 합동식은 해가 일치하므로, $\left(\dfrac{a}{p}\right) = \left(\dfrac{b}{p}\right)$이다.

(2) $x^2 \equiv a^2 \pmod p$는 두 해 $x \equiv \pm a \pmod p$을 가지므로, $\left(\dfrac{a^2}{p}\right) = 1$이다. 분명히 $\left(\dfrac{1}{p}\right) = 1$이다.

(3) 오일러 판정기준(정리 6.1.6)에 의하여 성립한다.

(4) 위의 (3)에 의하여 다음이 성립한다.

$$\left(\frac{ab}{p}\right) \equiv (ab)^{\frac{p-1}{2}} \equiv a^{\frac{p-1}{2}} b^{\frac{p-1}{2}} \equiv \left(\frac{a}{p}\right)\left(\frac{b}{p}\right) \pmod p$$

이 때, 르장드르 기호값은 단지 ± 1만 가지고, p가 홀수이므로 $\left(\dfrac{ab}{p}\right) = \left(\dfrac{a}{p}\right)\left(\dfrac{b}{p}\right)$이어야 한다.

(5) 위의 (3)에 의하여

$$\left(\frac{-1}{p}\right) \equiv (-1)^{\frac{p-1}{2}} \pmod p$$

이고, 합동식의 우변은 1 또는 -1이므로 (5)가 성립한다. ■

정리 6.1.11 *소수 $p(\geq 3)$의 기약잉여계 R_p^*에 대하여 다음이 성립한다.*

$$\left.\begin{array}{l} A = \left\{ a \in R_p^* \;\middle|\; \left(\dfrac{a}{p}\right) = 1 \right\} \\ B = \left\{ a \in R_p^* \;\middle|\; \left(\dfrac{a}{p}\right) = -1 \right\} \end{array}\right. \Longrightarrow \quad |A| = |B| = \frac{p-1}{2}$$

※ 홀수인 소수 p의 이차잉여의 개수와 이차비잉여의 개수는 같다. p가 소수가 아니면 정리는 성립하지 않는다. 참조 예 6.1.4.

(증명) g가 p의 원시근이라 하자. 그러면 임의의 원소 $a \in R_p^*$에 대하여 $a \equiv g^{\text{ind}\, a} \pmod p$ $(0 \leq \text{ind}\, a < p-1)$이다. 따라서 정리 6.1.10 (3)과 정리 6.1.6 (3) 에 의하여

$$\left(\frac{a}{p}\right) \equiv a^{\frac{p-1}{2}} \equiv (g^{\text{ind}\, a})^{\frac{p-1}{2}} \equiv \left(g^{\frac{p-1}{2}}\right)^{\text{ind}\, a} \equiv (-1)^{\text{ind}\, a} \pmod p$$

이다. 위 식에서

$$\begin{cases} \text{ind}\, a\text{가 짝수} \Longrightarrow a\text{는 2차 잉여} \\ \text{ind}\, a\text{가 홀수} \Longrightarrow a\text{는 2차 비잉여} \end{cases}$$

한편, ind $a \in \{0, 1, \cdots, p-2\}$이고 p가 홀수이므로 $p-1$은 짝수이다. 따라서 ind a가 짝수인 것과 홀수인 것의 개수는 $\frac{p-1}{2}$이다. 그러므로 $|A| = |B| = \frac{p-1}{2}$이다. ■

예 6.1.12 7의 이차잉여는 $\{1, 2, 4\}$이고, 7의 이차비잉여는 $\{3, 5, 6\}$이므로, 7의 이차잉여와 이차비잉여의 개수는 모두 3 이다.

하지만 소수가 아닌 경우에는 위 정리가 성립하지 않는다. 예를 들어, 8의 이차잉여는 $\{1\}$이고, 8의 이차비잉여는 $\{3, 5, 7\}$이므로, 8의 이차잉여는 1개이고, 이차비잉여는 3 개가 되어 일치하지 않는다.

정리 6.1.13 (가우스 보조정리)

홀수인 소수 p와 $\gcd(a, p) = 1$인 정수 a에 대하여

$$S = \left\{a, 2a, 3a, \cdots, \left(\frac{p-1}{2}\right)a\right\}$$

라 할 때, 다음이 성립한다.

$$S' = \left\{ia \in S \mid \langle ia\rangle_p > \frac{p}{2}\right\} \implies \left(\frac{a}{p}\right) = (-1)^{|S'|}$$

단, $\langle ia\rangle_p$는 ia를 p 로 나눈 나머지.

(증명) $\gcd(a, p) = 1$이므로 S에 있는 $\frac{p-1}{2}$개의 원소는 법 p 에 대하여 0이 아니고, 쌍마다 합동이 아니다.

$b_1, b_2, \cdots, b_m$을 S의 원소 중 p로 나누었을 때 나머지가 $0 < b_i < \frac{p}{2}$인 나머지라 하고 $S_1 = \{b_1, b_2, \cdots, b_m\}$이라 하자. 또한 $c_1, c_2, \cdots, c_n$을 S의 원소 중 p로 나누었을 때 나머지가 $p > c_i > \frac{p}{2}$ 인 나머지라 하고 $S_2 = \{c_1, c_2, \cdots, c_n\}$이라 하자. 즉, $S' = S_2$이다.

그러면 $|S_1| + |S_2| = m + n = |S| = \frac{p-1}{2}$이다. 또한,

$$a \cdot 2a \cdot 3a \cdot \cdots \cdot \left(\frac{p-1}{2}\right)a \equiv b_1 b_2 \cdots b_m c_1 c_2 \cdots c_n \pmod{p}$$

$$a^{\frac{p-1}{2}} \cdot \left(\frac{p-1}{2}\right)! \equiv b_1 b_2 \cdots b_m c_1 c_2 \cdots c_n \pmod{p} \cdots ①$$

한편,

$$S_2' = \{p - c_i \mid c_i \in S_2\}$$

라 하고, $T = S_1 \cup S_2'$라 하면, T의 모든 원소는 $\frac{p}{2}$보다 작은 양수이다. $|T| = \frac{p-1}{2}$임을 보이자. S_1의 원소와 S_2'의 원소가 같은 것이 없음을 보이면 충분하다. $b_i \in S_1$과 $p - c_j \in S_2'$에 대하여서

$$b_i = p - c_j$$

라 하자. 이 때, $b_i \equiv ra(\in S) \pmod{p}$이고 $c_j \equiv sa(\in S) \pmod{p}$인 정수 $r,\ s\ (1 \le r,\ s \le \frac{p-1}{2})$가 존재한다. 그러면 $\gcd(a,\ p) = 1$이므로

$$ra \equiv p - sa \pmod{p} \Longrightarrow (r+s)a \equiv 0 \pmod{p} \Longrightarrow (r+s) \equiv 0 \pmod{p}$$

이다. $(r+s)$는 p의 배수이나 $2 \le r+s \le p-1$이므로 모순이다. 따라서 $b_i \ne p - c_j$이다. 그러면 $|T| = \frac{p-1}{2}$이고 T의 모든 원소는 $\frac{p}{2}$보다 작은 양수이므로

$$T = \{b_1,\ b_2,\ \cdots,\ b_m,\ p-c_1,\ p-c_2,\ \cdots,\ p-c_n\} = \left\{1,\ 2,\ \cdots,\ \frac{p-1}{2}\right\} \cdots ②$$

이다. 양변의 원소를 모두 곱하면 다음이 성립한다.

$$b_1 b_2 \cdots b_m (p-c_1)(p-c_2)\cdots(p-c_n) \equiv \left(\frac{p-1}{2}\right)! \pmod{p}$$

$$(-1)^n b_1 b_2 \cdots b_m c_1 c_2 \cdots c_n \equiv \left(\frac{p-1}{2}\right)! \pmod{p} \cdots ③$$

③식의 양변에 $(-1)^n$을 곱하고 ①식과 비교하면

$$a^{\frac{p-1}{2}} \cdot \left(\frac{p-1}{2}\right)! \equiv (-1)^n \left(\frac{p-1}{2}\right)! \pmod{p}$$

이므로, $a^{\frac{p-1}{2}} \equiv (-1)^n \pmod{p}$이다. 따라서 $|S'| = |S_2| = |S_2'| = n$이므로

$$\left(\frac{a}{p}\right) \equiv a^{\frac{p-1}{2}} \equiv (-1)^n \equiv (-1)^{|S'|} \pmod{p}$$

이 성립한다. ■

예 6.1.14 가우스 보조정리에 의하여 이차잉여를 구하자.

소수 13과 서로소인 정수 5에 대하여, $S = \{5,\ 10,\ 15,\ 20,\ 25,\ 30\}$라 하고, S의 원소를 13으로 나눈 나머지가 $\frac{13}{2} = 6.5$보다 큰 원소 전체의 집합을 $S' = \{10,\ 20,\ 25\}$라 하자. 그러면 가우스 보조정리에 의하여

$$\left(\frac{5}{13}\right) = (-1)^{|S'|} = (-1)^3 = -1$$

이다. 정리 6.1.10 (3)으로 확인해 보자.

$$\left(\frac{5}{13}\right) = 5^6 \equiv 25^3 \equiv (-1)^3 \equiv -1 \pmod{13}$$

정리 6.1.15 *홀수인 소수 p에 대하여 다음이 성립한다.*

(1) 정수 a가 $\gcd(a,\ p)=1$인 홀수이면, $\left(\dfrac{a}{p}\right)=(-1)^{\sum_{i=1}^{\frac{p-1}{2}}\left[\frac{ia}{p}\right]}$

(2) $\left(\dfrac{2}{p}\right)=(-1)^{\frac{p^2-1}{8}}=(-1)^{\frac{(p-1)(p+1)}{8}}$

(증명) (1) 가우스 보조정리(정리 6.1.13)의 가정과 증명에서의 기호를 그대로 사용하기로 하자.

각 $i\ (1\le i\le \frac{p-1}{2})$에 대하여, 나눗셈알고리즘에 의하여, $ia\in S$를

$$ia=\left[\frac{ia}{p}\right]p+r_i,\quad 0\le r_i<p$$

라 하자. 그러면 $r_i\in S_1\cup S_2$이므로, $r_i=b_i\in S_1$ 또는 $r_i=c_i\in S_2$인 원소 $b_i,\ c_i$가 존재한다. 따라서

$$\sum_{i=1}^{\frac{p-1}{2}} ia=\sum_{i=1}^{\frac{p-1}{2}}\left[\frac{ia}{p}\right]p+\sum_{i=1}^{\frac{p-1}{2}} r_i=p\sum_{i=1}^{\frac{p-1}{2}}\left[\frac{ia}{p}\right]+\sum_{i=1}^{m} b_i+\sum_{i=1}^{n} c_i\ \cdots ④$$

이다. 한편, 정리 6.1.13의 증명의 ②에 의하여

$$\sum_{i=1}^{m} b_i+\sum_{i=1}^{n}(p-c_i)=\sum_{i=1}^{\frac{p-1}{2}} i=\frac{p^2-1}{8}$$

$$\sum_{i=1}^{m} b_i=\frac{p^2-1}{8}-np+\sum_{i=1}^{n} c_i\ \cdots ⑤$$

이다. ⑤식을 ④식에 대입하여 정리하면

$$\frac{p^2-1}{8}(a-1)=p\sum_{i=1}^{\frac{p-1}{2}}\left[\frac{ia}{p}\right]-np+2\sum_{i=1}^{n} c_i\ \cdots ⑥$$

이다. 그리고 $a,\ p$가 홀수이므로, $a-1\equiv 0\ (\mathrm{mod}\ 2)$, $p\equiv 1\ (\mathrm{mod}\ 2)$이다. 따라서 ⑥식에서

$$n\equiv\sum_{i=1}^{\frac{p-1}{2}}\left[\frac{ia}{p}\right]\ (\mathrm{mod}\ 2)$$

이다. 따라서 $|S'|=n$이므로 가우스 보조정리(정리 6.1.13) 에 의하여

$$\left(\frac{a}{p}\right)=(-1)^n=(-1)^{\sum_{i=1}^{\frac{p-1}{2}}\left[\frac{ia}{p}\right]}$$

이다.

(2) 위의 (1)의 증명의 ⑥식에서 $a=2$인 경우를 생각하면, $a-1=1,\ \ -p\equiv 1 \pmod 2$이고, $\left[\frac{ia}{p}\right]=0\ (1\le i\le \frac{p-1}{2})$이므로

$$\frac{p^2-1}{8}\equiv n \pmod 2$$

이다. 따라서 $|S'|=n$이므로 가우스 보조정리(정리 6.1.13) 에 의하여

$$\left(\frac{a}{p}\right)=(-1)^n=(-1)^{\frac{p^2-1}{8}}$$

이다. ■

예 6.1.16 $x^2\equiv 11 \pmod{13}$의 해의 존재성을 판단하라.

(풀이) 르장드르 기호로 해의 존재성을 판단하자.

$$\left(\frac{11}{13}\right)=\left(\frac{-2}{13}\right)=\left(\frac{-1}{13}\right)\left(\frac{2}{13}\right)=(-1)^{\frac{13-1}{2}}(-1)^{\frac{(13-1)(13+1)}{8}}=-1$$

이므로, 해가 존재하지 않는다.

연 습 문 제 (6.1)

1. 다음의 $\mathbb{Z}_n^*$에서 법 n에 대한 이차잉여와 이차비잉여를 모두 구하라.

(1) $n=9$ (2) $n=11$ (3) $n=15$ (4) $n=35$

2. (1) 2가 19의 원시근임을 이용하여 19의 이차잉여를 모두 구하라.

(2) 3이 31의 원시근임을 이용하여 31의 이차잉여를 모두 구하라.

3. 홀수인 소수 p에 대하여 다음을 증명하라.

$$\left(\frac{2}{p}\right)=\begin{cases}1, & p\equiv \pm 1 \pmod 8\\ -1, & p\equiv \pm 3 \pmod 8\end{cases}$$

4. $p\equiv 7 \pmod 8$인 소수 p에 대하여 $2^{\frac{p-1}{2}}\equiv 1 \pmod p$임을 증명하라.

5. 다음 Legendre 기호의 값을 구하라.

(1) $\left(\frac{2}{31}\right)$ (2) $\left(\frac{-8}{37}\right)$ (3) $\left(\frac{50}{103}\right)$ (4) $\left(\frac{-288}{313}\right)$

6. 홀수인 소수 p에 대하여 다음을 증명하라.

(1) $\gcd(ab,\ p)=1$이면, $a,\ b,\ ab$ 중 적어도 하나는 p의 이차잉여이다.

(2) 임의의 양의 정수 n에 대하여 $(n^2-2)(n^2-3)(n^2-6)\equiv 0 \pmod p$이다.

7. 홀수인 소수 p에 대하여 $(a,\ p)=1$인 정수 a가 법 p에 대한 이차잉여일 때 다음이 성립함을 밝혀라.

$$\left(\frac{-a}{p}\right)=\begin{cases} 1, & p\equiv 1 \pmod 4 \\ -1, & p\equiv 3 \pmod 4 \end{cases}$$

8. 오일러 판정 기준을 이용하여 다음 합동식의 해의 존재성을 판정하라.

(1) $x^2\equiv 2 \pmod{19}$ (2) $x^2\equiv 4 \pmod{19}$

(3) $x^2\equiv 3 \pmod{19}$ (4) $x^2\equiv 9 \pmod{19}$

9. a를 홀수인 소수 p의 이차잉여이면, a는 p의 원시근이 아님을 보여라.

10. p를 홀수인 소수 그리고 $\gcd(a,\ p)=1$일 때, 다음은 동치이다.

$ax^2+bx+c\equiv 0 \pmod p$의 해가 존재 $\Leftrightarrow b^2-4ac=0$ 또는 $\left(\dfrac{b^2-4ac}{p}\right)=1$

11. 모든 소수 p에 대하여 이차 합동식 $6x^2+5x+1\equiv 0 \pmod p$는 해가 존재하고 반면에 방정식 $6x^2+5x+1=0$은 정수해가 존재 하지 않음을 보여라.

12. $p=2^k+1$이 소수이면 p의 모든 이차비잉여는 p의 원시근임을 보여라. (힌트 : 오일러 판정기준을 적용하라.)

6.2 이차잉여의 상호법칙

이 절에서는 르장드르 기호(이차잉여)를 쉽게 계산할 수 있는 이차상호성에 대하여 다룬다.

정리 6.2.1 **(2차잉여의 상호법칙)**
서로 다른 홀수 소수 p, q에 대하여 다음이 성립한다.

$$\left(\frac{q}{p}\right)\left(\frac{p}{q}\right)=(-1)^{\frac{p-1}{2}\cdot\frac{q-1}{2}},\quad \boxed{\left(\frac{q}{p}\right)=(-1)^{\frac{p-1}{2}\cdot\frac{q-1}{2}}\left(\frac{p}{q}\right)}$$

(증명) 정리 6.1.15 (1)에 의하여

$$s=\sum_{i=1}^{\frac{p-1}{2}}\left[\frac{iq}{p}\right],\quad t=\sum_{i=1}^{\frac{p-1}{2}}\left[\frac{ip}{q}\right]$$

이라 하면, $\left(\frac{q}{p}\right)\left(\frac{p}{q}\right)=(-1)^s(-1)^t=(-1)^{s+t}$이다. 따라서 첫 번째 등식이 성립함을 보이려면, $(-1)^{s+t}=(-1)^{\frac{p-1}{2}\cdot\frac{q-1}{2}}$임을 보이면 된다. 즉, $s+t=\frac{p-1}{2}\cdot\frac{q-1}{2}$ $(*)$임을 보이자.

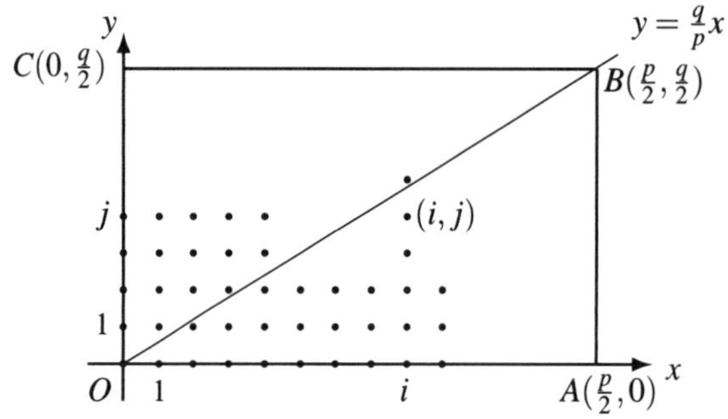

위 xy-좌표평면에서 좌표가 모두 정수인 점을 격자점(lattice point)이라 하자. 그리고 네점 $O(0,0)$, $A(\frac{p}{2},0)$, $B(\frac{p}{2},\frac{q}{2})$, $C(0,\frac{q}{2})$로 이루어진 $\square OABC$의 경계선을 제외한 내부의 격자점의 개수를 두 가지 방법으로 계산하여 $(*)$가 성립함을 보이자.

먼저 p, q는 홀수이므로

$$\left[\frac{p}{2}\right]=\frac{p-1}{2},\quad \left[\frac{q}{2}\right]=\frac{q-1}{2}$$

이다. 따라서 $\square OABC$의 내부의 격자점의 개수는 $\frac{p-1}{2}\cdot\frac{q-1}{2}$이다.

다음에 $\square OABC$의 대각선의 방정식은 $y=\frac{q}{p}x$이고, 각 정수 i $(1\le i<\frac{p}{2})$에 대하여 직사각형 내부의 대각선과 직선 $x=i$의 교점은 $(i,\ \frac{q}{p}i)$인데, p, q가 서로소인 소수이므로, $\frac{q}{p}i$는 정수가 아니다. 따라서 $\square OABC$의 내부의 대각선 상에 격자점은 하나도 없다. 그러므로 $\square OABC$의 내부의 격자점은 $\triangle OAB$ 또는 $\triangle OBC$의 내부에 있다.

먼저 $\triangle OAB$의 내부의 격자점의 개수를 세어 보면, $s=\sum_{i=1}^{\frac{p-1}{2}}\left[\frac{iq}{p}\right]$이다.

마찬가지로 $\triangle OBC$의 내부의 격자점의 개수를 세어 보면, $t=\sum_{i=1}^{\frac{p-1}{2}}\left[\frac{ip}{q}\right]$이다. 따라서 $\square OABC$의 내부의 격자점의 개수는

$$s+t=\sum_{i=1}^{\frac{p-1}{2}}\left[\frac{iq}{p}\right]+\sum_{i=1}^{\frac{p-1}{2}}\left[\frac{ip}{q}\right]$$

이다. 그러므로 위 $\square OABC$의 내부의 격자점을 세는 두 가지 방법에서

$$\frac{p-1}{2}\cdot\frac{q-1}{2}=s+t=\sum_{i=1}^{\frac{p-1}{2}}\left[\frac{iq}{p}\right]+\sum_{i=1}^{\frac{p-1}{2}}\left[\frac{ip}{q}\right]$$

가 되어 첫 번째 등식이 성립한다.

두 번째 등식은 첫 번째 등식의 양변에 $\left(\frac{p}{q}\right)$를 곱하여 얻는다. ■

예 6.2.2

$$\left(\frac{5}{13}\right)=(-1)^{\frac{13-1}{2}\cdot\frac{5-1}{2}}\left(\frac{13}{5}\right)=\left(\frac{3}{5}\right)=(-1)^{\frac{5-1}{2}\cdot\frac{3-1}{2}}\left(\frac{2}{3}\right)=(-1)^{\frac{2\cdot4}{8}}=-1$$

예 6.2.3

$$\begin{aligned}\left(\frac{29}{53}\right)&=(-1)^{\frac{53-1}{2}\cdot\frac{29-1}{2}}\left(\frac{53}{29}\right)=\left(\frac{24}{29}\right)=\left(\frac{4}{29}\right)\left(\frac{6}{29}\right)=\left(\frac{6}{29}\right)\\&=\left(\frac{2}{29}\right)\left(\frac{3}{29}\right)=(-1)^{\frac{28\cdot30}{8}}(-1)^{\frac{28}{2}\cdot\frac{2}{2}}\left(\frac{29}{3}\right)=-\left(\frac{2}{3}\right)=1\end{aligned}$$

예 6.2.4 $x^2\equiv 11 \pmod{13}$의 해의 존재성을 판단하라.

(풀이) 르장드르 기호로 해의 존재성을 판단하자.

$$\left(\frac{11}{13}\right)=\left(\frac{-2}{13}\right)=\left(\frac{-1}{13}\right)\left(\frac{2}{13}\right)=(-1)^{\frac{13-1}{2}}(-1)^{\frac{(13-1)(13+1)}{8}}=-1$$

이므로, 해가 존재하지 않는다.

예 6.2.5 $x^2\equiv 114 \pmod{13\cdot17}$의 해의 존재성을 판단하라.

(풀이) 이 합동식은 다음 연립합동식과 동치이다.

$$\begin{cases}x^2\equiv 114\equiv 10 \pmod{13}\\x^2\equiv 114\equiv 12 \pmod{17}\end{cases}$$

르장드르 기호로 해의 존재성을 판단하자.

$$\begin{cases} \left(\frac{10}{13}\right) = \left(\frac{-3}{13}\right) = \left(\frac{-1}{13}\right)\left(\frac{3}{13}\right) = (-1)^{\frac{12}{2}}(-1)^{\frac{2}{2}\cdot\frac{12}{2}}\left(\frac{13}{3}\right) = \left(\frac{1}{3}\right) = 1 \\ \left(\frac{12}{17}\right) = \left(\frac{3}{17}\right) = (-1)^{\frac{2}{2}\cdot\frac{16}{2}}\left(\frac{17}{3}\right) = \left(\frac{2}{3}\right) = (-1)^{\frac{8}{8}} = -1 \end{cases}$$

이다. 그러므로 해가 존재하지 않는다.

정리 6.2.6 *서로 다른 홀수 소수 p, q와 $\gcd(a, pq) = 1$인 정수 a에 대하여 다음이 성립한다.*

(1) $x^2 \equiv a \pmod{pq}$의 해가 존재 $\Longleftrightarrow \left(\frac{a}{p}\right) = \left(\frac{a}{q}\right) = 1$

(2) pq의 이차잉여의 개수는 $\dfrac{(p-1)(q-1)}{4}$이고,

pq의 이차비잉여의 개수는 $\dfrac{3(p-1)(q-1)}{4}$이다.

(증명) (1) 정리 4.3.7에 의하여 다음이 성립한다.

$$x^2 \equiv a \pmod{pq}\text{의 해가 존재} \Longleftrightarrow \begin{cases} x^2 \equiv a \pmod{p}\text{의 해가 존재} \\ x^2 \equiv a \pmod{q}\text{의 해가 존재} \end{cases}$$

$$\Longleftrightarrow \left(\frac{a}{p}\right) = \left(\frac{a}{q}\right) = 1$$

(2) 보조정리 4.1.8에 의하여 $|\mathbb{Z}_{pq}^*| = |\mathbb{Z}_p^*| \cdot |\mathbb{Z}_q^*| = (p-1)(q-1)$이다. $\mathbb{Z}_p^*$의 원소 중에서 법 p에 대한 이차잉여는 $\frac{p-1}{2}$개 있으며, $\mathbb{Z}_q^*$의 원소 중에서 법 q에 대한 이차잉여는 $\frac{q-1}{2}$개 있다. 따라서 $\mathbb{Z}_{pq}^*$의 원소 중에서 법 pq에 대한 이차잉여는 $\frac{p-1}{2} \cdot \frac{q-1}{2} = \frac{(p-1)(q-1)}{4}$개 있다. 따라서 pq의 이차비잉여의 개수는

$$(p-1)(q-1) - \frac{(p-1)(q-1)}{4} = \frac{3(p-1)(q-1)}{4}$$

이다. ■

예 6.2.7 $11 \cdot 13$의 이차잉여의 개수를 구하라.

(풀이) 정리 6.2.6에 의하여 $\frac{(11-1)(13-1)}{4} = 30$개이다.

정리 6.2.8 *홀수인 소수 p와 $\gcd(a, p) = 1$인 정수 a에 대하여 다음이 성립한다.*

> 정수 c가 $x^2 \equiv a \pmod{p}$의 해이면, 정수 $-c$는 c와 다른 해이다.
> 즉, 두 개의 해가 존재한다.

(증명) 정수 c가 $x^2 \equiv a \pmod{p}$의 해이면,

$$a \equiv c^2 \equiv (-c)^2 \pmod{p}$$

이므로, 정수 $-c$도 $x^2 \equiv a \pmod{p}$의 해이다.

한편, $c \equiv -c \pmod{p}$이면, $2c \equiv 0 \pmod{p}$ 이고, $\gcd(2, p) = 1$이므로 $c \equiv 0 \pmod{p}$이다. 그러면

$$0 \equiv c^2 \equiv a \pmod{p}$$

이고, $1 = \gcd(a, p) = \gcd(0, p) = p$이 되어 모순이다. 따라서 두 개의 해가 존재한다. ■

예 6.2.9 $x^2 \equiv 12 \pmod{11 \cdot 13}$의 해의 개수를 구하라.

(풀이) 이 합동식은 다음 연립합동식과 동치이다(정리 4.3.7).

$$\begin{cases} x^2 \equiv 12 \equiv 1 \pmod{11} \\ x^2 \equiv 12 \equiv -1 \pmod{13} \end{cases}$$

르장드르 기호로 해의 존재성을 판단하자.

$$\begin{cases} \left(\dfrac{1}{11}\right) = 1 \\ \left(\dfrac{-1}{13}\right) = (-1)^{\frac{13-1}{2}} = 1 \end{cases}$$

이다.

두 연립합동식의 해가 각각 2개씩 존재(정리 6.2.8)하므로, 중국인의 나머지 정리에 의하여 주어진 합동식은 4개의 해가 존재한다.

예 6.2.10 $x^2 \equiv 14 \pmod{5 \cdot 11}$의 해를 구하라.

(풀이) 이 합동식은 다음 연립합동식과 동치이다(정리 4.3.7).

$$\begin{cases} x^2 \equiv 14 \equiv 4 \pmod{5} \\ x^2 \equiv 14 \equiv 3 \pmod{11} \end{cases}$$

르장드르 기호로 해의 존재성을 판단하자.

$$\begin{cases} \left(\dfrac{4}{5}\right) = \left(\dfrac{2^2}{5}\right) = 1 \\ \left(\dfrac{3}{11}\right) = (-1)^{\frac{2}{2}\cdot\frac{10}{2}}\left(\dfrac{11}{3}\right) = -\left(\dfrac{2}{3}\right) = 1 \end{cases}$$

이다. 그러므로 $x^2 \equiv 14 \pmod{5\cdot 11}$의 해가 존재한다.

실제로 해를 구해 보자.

$$x^2 \equiv 14 \equiv 4 \equiv 2^2 \pmod{5}$$

에서 해는 $x \equiv \pm 2 \pmod{5}$이다. 또한

$$x^2 \equiv 14 \equiv 25 \equiv 5^2 \pmod{11}$$

에서 해는 $x \equiv \pm 5 \pmod{11}$이다. 따라서 주어진 합동식의 해는 다음 4쌍의 연립방정식의 해가 된다.

$$\begin{cases} x \equiv 2 \pmod{5} \\ x \equiv 5 \pmod{11} \end{cases} \quad \begin{cases} x \equiv 2 \pmod{5} \\ x \equiv -5 \pmod{11} \end{cases} \quad \begin{cases} x \equiv -2 \pmod{5} \\ x \equiv 5 \pmod{11} \end{cases} \quad \begin{cases} x \equiv -2 \pmod{5} \\ x \equiv -5 \pmod{11} \end{cases}$$

중국인의 나머지 정리에 의하여, $11\cdot 1 + 5\cdot(-2) = 1$이므로, 해는 다음과 같다.

$$\begin{aligned} x &\equiv 11\cdot 1\cdot 2 &&+5\cdot(-2)\cdot 5 &&\equiv -28 \pmod{5\cdot 11}, \\ x &\equiv 11\cdot 1\cdot 2 &&+5\cdot(-2)\cdot(-5) &&\equiv 17 \pmod{5\cdot 11}, \\ x &\equiv 11\cdot 1\cdot(-2) &&+5\cdot(-2)\cdot 5 &&\equiv -17 \pmod{5\cdot 11}, \\ x &\equiv 11\cdot 1\cdot(-2) &&+5\cdot(-2)\cdot(-5) &&\equiv 28 \pmod{5\cdot 11} \end{aligned}$$

정리 6.2.11 *홀수인 소수 p가 $p \equiv 3 \pmod{4}$일 때, $\gcd(a, p) = 1$인 정수 a에 대하여 다음이 성립한다.*

합동식 $x^2 \equiv a \pmod{p}$의 해가 존재하면, 두 해는 다음과 같다.

$$x \equiv \pm a^{\frac{p+1}{4}} \pmod{p}$$

(증명) 연습문제로 남긴다. ■

예 6.2.12 $x^2 \equiv 13 \pmod{23}$의 해를 구하라.

(풀이) 르장드르 기호로 해의 존재성을 판단하자.

$$\left(\frac{13}{23}\right)=(-1)^{\frac{12}{2}\cdot\frac{22}{2}}\left(\frac{23}{13}\right)=\left(\frac{-3}{13}\right)=(-1)^{\frac{12}{2}}\left(\frac{3}{13}\right)=(-1)^{\frac{2}{2}\cdot\frac{12}{2}}\left(\frac{13}{3}\right)=1$$

이다. 따라서 위 이차합동식은 해가 존재하고, $23\equiv 3 \pmod 4$ 이므로, 정리 6.2.11에 의하여 해는 다음과 같다.

$$x\equiv \pm 13^{\frac{23+1}{4}}\equiv \pm 13^6\equiv \pm(-10)^6\equiv \pm(10^2)^3\equiv \pm 8^3\equiv \pm 6 \pmod{23}$$

임용시험 출제 6.2.13 [2004학년도]

(1) $x^2\equiv 97 \pmod{101}$의 근 존재성을 판별하라.

(2) $x^2+2x\equiv 28 \pmod{89}$의 근 존재성을 판별하라.

임용시험 출제 6.2.14 [2009학년도] 다음 중 옳은 것을 고르시오.

ㄱ. 부정방정식 $7x+31y=2$의 정수해가 존재한다.

ㄴ. 합동식 $6x\equiv 22 \pmod{32}$의 정수해는 법 32 에 대하여 1 개뿐이다.

ㄷ. $x^2+10x+20\equiv 0 \pmod{17\cdot 23}$의 정수해가 존재

임용시험 출제 6.2.15 [2011학년도] 이차합동식 $x^2+44\equiv 0 \pmod{111}$의 해의 수를 구하라.

임용시험 출제 6.2.16 [2012학년도] 다음 중 옳은 것을 고르시오.

ㄱ. 이차합동식 $\begin{cases} x\equiv 4 \pmod{28} \\ x\equiv 6 \pmod{36} \end{cases}$ 의 해가 존재한다.

ㄴ. 홀수인 소수 p에 대하여 합동식 $x^4\equiv -1 \pmod p$ 의 정수해가 존재하면, $p\equiv 1 \pmod 8$이다.

ㄷ. 부정방정식 $x^2+2x+5-65y^2=2011$의 정수해가 존재한다.

임용시험 출제 6.2.17 [2013학년도] 소수 $p(>2)$에 대하여 $-2p$가 $935(=5\times 11\times 17)$의 이차잉여일 때, 다음 중 p의 이차잉여를 골라라.

ㄱ. -11 ㄴ. 5 ㄷ. 171

임용시험 출제 6.2.18 [2014학년도] (대수학과 융합문제) 다항식환 $\mathbb{Z}_{2014}[x]$에서 $f(x) = x^2 - 14$를 두 일차식의 곱

$$f(x) = (ax+b)(cx+d)$$

로 나타낼 수 없음을 증명하라.

연 습 문 제 (6.2)

1. 정리 6.2.11 을 증명하라. (참조, 오일러 판정 기준 이용)

2. 다음 르장드르 기호의 값을 구하라.

(1) $\left(\frac{8}{11}\right)$ (2) $\left(\frac{7}{13}\right)$ (3) $\left(\frac{19}{23}\right)$ (4) $\left(-\frac{23}{59}\right)$

(5) $\left(\frac{71}{73}\right)$ (6) $\left(\frac{54}{113}\right)$ (7) $\left(\frac{-219}{383}\right)$ (8) $\left(\frac{-200}{23}\right)$

3. 다음 이차합동식의 해가 존재성을 판정하라.

(1) $x^2 \equiv 196 \pmod{23}$ (2) $x^2 \equiv 12 \pmod{19}$

(3) $x^2 \equiv 219 \pmod{419}$ (4) $2x^2 + x \equiv 5 \pmod{17}$

(5) $x^2 + 4x \equiv 2 \pmod{11}$ (6) $3x^2 + 6x + 5 \equiv 0 \pmod{89}$

(7) $x^2 \equiv 31 \pmod{3 \cdot 11}$ (8) $x^2 + 4x \equiv 9 \pmod{7 \cdot 13}$

4. 다음 이차합동식의 해의 개수를 말하라.

(1) $x^2 \equiv 1 \pmod{11}$ (2) $x^2 \equiv -1 \pmod{17}$

(3) $x^2 \equiv 10 \pmod{11 \cdot 13}$ (4) $x^2 \equiv -11 \pmod{5 \cdot 17}$

5. 다음 이차합동식의 해를 구하라.

(1) $x^2 \equiv 0 \pmod{6}$ (2) $x^2 \equiv 2 \pmod{6}$

(3) $x^2 \equiv 3 \pmod{13}$ (4) $x^2 \equiv -1 \pmod{17}$

(5) $x^2 + 7x + 10 \equiv 0 \pmod{11}$ (6) $3x^2 + 9x + 7 \equiv 0 \pmod{13}$

(7) $5x^2 + 6x + 1 \equiv 0 \pmod{23}$ (8) $9x^2 - 24x + 13 \equiv 0 \pmod{59}$

6. 다음 합동식의 해를 구하라.

(1) $x^2 \equiv 4 \pmod{15}$ (2) $x^2 \equiv 11 \pmod{35}$

(3) $x^2 \equiv x \pmod{8}$ (4) $x^2 \equiv x \pmod{6}$

(5) $x^2 + 3x + 1 \equiv 0 \pmod{21}$ (6) $x^2 + 9x \equiv 22 \pmod{77}$

(참조 : 중국인의 나머지 정리 이용)

7. 서로 다른 두 홀수인 소수 p, q에 대하여, 이차합동식 $x^2 \equiv 1 \pmod{pq}$의 네 해가 $x \equiv \pm 1 \pmod{pq}$, $x \equiv \pm 103 \pmod{pq}$일 때, p, q를 구하라.

8. 서로소인 홀수인 소수 p, q에 대하여 다음을 증명하라.

$$\left(\frac{q}{p}\right) = \begin{cases} \left(\frac{p}{q}\right), & p \equiv 1 \pmod 4 \text{ 또는 } q \equiv 1 \pmod 4 \\ -\left(\frac{p}{q}\right), & p \equiv q \equiv -1 \pmod 4 \end{cases}$$

9. 홀수인 소수 p와 q가 어떤 수 a에 대하여 $p = q + 4a$를 만족할 때, 다음을 증명하라.

$$\left(\frac{a}{p}\right) = \left(\frac{a}{q}\right)$$

그리고, 특히 $\left(\frac{6}{37}\right) = \left(\frac{6}{13}\right)$ 임을 보여라.

10. 3보다 큰 소수 p에 대하여 다음을 증명하라.

$$\left(\frac{3}{p}\right) = \begin{cases} 1, & p \equiv \pm 1 \pmod{12} \\ -1, & p \equiv \pm 5 \pmod{12} \end{cases}$$

11. 정수 $a(\geq 3)$에 대하여 정수 $a^2 - 5$의 홀수인 소인수 p가 존재하면,

$$p \equiv \pm 1 \pmod 5$$

임을 밝혀라.

12. $\left(\frac{5}{p}\right) = -1$인 모든 소수 p를 구하라.

13. 2차 합동식 $x^2 + 15x \equiv a \pmod{17}$에 대하여 해가 존재하는 정수 a의 값은?

14. (1) p를 홀수인 소수라 하자. 부정 방정식

$$x^2 + py + a = 0 \qquad \gcd(a,\ p) = 1$$

이 정수해를 가질 필요충분조건은 $\left(\frac{-a}{p}\right) = 1$임을 증명하라.

(2) $x^2 + 7y - 2 = 0$이 정수해를 가지는지를 결정하라.

15. a와 홀수 $b(\geq 3)$를 서로소라 하자. $b = p_1 p_2 \cdots p_r$은 b의 홀수인 소수들(같은 것 존재 가능)의 소인수분해일 때, **자코비 기호**(Jacobi symbol) 는 다음과 같이 정의된다.

$$\boxed{\left(\frac{a}{b}\right) = \left(\frac{a}{p_1}\right)\left(\frac{a}{p_2}\right)\cdots\left(\frac{a}{p_r}\right)}$$

여기서 우변의 기호들은 르장드르 기호이다.

다음 자코비 기호를 계산하라.

$$\left(\frac{21}{221}\right) \qquad \left(\frac{215}{253}\right) \qquad \left(\frac{631}{1099}\right)$$

16. a와 홀수 $b(\geq 3)$를 서로소라 하자. $b = p_1 p_2 \cdots p_r$은 b의 홀수인 소수들(같은 것 존재 가능)의 소인수분해일 때, a가 $p_i\ (1 \leq i \leq r)$의 이차잉여이면 $\left(\frac{a}{b}\right) = 1$임을 보여라. 그러나 그 역은 성립하지 않는다.

17. $b(\geq 3)$와 $b'(\geq 3)$이 양의 홀수이고 $\gcd(aa', bb') = 1$일 때, 자코비 기호에 대한 다음 성질이 성립함을 증명하라.

※ 르장드르 기호를 계산할 때 자코비 기호를 사용하면 편리하다.

(1) $a \equiv a' \pmod{b}$이면 $\left(\frac{a}{b}\right) = \left(\frac{a'}{b}\right)$이다.

(2) $\left(\frac{aa'}{b}\right) = \left(\frac{a}{b}\right)\left(\frac{a'}{b}\right)$

(3) $\left(\frac{a}{bb'}\right) = \left(\frac{a}{b}\right)\left(\frac{a}{b'}\right)$

(4) $\left(\frac{a^2}{b}\right) = \left(\frac{a}{b^2}\right) = 1$

(5) $\left(\frac{1}{b}\right) = 1$

(6) $\boxed{\left(\frac{-1}{b}\right) = (-1)^{\frac{b-1}{2}}}$

(참조 : u와 v가 홀수이면 $\frac{u-1}{2} + \frac{v-1}{2} \equiv \frac{uv-1}{2} \pmod{2}$)

(7) $\boxed{\left(\frac{2}{b}\right) = (-1)^{\frac{b^2-1}{8}}}$

(참조 : u와 v가 홀수이면 $\frac{u^2-1}{8} + \frac{v^2-1}{8} \equiv \frac{(uv)^2-1}{8} \pmod{2}$)

18. a, b는 서로소인 양의 홀수일 때, 다음을 증명하라.

$$\left(\frac{a}{b}\right)\left(\frac{b}{a}\right) = (-1)^{\frac{a-1}{2}\cdot\frac{b-1}{2}}, \quad \boxed{\left(\frac{a}{b}\right) = (-1)^{\frac{a-1}{2}\cdot\frac{b-1}{2}}\left(\frac{b}{a}\right)}$$

(참조 : u와 v가 홀수이면 $\frac{u-1}{2} + \frac{v-1}{2} \equiv \frac{uv-1}{2} \pmod{2}$)

19. 다음 Jacobi 기호의 값을 구하라.

(1) $\left(\frac{5}{21}\right)$ (2) $\left(\frac{23}{99}\right)$ (3) $\left(\frac{22}{111}\right)$ (4) $\left(\frac{109}{237}\right)$

6.3 법이 합성수인 이차합동식

이 절에서는 법이 합성수인 이차합동식에 대하여 다룬다.

양의 정수 $n(\geq 2)$과 $\gcd(a,\ n)=1$인 정수 a에 대하여 이차합동방정식

$$x^2 \equiv a \pmod{n}$$

의 해를 구할 때, n의 원시근 g가 존재하면, 양변에 ind_g를 취하여 미지수 $\mathrm{ind}_g x$에 대한 1차합동식으로 변환하여 구하는 방법은 정리 5.4.7 에서 알아 보았다. 이 절에서는 법이 양의 합성수 n인 경우에, $x^2 \equiv a \pmod{n}$의 해를 구하는 법을 알아 본다.

정리 6.3.1 *홀수인 소수 p와 $\gcd(a,\ p)=1$ 인 정수 a에 대하여 다음이 성립한다.*

$$x^2 \equiv a \pmod{p^n},\ n \geq 1\text{의 해가 존재} \iff \left(\frac{a}{p}\right)=1$$

(증명) ($\Rightarrow$) $n=1$인 경우 a는 p의 이차잉여이므로, 분명히 성립한다.

($\Leftarrow$) n에 대한 수학적 귀납법을 이용하자. $n=1$이면 가정에 의하여 성립한다. $n \geq 1$일 때, $x^2 \equiv a \pmod{p^n}$의 해 $x \equiv x_0 \pmod{p^n}$가 존재한다고 하자. 그러면

$$x_0^2 = a + bp^n$$

인 정수 b가 존재한다. $\gcd(2x_0,\ p)=1$이므로, $2x_0 y \equiv -b \pmod{p}$는 단 하나의 해 $y \equiv y_0 \pmod{p}$가 존재한다. 이 때, 정수

$$x_1 = x_0 + y_0 p^n$$

을 생각하자. 이 정수를 제곱하면

$$x_1^2 = (x_0 + y_0 p^n)^2 = x_0^2 + 2x_0 y_0 p^n + y_0^2 p^{2n} = a + (b + 2x_0 y_0) p^n + y_0^2 p^{2n}$$

이다. 한편, $p \mid (2x_0 y + b)$이므로 다음이 성립한다.

$$x_1^2 \equiv a \pmod{p^{n+1}}$$

따라서 $x \equiv x_1 \equiv x_0 + y_0 p^n \pmod{p^{n+1}}$은 $x^2 \equiv a \pmod{p^{n+1}}$의 해이다. 그러므로 수학적 귀납법에 의하여 모든 양의 정수 n에 대하여 $x^2 \equiv a \pmod{p^n}$ 은 해가 존재한다. ■

☜ $x^2 \equiv a \pmod{p^n}$ $(n \geq 2)$ 의 해 구하기☞

(Step1) $x^2 \equiv a \pmod{p^{n-1}}$의 해 $\boxed{x_0}$ 구하기 (법 $p(\geq 3$인 소수)의 해부터 구함)
(Step2) $x_0^2 = a + bp^{n-1}$을 만족하는 $\underline{b}$ 구하기
(Step3) $2x_0y \equiv -b \pmod{p}$의 해 $\boxed{y_0}$ 구하기
(Step4) $x_1 = x_0 + y_0p^{n-1}$가 $x^2 \equiv a \pmod{p^n}$의 해

예 6.3.2 $x^2 \equiv 30 \pmod{7^2}$의 한 해를 구하라.

(풀이) 정리 6.3.1의 증명 과정 방법으로 해를 구하자.

먼저 법 7에 대한 해의 존재성을 판단하자.

$$x^2 \equiv 30 \pmod{7}$$

의 해의 존재성을 르장드르 기호로 확인하자.

$$\left(\frac{30}{7}\right) = \left(\frac{2}{7}\right) = (-1)^{\frac{6\cdot 8}{8}} = 1$$

따라서 이 이차합동식은 해가 존재하고, 실제로 $x^2 \equiv 30 \equiv 3^2 \pmod{7}$이므로 $x_0 \equiv 3 \pmod{7}$이 $x^2 \equiv 30 \pmod{7}$의 한 해이다.

$$3^2 = 9 = 30 + (-3) \cdot 7$$

에서 $b = -3$이라 하고

$$2 \cdot 3y = -(-3) \pmod{7}, \quad 6y = 3 \pmod{7}, \quad 2y = 1 \pmod{7}$$

의 해를 구하면, $y_0 \equiv 4 \pmod{7}$이다. 이것을

$$x_1 = x_0 + y_0p = 3 + 4 \cdot 7 = 31$$

라 하면, 정리 6.3.1의 증명에 의하여 $x_1 \equiv 31 \pmod{7^2}$은 $x^2 \equiv 30 \pmod{7^2}$의 한 해이다. 또한, $x \equiv -31 \pmod{7^2}$도 $x^2 \equiv 30 \pmod{7^2}$의 또 다른 해이다.

같은 방법으로 양의 정수 n에 대하여 $x^2 \equiv 30 \pmod{7^n}$의 해를 구할 수 있다.

정리 6.3.3 *홀수 a에 대하여 다음이 성립한다.*

(1) $x^2 \equiv a \pmod{2}$의 해가 존재 한다.
(2) $x^2 \equiv a \pmod{4}$의 해가 존재 $\iff$ $a \equiv 1 \pmod{4}$
(3) $x^2 \equiv a \pmod{2^n}$ $(n \geq 3)$의 해가 존재 $\iff$ $a \equiv 1 \pmod{8}$

(증명) (1) $x^2 \equiv a \equiv 1 \pmod 2$이므로 해가 존재한다.

(2) 합동식 $x^2 \equiv \pm a \pmod 4$의 해를 x_0라 하면

$$x_0^2 \equiv a \pmod 4$$

이다. a가 홀수이므로 x_0도 홀수이어야 한다. 즉, $x_0 \equiv \pm 1 \pmod 4$이므로 $a \equiv x_0^2 \equiv (\pm 1)^2 \equiv 1 \pmod 4$이다. 역으로 $a \equiv 1 \pmod 4$이면 분명히 합동식의 해가 존재한다.

(3) ($\Rightarrow$) 합동식 $x^2 \equiv a \pmod{2^n}$의 해를 x_0라 하면

$$x_0^2 \equiv a \pmod{2^n} \quad \Longrightarrow \quad x_0^2 \equiv a \pmod{2^3}$$

이다. a가 홀수이므로 x_0도 홀수이어야 한다. 즉, $x_0 \equiv \pm 1 \pmod 8$ 또는 $x_0 \equiv \pm 3 \pmod 8$이므로 $a \equiv x_0^2 \equiv (\pm 1)^2 \equiv (\pm 3)^2 \equiv 1 \pmod 8$이다.

($\Leftarrow$) $a \equiv 1 \pmod 8$라 하고, $n \geq 3$에 대한 수학적 귀납법을 이용하자.

$n = 3$일 때는 가정에 의하여 합동식의 해가 존재한다. 다음에 $n \geq 3$인 경우에 합동식 $x^2 \equiv a \pmod{2^n}$의 해 $x \equiv x_0 \pmod{2^n}$가 존재한다고 하자. 즉,

$$x_0^2 \equiv a \pmod{2^n}$$

그러면

$$x_0^2 = a + b2^n$$

인 정수 b가 존재한다. 만약 b가 짝수이면 $x_0^2 \equiv a \pmod{2^{n+1}}$이므로, x_0는 $x^2 \equiv a \pmod{2^{n+1}}$의 해이다. 만약 b가 홀수이면 $x_0 y \equiv -b \pmod 2$는 해 $y \equiv y_0 \pmod 2$가 존재한다. 이 때, 정수

$$x_1 = x_0 + y_0 2^{n-1}$$

을 생각하자. 이 정수를 제곱하면

$$x_1^2 = (x_0 + y_0 2^{n-1})^2 = x_0^2 + x_0 y_0 2^n + y_0^2 2^{2n-2} = a + (b + x_0 y_0) 2^n + y_0^2 2^{2n-2}$$

이다. 한편, $2 \mid (b + x_0 y)$이므로 다음이 성립한다.

$$x_1^2 \equiv a \pmod{2^{n+1}}$$

따라서 $x \equiv x_1 \equiv x_0 + y_0 2^{n-1} \pmod{2^{n+1}}$은 $x^2 \equiv a \pmod{2^{n+1}}$의 해이다. 그러므로 수학적 귀납법에 의하여 모든 양의 정수 n에 대하여 $x^2 \equiv a \pmod{2^n}$ 은 해가 존재한다. ■

☜ $x^2 \equiv a \pmod{2^n}$ $(n \geq 4)$ 의 해 구하기☞

(Step1) $x^2 \equiv a \pmod{2^{n-1}}$의 해 $\boxed{x_0}$ 구하기 (법 8의 해부터 차례로 구함)

(Step2) $x_0^2 = a + b2^{n-1}$을 만족하는 $\underline{b}$ 구하기

(Step3) $\begin{cases} b\text{가 짝수} \Rightarrow x_1 = x_0\text{가 } x^2 \equiv a \pmod{2^n}\text{의 해} \\ b\text{가 홀수} \Rightarrow x_0 y \equiv -b \pmod{2}\text{의 해 } \boxed{y_0} \text{ 구하기} \end{cases}$

(Step4) $x_1 = x_0 + y_0 2^{n-2}$가 $x^2 \equiv a \pmod{2^n}$의 해

예 6.3.4 법이 $2^n (n \geq 2)$인 합동식에 대한 예를 살펴 보자(정리 6.3.3).

(1) $x^2 \equiv 5 \pmod 4$는 $5 \equiv 1 \pmod 4$이므로, 해가 존재한다.

(2) $x^2 \equiv 5 \pmod 8$은 $5 \not\equiv 1 \pmod 8$이므로, 해가 존재하지 않는다.

(3) $x^2 \equiv 17 \pmod{16}$은 $17 \equiv 1 \pmod 8$이므로, 해가 존재한다.

(4) $x^2 \equiv 17 \pmod{32}$는 $17 \equiv 1 \pmod 8$이므로, 해가 존재한다.

예 6.3.5 $x^2 \equiv 17 \pmod{32}$의 모든 해를 구하라.

(풀이) 위의 예제 (4)에 의하여 해가 존재한다. 정리 6.3.3의 증명 방법에 따라 해를 구하자. 먼저 법 16에 대한 해를 구하면,

$$x^2 \equiv 17 \equiv 1 \pmod{16}$$

이므로, $x \equiv \pm 1 \pmod{16}$이 $x^2 \equiv 1 \pmod{16}$의 해이다. $x_0 = 1$이라 하자. 또한, $1^2 = 17 + (-1)16$이므로 $b = -1$(홀수)라 하자.

$1 \cdot y \equiv -(-1) \pmod 2$의 해는 $y_0 = 1$이다. 그러면

$$x_1 = 1 + 1 \cdot 8 = 9$$

가 $x^2 \equiv 17 \pmod{32}$의 한 해이다.

$x^2 \equiv 17 \pmod{32}$의 또 다른 해를 x_2이라 하자. 그러면

$$9^2 \equiv x_2^2 \pmod{32}, \quad (x_2 - 9)(x_2 + 9) \equiv 0 \pmod{32}$$

이다. 여기서 x_2는 홀수이므로 $x_2 - 9$, $x_2 + 9$는 짝수이다. 따라서

$$\frac{(x_2 - 9)}{2} \cdot \frac{(x_2 + 9)}{2} \equiv 0 \pmod 8$$

이다. 한편, $\frac{(x_2-9)}{2} + \frac{(x_2+9)}{2} = x_2$(홀수)이므로, $\frac{(x_2-9)}{2}$, $\frac{(x_2+9)}{2}$ 중에서 하나는 홀수이다. 만약 $\frac{(x_2-9)}{2}$이 홀수이면, $\frac{(x_2+9)}{2} \equiv 0 \pmod 8$이다. 따라서 $x_2 = -9 + 16k$인 정수 k가 존재한다. 그러므로 $x_1 = 9$과 다른 다음과 같은 해($k = -1, 0, 1$)를 얻는다.

$$x_2 \equiv -25, \ -9, \ 7 \pmod{32}$$

다음에 $\frac{(x_2+9)}{2}$이 홀수이면, $\frac{(x_2-9)}{2} \equiv 0 \pmod 8$이다. 따라서 $x_2 \equiv 9+16k$인 정수 k가 존재한다. 그러므로 다음 해($k=-1,\ 0,\ 1$)를 얻는다.

$$x_2 \equiv -7,\ 9,\ 25 \pmod{32}$$

따라서 합동식의 모든 해는 $x_2 \equiv \pm 7,\ \pm 9 \pmod{32}$, 즉,

$$x_2 \equiv 7,\ 9,\ 23,\ 25 \pmod{32}\text{이다.}$$

정리 6.3.1와 정리 6.3.3을 종합하면 다음 정리를 얻는다.

정리 6.3.6 *양의 정수 n의 표준분해를 $n = 2^m p_1^{r_1} p_2^{r_2} \cdots p_k^{r_k}$라 할 때, $\gcd(a,\ n) = 1$인 정수 a에 대하여 다음은 동치이다.*

$$x^2 \equiv a \pmod{2^m p_1^{r_1} p_2^{r_2} \cdots p_k^{r_k}}\text{의 해가 존재}$$

$$\Longleftrightarrow \begin{cases} (1)\ [m=2 \Rightarrow a \equiv 1 \pmod 4]\ \text{또는}\ [m \geq 3 \Rightarrow a \equiv 1 \pmod 8] \\ (2)\ \left(\frac{a}{p_1}\right) = \left(\frac{a}{p_2}\right) = \cdots = \left(\frac{a}{p_k}\right) = 1 \end{cases}$$

예 6.3.7 $x^2 \equiv 30 \pmod{7^2 \cdot 11^3}$의 해의 존재성을 판단하라.

(풀이) 정리 6.3.6에 의한 해의 존재성을 판단하자.

$$\left(\frac{30}{7}\right) = \left(\frac{30}{11}\right) = 1$$

가 성립하면 해가 존재한다. 하지만

$$\begin{cases} \left(\frac{30}{7}\right) = \left(\frac{2}{7}\right) = (-1)^{\frac{6 \cdot 8}{8}} = 1 \\ \left(\frac{30}{11}\right) = \left(\frac{8}{11}\right) = \left(\frac{2}{11}\right) = (-1)^{\frac{10 \cdot 12}{8}} = -1 \end{cases}$$

이므로 해가 존재하지 않는다.

연 습 문 제 (6.3)

1. 다음 합동식의 해의 존재성을 판단하라.

(1) $2x^2 \equiv 14 \pmod{55^2}$

(2) $x^2 \equiv 31 \pmod{11 \cdot 13^3}$

(3) $x^2 \equiv 13 \pmod{17^2 \cdot 19^2}$

(4) $2x^2 \equiv 7 \pmod{13^2 \cdot 25 \cdot 47^5}$

(5) $x^2 + 8x + 9 \equiv 0 \pmod{11^3 \cdot 13}$

(6) $x^2 + x \equiv 2 \pmod{3^2 \cdot 5^3 \cdot 7}$

2. 다음 물음에 답하라.

(1) 7과 18만이 $x^2 \equiv -1 \pmod{5^2}$의 서로 합동이 아닌 해임을 보여라.

(2) 위 (1)을 이용하여 $x^2 \equiv -1 \pmod{5^3}$ 의 해를 구하라.

3. a가 홀수이고 $n \geq 3$일 때, 합동식 $x^2 \equiv a \pmod{2^n}$이 해를 가지면 정확히 네 개의 서로 합동이 아닌 해를 가짐을 증명하라.
(참조 : x_0가 해라면 네 정수 x_0, $-x_0$, x_0+2^{n-1}, $-x_0+2^{n-1}$은 법 2^n에 대하여 서로 합동이 아닌 모든 해임을 확인.)

4. 다음 합동 방정식의 해의 개수를 구하라.

(1) $x^2 \equiv 3 \pmod{11^2 \cdot 23^2}$ (2) $x^2 \equiv 9 \pmod{2^3 \cdot 3 \cdot 5^2}$

5. 다음 합동식의 해를 모두 구하라.

(1) $x^2 \equiv 9 \pmod{2^3 \cdot 3 \cdot 5^2}$ (2) $x^2 + 4x \equiv 4 \pmod{3^2 \cdot 5^2}$

제 7 장

연분수

연분수의 기원은 잘 알려져 있지 않지만, 지난 2000년 동안 수학 연구의 곳곳에서 연분수의 예가 나타난다. 고대 이집트에서는 린드 파피루스(BC 1650 년경)에서 알 수 있듯이 분수를 표시할 때, 이유는 알 수 없지만 $\frac{2}{3}$와 분모가 1인 단위분수만의 합으로 표현했다.

6~7세기 인도에서는 부정방정식의 이론이 크게 발달하였다. 브라마굽타(Brahmagupta, 598~668)는 1차 부정방정식의 해를 오늘날의 연분수(連分數)의 방법으로 구했다.

중세의 이탈리아 수학자인 피보나치(Leonardo Fibonacci, 1170~1250)는 1202 년 출판한 ⟨⟨산술 교본, Liber Abaci⟩⟩에서 모든 분수를 단위분수의 합으로 항상 나타낼 수 있음을 보였다.

연분수의 진정한 기초가 마련된 것은 1600년대 후반과 1700년대 초반 사이이다. 유클리드 알고리즘을 이용하여 두 정수의 최대공약수를 구하는 반대 과정을 이용하여 유리수를 단순연분수로 나타낼 수 있음을 알게 된다. 이 알고리즘과 연분수 사이의 밀접한 관련성 때문에 유클리드 알고리즘이 연분수 발달의 시초였다고 하기도 한다. 이탈리아의 봄벨리(Rafael Bombelli, 1526~1573)와 카탈디(Pietro Antonio Cataldi, 15528~1626)가 연분수의 연구에 기여하였다.

연분수의 실제적 응용을 보여준 최초의 인물은 네덜란드의 수학자이자 천문학자인 호이겐스(Christiaan Huygens, 1629~1695)이다. 그는 연분수의 수렴 성질을 이용하여 여러 개의 톱니바퀴 사이의 비에 대한 최적의 유리수 근사값을 구하였다. 스위스 수학자 오일러(Leonhard Euler, 1707~1783)는 그의 저서 ⟨⟨De Fractionous Continious, 1737⟩⟩에서 모든 유리수는 유한연분수로 나타낼 수 있음을 증명하였고, 무한 연분수(infinite continued fraction)를 발견하였다. 또한 해석학에서 유한 복소수항 급수를 연분수 꼴로 전개하는 연분수 공식(連分數 公式, continued fraction formula) 을 소개했다.

19세기는 연분수가 수학자들 사이에 활발하게 연구 되었고, 특히 수렴성과 연분수사이의 관계에 대하여 연구했다. 20세기 초반부터는 다른 분야에서 연분수에 대한 응용이 이루어졌다. 연분수의 풍부한 성질은 혼돈이론(Chaos Theory) 에 응용되고, 부정방정식의 해를 구하는 것과 실수의 유리근사값을 구하는 컴퓨터 알고리즘에 활용되고 있다. [7]

7.1 유한 연분수

이 절에서는 양의 정수가 연속 분수 형태로 나타나는 연분수에 대한 성질을 다룬다.

정의 7.1.1 [*유한 연분수(finite continued fraction, 有限連分數), 유한 단순연분수(finite simple continued fraction, 有限單純連分數)의 정의*]

a, a_0는 실수이고, a_1, a_2, $\cdots$, a_n이 양의 실수일 때,

$$a = a_0 + \cfrac{1}{a_1 + \cfrac{1}{a_2 + \cfrac{1}{\ddots \; a_{n-2} + \cfrac{1}{a_{n-1} + \cfrac{1}{a_n}}}}}$$

의 형태의 분수를 **유한 연분수***(finite continued fraction, 有限連分數)라 하고, 기호로*

$$[\, a_0 \,;\, a_1,\, a_2, \cdots ,\, a_n \,] \quad \text{또는} \quad \langle a_0 \,;\, a_1,\, a_2, \cdots ,\, a_n \rangle$$

라 표기하고, a_1, $a_2, \cdots$, a_n을 연분수의 **항***(terms, 項) 또는*

부분 분모*(partial denominator, 部分分母)라 한다.*

$[\, a_0 \,;\, a_1,\, a_2, \cdots ,\, a_n \,]$이 **유한 단순연분수**	$\overset{\text{정의}}{\Longleftrightarrow}$	a_0는 정수이고, $a_1, \cdots$, a_n은 양의 정수
$[\, a_0 \,;\, a_1,\, a_2, \cdots \,]$이 **무한 단순연분수**	$\overset{\text{정의}}{\Longleftrightarrow}$	a_0는 정수이고, a_1, $a_2, \cdots$은 양의 정수

예 7.1.2 $\frac{2}{7}$와 $-\frac{2}{7}$를 유한 단순연분수로 나타내 보자..

$$\frac{2}{7} = 0 + \frac{2}{7} = 0 + \cfrac{1}{\frac{7}{2}} = 0 + \cfrac{1}{3 + \frac{1}{2}} = [\, 0 \,;\, 3,\, 2 \,]$$

$$= 0 + \cfrac{1}{3 + \cfrac{1}{1 + \frac{1}{1}}} = [\, 0 \,;\, 3,\, 1,\, 1 \,]$$

$$-\frac{2}{7} = -1 + \frac{5}{7} = -1 + \cfrac{1}{\frac{7}{5}} = -1 + \cfrac{1}{1 + \frac{2}{5}} = -1 + \cfrac{1}{1 + \cfrac{1}{\frac{5}{2}}}$$

$$= -1 + \cfrac{1}{1 + \cfrac{1}{2 + \frac{1}{2}}} = [\, -1 \,;\, 1,\, 2,\, 2 \,]$$

$$= -1 + \cfrac{1}{1+\cfrac{1}{2+\cfrac{1}{1+\cfrac{1}{1}}}} = [\,-1\,;\,1,\,2,\,1,\,1\,]$$

위의 예처럼 유한 단순연분수 $[\,a_0\,;\,a_1,\,a_2,\cdots,\,a_n\,]$의 부분 분모의 마지막 항 a_n이 1이 아니면 $[\,a_0\,;\,a_1,\,a_2,\cdots,\,a_n-1,\,1\,]$로 나타낼 수 있다. 즉, 유한 단순연분수는 다음과 같은 2가지 표현이 가능하다.

$$[\,a_0\,;\,a_1,\,a_2,\cdots,\,a_n\,] = [\,a_0\,;\,a_1,\,a_2,\cdots,\,a_n-1,\,1\,]$$

이다.

※ 유리수를 유한 단순연분수로 나타낼 때, 유클리드 호제법을 사용하면 쉽게 구할 수 있다. 다음 정리의 증명을 살펴 보자.

정리 7.1.3 *a_0는 정수이고, $a_1,\cdots,\,a_n$이 양의 정수일 때, 다음이 성립한다.*

(1) 유한 단순연분수 $[\,a_0\,;\,a_1,\,a_2,\cdots,\,a_n\,]$은 유리수이다.
(2) 유리수 $\dfrac{r_0}{r_1}$ $(r_1>0,\ r_0,\ r_1$는 정수$)$는 유한 단순연분수로 표현된다.

(증명) (1) 분명히 성립한다.

(2) 유리수 $\dfrac{r_0}{r_1}$ $(r_1>0,\ r_0,\ r_1$는 정수$)$에 대하여, 나눗셈 정리에 의하여 다음과 같다고 하자.

$$\begin{aligned}
r_0 &= a_0r_1 + r_2, && 0<r_2<r_1\\
r_1 &= a_1r_2 + r_3, && 0<r_3<r_2\\
r_2 &= a_2r_3 + r_4, && 0<r_4<r_3\\
&\ \ \vdots\\
r_{n-1} &= a_{n-1}r_n + r_{n+1}, && 0<r_{n+1}<r_n\\
r_n &= a_nr_{n+1}
\end{aligned}$$

a_0	r_0	r_1	a_1
	a_0r_1	a_1r_2	
a_2	r_2	r_3	a_3
	$\vdots$	$\vdots$	
a_{n-1}	r_{n-1}	r_n	a_n
	$a_{n-1}r_n$	a_nr_{n+1}	
	r_{n+1}	0	

그러면 r_1이 양의 정수이고, 각 나머지 $r_2,\ \cdots,\ r_{n+1}$은 양의 정수이므로, 몫 $a_1,\ a_2,\ \cdots,\ a_n$도

양의 정수이다. 그리고

$$\frac{r_0}{r_1} = a_0 + \frac{r_2}{r_1} = a_0 + \cfrac{1}{\cfrac{r_1}{r_2}} \cdots ①$$

$$\frac{r_1}{r_2} = a_1 + \frac{r_3}{r_2} = a_1 + \cfrac{1}{\cfrac{r_2}{r_3}} \cdots ②$$

$$\vdots$$

$$\frac{r_{n-1}}{r_n} = a_{n-1} + \frac{r_{n+1}}{r_n} = a_{n-1} + \cfrac{1}{\cfrac{r_n}{r_{n+1}}} = a_{n-1} + \frac{1}{a_n} \cdots ③$$

이다. 먼저 ②식을 ①식에 대입하고, 순차적으로 아랫식을 대입하여 마지막 ③식까지 대입하면 다음과 같은 유한 단순 연분수를 얻을 수 있다.

$$\begin{aligned}\frac{r_0}{r_1} &= a_0 + \cfrac{1}{\cfrac{r_1}{r_2}} = a_0 + \cfrac{1}{a_1 + \cfrac{1}{\cfrac{r_2}{r_3}}} = \cdots\cdots \\ &= a_0 + \cfrac{1}{a_1 + \cfrac{1}{\ddots \, a_{n-2} + \cfrac{1}{a_{n-1} + \cfrac{1}{a_n}}}} \\ &= [\, a_0 \,;\, a_1,\, a_2, \cdots,\, a_n \,]\end{aligned}$$

■

예 7.1.4 $-\dfrac{61}{51}$을 유한 단순연분수로 나타내라.

(풀이) 정리 7.1.3의 증명을 이용하여 $-\dfrac{61}{51}$의 유한 단순연분수를 구하자.

−2	−61	51	1
	−102	41	
4	41	10	10
	40	10	
	1	0	

$$\Longrightarrow -\frac{61}{51} = [\, -2 \,;\, 1,\, 4,\, 10 \,]$$

정리 7.1.5 유한 단순연분수 $[a_0; a_1, a_2, \cdots, a_n]$일 때,

$$p_{-2} = 0, \quad p_{-1} = 1, \quad q_{-2} = 1, \quad q_{-1} = 0$$

라 하고, 각 $i\ (i \geq 0)$에 대하여 p_i, q_i를 다음과 같은 정수라 하자.

$$\begin{cases} p_i = p_{i-2} + p_{i-1}a_i \\ q_i = q_{i-2} + q_{i-1}a_i \end{cases}$$

a_i	빈 칸		a_0	a_1	$\cdots$	a_i	$\cdots$
p_i	0	1	p_0	p_1	$\cdots$	p_i	$\cdots$
q_i	1	0	q_0	q_1	$\cdots$	q_i	$\cdots$

임의의 양의 실수 x에 대하여 다음이 성립한다.

(1) $[a_0; a_1, a_2, \cdots, a_{i-1}, x] = \dfrac{p_{i-2} + p_{i-1}x}{q_{i-2} + q_{i-1}x}$ $(1 \leq i \leq n)$

(2) $p_iq_{i-1} - p_{i-1}q_i = (-1)^{i-1}$ $(0 \leq i \leq n)$

(3) $p_iq_{i-2} - p_{i-2}q_i = (-1)^i a_i$ $(0 \leq i \leq n)$

(4) $[a_0; a_1, a_2, \cdots, a_{i-1}, a_i] = \dfrac{p_i}{q_i}$, $\gcd(p_i, q_i) = 1$ $(0 \leq i \leq n)$

※ 유한 단순연분수 $[a_0; a_1, a_2, \cdots, a_n]$에 대하여

$$C_i = [a_0; a_1, a_2, \cdots, a_i] = \frac{p_i}{q_i} \quad (0 \leq i \leq n)$$

를 $[a_0; a_1, a_2, \cdots, a_n]$의 **제$i$근사분수**(convergent, 近似分數)라 한다.

(증명) (1) i에 대한 수학적 귀납법을 이용하여 증명하자. 먼저 $i = 1$일 때에는 $p_0 = a_0$, $q_0 = 1$, $p_{-2} = 0$, $p_{-1} = 1$, $q_{-2} = 1$, $q_{-1} = 0$이므로, 다음이 성립한다.

$$[a_0; x] = a_0 + \frac{1}{x} = \frac{1 + a_0x}{x} = \frac{p_{-1} + p_0x}{q_{-1} + q_0x}$$

임의의 실수 x와 $1 \leq i < n$인 정수 i에 대하여

$$[a_0; a_1, a_2, \cdots, a_{i-1}, x] = \frac{p_{i-2} + p_{i-1}x}{q_{i-2} + q_{i-1}x}$$

라고 가정하면, 다음이 성립한다.

$$\begin{aligned} &[a_0; a_1, a_2, \cdots, a_{i-1}, a_i, x] \\ &= [a_0; a_1, a_2, \cdots, a_{i-1}, a_i + \tfrac{1}{x}] = \frac{p_{i-2} + p_{i-1}(a_i + \frac{1}{x})}{q_{i-2} + q_{i-1}(a_i + \frac{1}{x})} \\ &= \frac{p_{i-1} + (p_{i-2} + p_{i-1}a_i)x}{q_{i-1} + (q_{i-2} + q_{i-1}a_i)x} = \frac{p_{i-1} + p_ix}{q_{i-1} + q_ix} \end{aligned}$$

따라서 모든 $i\ (1 \leq i \leq n)$와 임의의 실수 x에 대하여 다음이 성립한다.

$$[a_0; a_1, a_2, \cdots, a_{i-1}, x] = \frac{p_{i-2} + p_{i-1}x}{q_{i-2} + q_{i-1}x}$$

(2) i에 대한 수학적 귀납법을 이용하여 증명하자. 먼저 $i=0$일 때에는 $p_0=a_0$, $q_0=1$, $p_{-1}=1$, $q_{-1}=0$이므로, 다음이 성립한다.

$$p_0q_{-1}-p_{-1}q_0=a_0\cdot 0-1\cdot 1=-1=(-1)^{0-1}$$

$i\geq 0$일 때,

$$p_iq_{i-1}-p_{i-1}q_i=(-1)^{i-1}$$

라고 가정하면, 다음이 성립한다.

$$\begin{aligned}p_{i+1}q_i-p_iq_{i+1}&=(p_{i-1}+p_ia_{i+1})q_i-p_i(q_{i-1}+q_ia_{i+1})\\&=p_{i-1}q_i-p_iq_{i-1}=-(p_iq_{i-1}-p_{i-1}q_i)\\&=-(-1)^{i-1}=(-1)^i=(-1)^{(i+1)-1}\end{aligned}$$

따라서 모든 i $(i\geq 0)$에 대하여 다음이 성립한다.

$$p_iq_{i-1}-p_{i-1}q_i=(-1)^{i-1}$$

(3) 위의 (2)에 의하여 모든 i $(i\geq 0)$에 대하여 다음이 성립한다.

$$\begin{aligned}p_iq_{i-2}-p_{i-2}q_i&=(p_{i-2}+p_{i-1}a_i)q_{i-2}-p_{i-2}(q_{i-2}+q_{i-1}a_i)\\&=a_i(p_{i-1}q_{i-2}-p_{i-2}q_{i-1})\\&=(-1)^{(i-1)-1}a_i=(-1)^ia_i\end{aligned}$$

(4) 위의 (1)에서 $x=a_i$라 하면, (1)의하여 성립한다.

또한 (3)에 의하여 $\gcd(p_i,\ q_i)=1$이 성립한다(정리 1.3.4 (7)). ■

따름정리 7.1.6 *유한 단순연분수* $[\,a_0\,;\,a_1,\,a_2,\cdots,\,a_n\,]$*의 제*$i$ *근사분수*

$$C_i=[\,a_0\,;\,a_1,\,a_2,\,\cdots,\,a_i\,]=\frac{p_i}{q_i}\quad(0\leq i\leq n)$$

에 대하여 다음이 성립한다. 단, p_i, q_i*는 정리 7.1.5의 가정과 같다.*

(1) $1=q_0\leq q_1<q_2<\cdots<q_n$

(2) $\begin{cases}C_0<C_2<C_4<\cdots<C_{2i}<\cdots\\C_1>C_3>C_5>\cdots>C_{2i+1}>\cdots\end{cases}$

(3) $C_{2i}<C_{2j+1}\quad(i\geq 0,\ j\geq 0)$

(4) 극한값 $\lim_{n\to\infty}C_n=\lim_{n\to\infty}[\,a_0\,;\,a_1,\,a_2,\,\cdots,\,a_n\,]$이 존재한다.

(증명) (1) i에 대한 수학적 귀납법을 이용하자. 먼저 $q_0 = 1$이고, $q_1 = q_{-1} + q_0 a_1 = a_1 \geq 1 = q_0$이다. 다음에 $i \geq 2$일 때, $1 \leq q_{i-2}$라 가정하면, $a_i \geq 1$이므로, 다음이 성립한다.

$$q_i = q_{i-2} + q_{i-1}a_i > q_{i-1}a_i \geq q_{i-1}$$

따라서 $1 = q_0 \leq q_1 < q_2 < \cdots < q_n$이다.

(2) 정리 7.1.5 (3)에 의하여, 다음이 성립한다.

$$C_i - C_{i-2} = \frac{p_i}{q_i} - \frac{p_{i-2}}{q_{i-2}} = \frac{p_i q_{i-2} - p_{i-2} q_i}{q_i q_{i-2}} = \frac{(-1)^i a_i}{q_i q_{i-2}}$$

한편, $a_i \geq 1$, $q_i \geq 1$, $q_{i-2} \geq 1$이므로, $i \geq 0$에 대하여

$$\begin{cases} C_{2i+2} - C_{2i} > 0, & \text{즉} \quad C_{2i+2} > C_{2i} \\ C_{2i+1} - C_{2i-1} < 0, & \text{즉} \quad C_{2i+1} < C_{2i-1} \end{cases}$$

이 성립한다.

(3) $p_{2i+1}q_{2i} - p_{2i}q_{2i+1} = (-1)^{2i} = 1$의 양변을 $q_{2i+1}q_{2i}$ 로 나누면

$$C_{2i+1} - C_{2i} = \frac{1}{q_{2i+1}q_{2i}} > 0$$

이다. 따라서 $C_{2j} < C_{2j+1}$이다. 따라서 (2)를 결합하면

$$C_{2i} < C_{2i+2j} < C_{2i+2j+1} < C_{2j+1}$$

이다.

(4) 위 (3)의 결과에서

$$C_0 < C_2 < C_4 < \cdots < C_{2i} < \cdots < C_{2i+1} < \cdots < C_5 < C_3 < C_1$$

이다. 따라서 (1)에 의하여

$$\lim_{n\to\infty}(C_{2n+1} - C_{2n}) = \lim_{n\to\infty} \frac{1}{q_{2n}q_{2n-1}} = 0$$

이므로, 극한값 $\lim_{n\to\infty} C_{2n} = \lim_{n\to\infty} C_{2n+1}$은 존재한다. ■

예 7.1.7 유한 단순연분수 $[0; 2, 1, 2, 6]$을 분수 $\frac{a}{b}$로 나타내라.

(풀이) 정리 7.1.5에 의하여 구하자.

a_i			0	2	1	2	6
$a(p_i)$	0	1	0	1	1	3	19
$b(q_i)$	1	0	1	2	3	8	51

그러므로 $[\,0\,;\,2,\,1,\,2,\,6\,]=\dfrac{19}{51}$이다. 또한

$$\begin{cases} p_1q_0-p_0q_1=1\cdot1-0\cdot2=1=(-1)^{1-1} \\ p_2q_1-p_1q_2=1\cdot2-1\cdot3=-1=(-1)^{2-1} \end{cases}$$

이고,

$$\begin{cases} p_1q_{-1}-p_{-1}q_1=1\cdot0-1\cdot2=-2=(-1)^1a_1 \\ \quad p_2q_0-p_0q_2=1\cdot1-0\cdot3=1=(-1)^2a_2 \end{cases}$$

이다. 그리고 제2근사분수는 $C_2=[\,0\,;\,2,\,1]=0+\dfrac{1}{2+\dfrac{1}{1}}=\dfrac{1}{3}$이다.

연 습 문 제 (7.1)

1. 다음 유리수를 두 가지 방법으로 유한 단순연분수의 꼴로 나타내어라.

(1) $\dfrac{71}{55}$ (2) $-\dfrac{71}{55}$ (3) $\dfrac{3}{17}$ (4) $8\dfrac{2}{3}$

2. 다음 유한 단순 연분수를 유리수로 나타내어라.

(1) $[\,8\,;\,1,\,5\,]$ (2) $[\,3\,;\,1,\,2,\,3\,]$

(3) $[\,0\,;\,1,\,1,\,2,\,1,\,2\,]$ (4) $[\,2\,;\,10,\,100\,]$

(5) $[\,-1\,;\,2,\,3,\,9\,]$ (6) $[\,-3\,;\,4,\,13\,]$

3. 유한연분수 $[\,1\,;\,2,\,3,\,3,\,2,\,1\,]$의 제5근사분수 C_5를 구하라.

4. 단순 연분수 $[\,a_0\,;\,a_1,\,\cdots,\,a_n\,]$의 제$k$근사분수 C_k가 $\dfrac{p_k}{q_k}$이고 $a_0\geq1$일 때, 다음이 성립함을 증명하라.

(1) $[\,a_k\,;\,a_{k-1},\,\cdots,\,a_1,\,a_0\,]=\dfrac{p_k}{p_{k-1}}\quad(k\geq1)$ $\left(\text{참조 : }\dfrac{p_k}{p_{k-1}}=a_k+\dfrac{p_{k-2}}{p_{k-1}}\right)$

(2) $[\,a_k\,;\,a_{k-1},\,\cdots,\,a_2,\,a_1\,]=\dfrac{q_k}{q_{k-1}}\quad(k\geq1)$

5. 다음 물음에 답하라. 단, $\dfrac{q}{p}$는 기약분수이다.

(1) $[\,0\,;\,1,\,2,\,3,\,5\,]=\dfrac{p}{q}$일 때, 르장드르 기호 $\left(\dfrac{q}{p}\right)$의 값을 구하라.

(2) $[\,1\,;\,2,\,2,\,3\,]=\dfrac{p}{q}$일 때, $x^2\equiv q\ (\mathrm{mod}\ p)$의 해의 존재성을 판별하라.

(3) $[\,1\,;\,2,\,3,\,4\,]=\dfrac{p}{q}$일 때, $x^2\equiv q\ (\mathrm{mod}\ p)$의 해의 개수를 구하라.

7.2 무한 연분수

이 절에서는 무한 단순연분수를 다룬다.

예 7.2.1 $\sqrt{2}$를 단순연분수로 나타내어라.

(풀이)

$$\begin{aligned}\sqrt{2} &= 1+(\sqrt{2}-1) = 1+\cfrac{1}{\cfrac{1}{\sqrt{2}-1}} \\ &= 1+\frac{1}{\sqrt{2}+1} = 1+\frac{1}{2+(\sqrt{2}-1)} \\ &= 1+\cfrac{1}{2+\left(\cfrac{1}{\sqrt{2}+1}\right)} \\ &= [\,1\,;\,2,\,2,\,\cdots\,] = [\,1\,;\,\overline{2}\,]\end{aligned}$$

정의 7.2.2 [*순환 단순연분수(periodic simple continued fraction, 循環 單純連分數)의 정의*]

무한 단순연분수 $[a_0\,;\,a_1,\,a_2,\cdots,\,a_n,\cdots]$*에서 적당한 정수* $t\ (\geq 0)$*와 양의 정수* r*에 대하여 처음* $t+1$*번 째 항* a_t*부터 시작하여* r*개의 항* $a_t,\,a_{t+1},\,\cdots,\,a_{t+r-1}$*이 순서대로 반복되는 경우에, 기호로*

$$[\,a_0\,;\,a_1,\,a_2,\,\cdots,\,a_{t-1},\,\overline{a_t,\,a_{t+1},\,\cdots,\,a_{t+r-1}}\,]$$

로 나타내고, **순환 단순연분수** *또는* **순환 연분수***라 한다. 이 때,* $a_t,\,a_{t+1},\,\cdots,\,a_{t+r-1}$*를* **순환마디***라 하고,* r*을* **주기***라 한다.*

특히,

$$[\,\overline{a_0\,;\,a_1,\,a_2,\,\cdots,\,a_{r-1}}\,]$$

을 **순수 순환 단순연분수***(purely periodic simple continued fraction) 또는* **순수 순환 연분수***라 한다.*

정리 7.2.3 *무한단순연분수에서 다음이 성립한다.*

무한 단순연분수 $[\,a_0\,;\,a_1,\,a_2,\cdots,\,a_n,\cdots]$는 무리수이다.

(증명) 따름정리 7.1.6 (4)에 의하여 $\alpha = [\,a_0\,;\,a_1,\,a_2,\cdots,\,a_n,\cdots]$가 존재한다.

$$C_i = [\,a_0\,;\,a_1,\,a_2,\cdots,\,a_i\,]$$

를 무한 단순연분수의 제i근사분수라 하자. 한편 임의의 양의 정수 n에 대하여

$$C_{2n} < \alpha < C_{2n+1}$$

이므로, 따름정리 7.1.6 (3)의 증명에 의하여

$$0 < \alpha - C_{2n} < C_{2n+1} - C_{2n} = \frac{1}{q_{2n+1}q_{2n}}$$

이다. 따라서

$$0 < \alpha - \frac{p_{2n}}{q_{2n}} < \frac{1}{q_{2n+1}q_{2n}}, \quad 0 < \alpha q_{2n} - p_{2n} < \frac{1}{q_{2n+1}}$$

이다. 만약 α가 유리수, 즉, $\alpha = \frac{a}{b}$ (a, $b \neq 0$는 정수)라 하면,

$$0 < \frac{a}{b}q_{2n} - p_{2n} < \frac{1}{q_{2n+1}}, \quad 0 < aq_{2n} - bp_{2n} < \frac{b}{q_{2n+1}}$$

이다. 한편, 따름정리 7.1.6 (1)에 의하여 모든 정수 n에 대하여 $q_{2n+1} > 2n+1$이므로 $b < q_{2n'+1}$인 정수 n'이 존재한다. 하지만 $aq_{2n} - bp_{2n}$은 양의 정수이므로

$$0 < aq_{2n} - bp_{2n} < \frac{b}{q_{2n'+1}} < 1$$

은 모순이다. 따라서 α는 무리수이다. ■

정리 7.2.4 *두 무한 단순연분수* $[a_0; a_1, a_2, \cdots, a_n, \cdots]$*와* $[b_0; b_1, b_2, \cdots, b_n, \cdots]$*에서 다음이 성립한다.*

$$[a_0; a_1, \cdots, a_n, \cdots] = [b_0; b_1, \cdots, b_n, \cdots] \implies a_n = b_n, n \geq 0$$

(증명) $\alpha = [a_0; a_1, a_2, \cdots, a_n, \cdots]$ 라 하면, 제0, 제1근사분수식은 $C_0 = a_0$, $C_1 = a_0 + \frac{1}{a_1}$이므로, 따름정리 7.1.6에 의하여

$$a_0 = C_0 < \alpha < C_1 = a_0 + \frac{1}{a_1} \leq a_0 + 1$$

이다. 따라서 $a_0 = [\alpha]$이다.

이제 $[a_0; a_1, \cdots, a_n, \cdots] = \alpha = [b_0; b_1, \cdots, b_n, \cdots]$라 하면, $a_0 = b_0 = [\alpha]$이고, 또한,

$$\begin{aligned}\alpha = \lim_{n\to\infty}[a_0; a_1, a_2, \cdots, a_n] &= \lim_{n\to\infty}\left(a_0 + \frac{1}{[a_1; a_2, \cdots, a_n]}\right) \\ = a_0 + \frac{1}{\lim_{n\to\infty}[a_1; a_2, \cdots, a_n]} &= a_0 + \frac{1}{[a_1; a_2, \cdots, a_n, \cdots]}\end{aligned}$$

이므로,

$$a_0 + \frac{1}{[\,a_1\,;\,a_2,\,\cdots,\,a_n,\,\cdots\,]} = b_0 + \frac{1}{[\,b_1\,;\,b_2,\,\cdots,\,b_n,\,\cdots\,]}$$

이다. 따라서

$$[\,a_1\,;\,a_2,\,\cdots,\,a_n,\,\cdots\,] = [\,b_1\,;\,b_2,\,\cdots,\,b_n,\,\cdots\,]$$

이다. 같은 방법으로 $a_1 = b_1$과 $[\,a_2\,;\,a_3,\,\cdots,\,a_n,\,\cdots\,] = [\,b_2\,;\,b_3,\,\cdots,\,b_n,\,\cdots\,]$을 얻고, 수학적 귀납법에 의하여, 모든 $n \geq 0$에 대하여 $a_n = b_n$이다. ■

※ 무리수 α가 이차 방정식 $ax^2 + bx + c = 0$ $(a(\neq 0),\, b,\, c$는 정수)의 근일 때, α를 **이차 무리수**(quadratic irrational, 二次 無理數)라 한다.

다음 정리의 증명은 참고문헌 [1, 2]를 참조하라.

정리 7.2.5 *무한 단순연분수 $\alpha = [\,a_0\,;\,a_1,\,a_2,\cdots,\,a_n,\cdots\,]$에 대하여 다음이 성립한다.*

α가 순환 단순연분수 $\iff$ α가 이차무리수

즉, $\alpha = [\,a_0\,;\,a_1,\,a_2,\,\cdots,\,a_{t-1},\,\overline{a_t,\,a_{t+1},\,\cdots,\,a_{t+r-1}}\,] \iff \alpha$가 이차 무리수

예 7.2.6 순수 순환 단순연분수 $\alpha = [\,\overline{1}\,] = [\,1\,;\,\overline{1}\,]$(황금비)를 구하라.

(풀이) 반복되는 연분수의 성질을 이용하자.

$$\alpha = [\,\overline{1}\,] = [\,1\,;\,1,\,1,\,\cdots\,] = 1 + \frac{1}{[\,1\,;\,1,\,1,\,\cdots\,]} = 1 + \frac{1}{\alpha}$$

에서 $\alpha^2 = \alpha + 1$이고 $\alpha^2 - \alpha - 1 = 0$이므로, $\alpha = \dfrac{1 \pm \sqrt{5}}{2}$이다. α는 양수이므로 $\alpha = \dfrac{1+\sqrt{5}}{2}$이다.

예 7.2.7 순환 단순연분수 $[\,1\,;\,2,\,\overline{3,\,4}\,]$를 구하라.

(풀이) $x = [\,\overline{3;\,4}\,]$라 하자. 그러면 $[\,1\,;\,2,\,\overline{3,\,4}\,] = [\,1\,;\,2,\,x\,]$를 구하면 된다.

$$x = [\,\overline{3\,;\,4}\,] = [\,3\,;\,4,\,3,\,4,\cdots\,] = 3 + \cfrac{1}{4 + \cfrac{1}{[\,\overline{3\,;\,4}\,]}} = 3 + \cfrac{1}{4 + \cfrac{1}{x}} = 3 + \frac{x}{4x+1}$$

이므로, $4x^2 + x = 12x + 3 + x$, 즉, $4x^2 - 12x - 3 = 0$이다. 따라서 x는 양수이므로 $x = \dfrac{3+2\sqrt{3}}{2}$이다. 그러므로 구하는 순환 단순연분수는 다음과 같다.

$$[\,1\,;\,2,\,\overline{3,\,4}\,] = [\,1\,;\,2,\,x\,] = 1 + \cfrac{1}{2 + \cfrac{1}{x}} = 1 + \cfrac{1}{2 + \cfrac{2}{3+2\sqrt{3}}} = \frac{11+6\sqrt{3}}{8+4\sqrt{3}}$$

연 습 문 제 (7.2)

1. 다음 무리수를 무한연분수로 나타내어라.

(1) $\sqrt{5}$　　(2) $\sqrt{7}$　　(3) $\sqrt{2}+1$

(4) $-1+\sqrt{3}$　　(5) $\dfrac{-3+\sqrt{3}}{2}$　　(6) $\dfrac{-2}{\sqrt{3}+1}$

2. 순환 단순 연분수의 값을 구하라.

(1) $[\,\overline{2\,;\,3}\,]$　　(2) $[\,-3\,;\,\overline{6}\,]$　　(3) $[\,2\,;\,\overline{1,\,3}\,]$

(4) $[\,0\,;\,\overline{1,\,2,\,3}\,]$　　(5) $[\,1\,;\,2,\,\overline{1}\,]$　　(6) $[\,-1\,;\,2,\,3,\,\overline{1}\,]$

(7) $[\,1\,;\,2,\,\overline{3,\,1}\,]$　　(8) $[\,-1\,;\,3,\,1,\,2,\,1,\,2,\,\cdots]$

3. 다음 무한 단순연분수의 값과 그 근사분수 C_0, C_1, C_2를 구하라.

(1) $[\,2\,;\,2,\,2,\,2,\,2,\,\cdots]$　　(2) $[\,1\,;\,2,\,1,\,2,\,1,\,2,\,1,\,\cdots]$

4. 무리수 $\sqrt{2}$의 연분수 전개가 $\sqrt{2}=[\,1\,;\,2,\,2,\,2,\,2,\,\cdots]$임을 이용하여, 다음 무리수의 연분수 전개를 구하라.

(1) $\sqrt{2}+1$　　(2) $\dfrac{1}{\sqrt{2}+1}$　　(3) $\dfrac{1}{\sqrt{2}}$

5. 무리수 $\sqrt{3}$의 연분수 전개가 $\sqrt{3}=[\,1\,;\,1,\,2,\,1,\,2,\,1,\,2,\,\cdots]$임을 확인하라. 그리고 이 결과를 이용하여, 다음 무리수의 연분수 전개를 구하라.

(1) $\sqrt{3}+4$　　(2) $\sqrt{3}-4$　　(3) $\dfrac{2}{\sqrt{3}+1}$

6. 다음 이차무리수를 근으로 가지는 이차방정식을 구하라.

(1) $\dfrac{3}{2}+\dfrac{2\sqrt{3}}{3}$　　(2) $\dfrac{1+\sqrt{6}}{2}$　　(3) $\dfrac{1-\sqrt{5}}{3}$

7. 양의 정수 a에 대하여 다음이 성립함을 증명하라.

(1) $[\,\overline{a}\,]=\dfrac{a+\sqrt{a^2+4}}{2}$　　(2) $\sqrt{a^2+1}=[\,a\,;\,\overline{2a}\,]$

8. 위의 문제 7의 결과를 이용하여 다음 이차무리수의 연분수 전개를 구하라.

(1) $\sqrt{82}$　　(2) $\sqrt{290}$　　(3) $6+\sqrt{37}$

9. 양의 정수 a에 대하여 순환 단순 연분수 $[\,a\,;\,\overline{1,\,2a}\,]$를 이차무리수로 나타내어라.

연습문제 풀이

연습문제 풀이 및 교재의 정오표는 저자의 홈페이지 (http://math88.com.ne.kr) 또는 교우사 홈페이지 (http://www.kyowoo.co.kr)에서 구할 수 있습니다. 단, 연습문제는 자신의 노력으로 푸는 것이 좋겠습니다. 연습문제 풀이는 어디까지나 참고용으로만 활용하세요. 연습문제 풀이 및 교재의 정오는 수시로 업데이트며, 이에 대한 문의와 교재 구성에 대한 건의는 저자의 메일(math888@naver.com)로 해 주세요.

부 록

표 1. $\tau(n)$, $\sigma(n)$, $\phi(n)$

n	$\tau(n)$	$\sigma(n)$	$\phi(n)$	n	$\tau(n)$	$\sigma(n)$	$\phi(n)$	n	$\tau(n)$	$\sigma(n)$	$\phi(n)$
1	1	1	1	31	2	32	30	61	2	62	60
2	2	3	1	32	6	63	16	62	4	96	30
3	2	4	2	33	4	48	20	63	6	104	36
4	3	7	2	34	4	54	16	64	7	127	32
5	2	6	4	35	4	48	24	65	4	84	48
6	4	12	2	36	9	91	12	66	8	144	20
7	2	8	6	37	3	38	36	67	2	68	66
8	4	15	4	38	4	60	18	68	6	126	32
9	3	13	6	39	4	56	24	69	4	96	44
10	4	18	4	40	8	90	16	70	8	144	24
11	2	12	10	41	2	42	40	71	2	72	70
12	6	28	4	42	8	96	12	72	12	195	24
13	2	14	12	43	2	44	42	73	2	74	72
14	4	24	6	44	6	84	20	74	4	114	36
15	4	24	8	45	6	78	24	75	6	124	40
16	5	31	8	46	4	72	22	76	6	140	36
17	2	18	16	47	2	48	46	77	4	96	60
18	6	39	6	48	10	124	16	78	8	168	24
19	2	20	18	49	3	57	42	79	2	80	78
20	6	42	8	50	6	93	20	80	10	186	32
21	4	32	12	51	4	72	32	81	5	121	54
22	4	36	10	52	6	98	24	82	4	126	40
23	2	24	22	53	2	54	52	83	2	84	82
24	8	60	8	54	8	120	18	84	12	224	24
25	3	31	20	55	4	72	40	85	4	108	64
26	4	42	12	56	8	120	24	86	4	132	42
27	4	40	18	57	4	80	36	87	4	120	56
28	6	56	12	58	4	90	28	88	8	180	40
29	2	30	28	59	2	60	58	89	2	90	88
30	8	72	8	60	12	168	16	90	12	234	24

표 2. 소수와 원시근 (p는 소수, g는 법 p에 대한 가장 작은 원시근)

p	g	p	g	p	g	p	g	p	g	p	g
2	1	131	2	307	5	491	2	691	3	911	17
3	2	137	3	311	17	499	7	701	2	919	7
5	2	139	2	313	10	503	5	709	2	929	3
7	3	149	2	317	2	509	2	719	11	937	5
11	2	151	6	331	3	521	3	727	5	941	2
13	2	157	5	337	10	523	2	733	6	947	2
17	3	163	2	347	2	541	2	739	3	953	3
19	2	167	5	349	2	547	2	743	5	967	5
23	5	173	2	353	3	557	2	751	3	971	6
29	2	179	2	359	7	563	2	757	2	977	3
31	3	181	2	367	6	569	3	761	6	983	5
37	2	191	19	373	2	571	3	769	11	991	6
41	6	193	5	379	2	577	5	773	2	997	7
43	3	197	2	383	5	587	2	787	2		
47	5	199	3	389	2	593	3	797	2		
53	2	211	2	397	5	599	7	809	3		
59	2	223	3	401	3	601	7	811	3		
61	2	227	2	409	21	607	3	821	2		
67	2	229	6	419	2	613	2	823	3		
71	7	233	3	421	2	617	3	827	2		
73	5	239	7	431	7	619	2	829	2		
79	3	241	7	433	5	631	3	839	11		
83	2	251	6	439	15	641	3	853	2		
89	3	257	3	443	2	643	11	857	3		
97	5	263	5	449	3	647	5	859	2		
101	2	269	2	457	13	653	2	863	5		
103	5	271	6	461	2	659	2	877	2		
107	2	277	5	463	3	661	2	881	3		
109	6	281	3	467	2	673	5	883	2		
113	3	283	3	479	13	677	2	887	5		
127	3	293	2	487	3	683	5	907	2		

표 3. 이산로그표 (예 ; 법 $n = 11$, $a = 5$, $\text{ind}_2 5 = 4 \Leftrightarrow 2^4 \equiv 5 \pmod{11}$)

a \ n	3	5	7	9	11	13	17	19	23	25	27	29	31	n \ a
1	0	0	0	0	0	0	0	0	0	0	0	0	0	1
2	1	1	2	1	1	1	14	1	2	1	1	1	24	2
3		3	1	×	8	4	1	13	16	7	×	5	1	3
4		2	4	2	2	2	12	2	4	2	2	2	18	4
5			5	5	4	9	5	16	1	22	5	22	20	5
6			3	×	9	5	15	14	18	8	×	6	25	6
7				4	7	11	11	6	19	5	16	12	28	7
8				3	3	3	10	3	6	3	3	3	12	8
9					6	8	2	8	10	14	×	10	2	9
10					5	10	3	17	3	×	6	23	14	10
11						7	7	12	9	16	13	25	23	11
12						6	13	15	20	9	×	7	19	12
13							4	5	14	19	8	18	11	13
14							9	7	21	6	17	13	22	14
15							6	11	17	×	×	27	21	15
16							8	4	8	4	4	4	6	16
17								10	7	13	15	21	7	17
18								9	12	15	×	11	26	18
19									15	18	12	9	4	19
20									5	×	7	24	8	20
21									13	12	×	17	29	21
22									11	17	14	26	17	22
23										11	11	20	27	23
24										10	×	8	13	24
25											10	16	10	25
26											9	19	5	26
27												15	3	27
28												14	16	28
29													9	29
30													15	30

표 4. 무리수 $\sqrt{n}$과 $\frac{1+\sqrt{n}}{2}$의 순환 단순연분수 전개

$\sqrt{n}$의 순환 단순연분수	$\frac{1+\sqrt{n}}{2}$의 순환 단순연분수
$\sqrt{2}=[1;\overline{2}]$	$\frac{1+\sqrt{5}}{2}=[\overline{1}]=[1;\overline{1}]$
$\sqrt{3}=[1;\overline{1,2}]$	$\frac{1+\sqrt{13}}{2}=[2;\overline{3}]$
$\sqrt{5}=[2;\overline{4}]$	$\frac{1+\sqrt{17}}{2}=[2;\overline{1,1,3}]$
$\sqrt{6}=[2;\overline{2,4}]$	$\frac{1+\sqrt{21}}{2}=[2;\overline{1,3}]$
$\sqrt{7}=[2;\overline{1,1,1,4}]$	$\frac{1+\sqrt{29}}{2}=[3;\overline{5}]$
$\sqrt{8}=[2;\overline{1,4}]$	$\frac{1+\sqrt{33}}{2}=[3;\overline{2,1,2,5}]$
$\sqrt{10}=[3;\overline{6}]$	$\frac{1+\sqrt{37}}{2}=[3;\overline{1,1,5}]$
$\sqrt{11}=[3;\overline{3,6}]$	$\frac{1+\sqrt{41}}{2}=[3;\overline{1,2,2,1,5}]$
$\sqrt{12}=[3;\overline{2,6}]$	$\frac{1+\sqrt{45}}{2}=[3;\overline{1,5}]$
$\sqrt{13}=[3;\overline{1,1,1,1,6}]$	$\frac{1+\sqrt{53}}{2}=[4;\overline{7}]$
$\sqrt{14}=[3;\overline{1,2,1,6}]$	$\frac{1+\sqrt{57}}{2}=[4;\overline{3,1,1,1,3,7}]$
$\sqrt{15}=[3;\overline{1,6}]$	$\frac{1+\sqrt{61}}{2}=[4;\overline{2,2,7}]$
$\sqrt{17}=[4;\overline{8}]$	$\frac{1+\sqrt{65}}{2}=[4;\overline{1,1,7}]$
$\sqrt{18}=[4;\overline{4,8}]$	$\frac{1+\sqrt{69}}{2}=[4;\overline{1,1,1,7}]$
$\sqrt{19}=[4;\overline{2,1,3,1,2,8}]$	$\frac{1+\sqrt{73}}{2}=[4;\overline{1,3,2,1,1,2,3,1,7}]$
$\sqrt{20}=[4;\overline{2,8}]$	$\frac{1+\sqrt{77}}{2}=[4;\overline{1,7}]$
$\sqrt{21}=[4;\overline{1,1,2,1,1,8}]$	$\frac{1+\sqrt{85}}{2}=[5;\overline{9}]$
$\sqrt{22}=[4;\overline{1,2,4,2,1,8}]$	$\frac{1+\sqrt{89}}{2}=[5;\overline{4,1,1,1,1,4,9}]$
$\sqrt{23}=[4;\overline{1,3,1,8}]$	$\frac{1+\sqrt{93}}{2}=[5;\overline{3,9}]$
$\sqrt{24}=[4;\overline{1,8}]$	$\frac{1+\sqrt{97}}{2}=[5;\overline{2,2,1,4,4,1,2,2,9}]$
$\sqrt{26}=[5;\overline{10}]$	
$\sqrt{27}=[5;\overline{5,10}]$	
$\sqrt{28}=[5;\overline{3,2,3,10}]$	
$\sqrt{29}=[5;\overline{2,1,1,2,10}]$	
$\sqrt{30}=[5;\overline{2,10}]$	
$\sqrt{31}=[5;\overline{1,1,3,5,3,1,1,10}]$	
$\sqrt{32}=[5;\overline{1,1,1,10}]$	
$\sqrt{33}=[5;\overline{1,2,1,10}]$	
$\sqrt{34}=[5;\overline{1,4,1,10}]$	
$\sqrt{35}=[5;\overline{1,10}]$	

참고 문헌

[1] 김응태·박승안, *정수론 제8판*, 경문사, (2012).

[2] Burton 저/ 이준복·이중섭 공역, *기초정수론 제6판*, 경문사, (2010).

[3] 임근빈·전송기·임동만, *알기쉬운 정수론 제3판*, 경문사, (2005).

[4] 오정환·이준복, *기초 정수론* , 경문사, (2012).

[5] 한재영, *정수론* , 경문사, (2008).

[6] http://ko.wikipedia.org/wiki/

[7] http://archives.math.utk.edu/articles/atuyl/confrac/history.html

찾아보기

[ㅈ]

[ㅊ]

[ㅋ]

[ㅍ]

[ㅎ]

사범대생을 위한 정수론

2016년 2월 29일 초판 발행
2023년 9월 15일 초판 2쇄 발행

저 자 정상조
발행자 오판근
발행처 교우사

주 소 서울특별시 동대문구 약령시로 8 교우빌딩 2층
전 화 925-2861~2, 편집부 / 925-2825, 홈쇼핑 / 969-5762
팩 스 925-2860

E-mail kyowoo@kyowoo.co.kr
홈페이지 http://www.kyowoo.co.kr
북스토어(쇼핑몰) http://www.kyowoo.co.kr

등 록 1994. 3. 24 제6-0256호

ISBN 979-11-251-0153-6
값 17,000원